現場の即戦力

熊谷英樹・正木克典◉共著

はじめての油圧システム

技術評論社

本書は現場の即戦力となる人材を養成することを目的にした入門書です。
　掲載した情報は、初学者の理解が深まるものを選択し掲載しています。なお掲載した情報は2009年現在のものです。現場で利用する際は、必ず最新情報と、詳細、関連情報を各メーカにお問い合わせ頂きますようお願い致します。
　本文中に記載されている製品名、会社名は、すべて関係各社の商標または登録商標です。本文中にTM、Ⓡ、Ⓒは明記していません。

まえがき

　本書は最適な油圧システムを設計するために書かれた実用書です。高い圧力で動作して大きな力を出す油圧機器を扱うのは何度経験しても緊張するものです。初めて油圧装置を作る人にとってはなおさらのことで、安全を考えすぎて高価なシステムになってしまうこともありがちです。ところが、各々の機器がどのような動作をするのかということを正しく理解しておけば、誰でも無駄のない油圧装置を設計したり、安全に手順よくシステムを立ち上げたりできるようになります。

　油圧システムの設計には、機器の特徴だけでなく、流体の理論が欠かせません。油圧機器は流体の特徴と機械的な構造を巧みに利用してさまざまな機能を持つ制御装置になっているからです。

　本書では、単に機器を使うだけの浅い技術ではなく、流体の扱い方の理論や機器の細かい動作に関する解説も含めて、設計者が油圧そのものを理解して自力で設計できるようになる技術を習得することを目指しています。そのために、基礎編、実用編、応用編の3編の構成として、油圧システムを構築するために必要な理論や知識を積み重ねていけるようになっています。特に応用編においては、間違いを起こしやすい回路の解説と対策や、大きな負荷を制御するときの設計方法などといった、すぐに役立つ油圧システムの構成例を定石集として掲載しました。その中では、油圧制御の考え方を丁寧に解説し、実際の生産現場におけるシステムの構築に役立てられるようにしてあります。

　本書の中で解説している機器や制御理論はどれも実用的で重要なものばかりです。本書を十分にご活用いただき、実践的な油圧システムの構築技術を身に付けていただければ幸いです。

2009年3月

著者記す

はじめての油圧システム　目次

まえがき　　iii

● 基礎編　油圧のはたらきとしくみ

1章　油圧システム構築のための基礎知識

1.1　油圧のはたらきとシステム構築の難しさ ―― 2
1.2　油圧システムの5要素と油圧図記号 ―― 4
　❶ 油圧システムの5要素 ―― 4
　　（1）油圧ポンプ ―― 4
　　（2）油タンク ―― 5
　　（3）油圧アクチュエータ ―― 6
　　（4）油圧制御弁 ―― 6
　　（5）付属機器 ―― 6
　❷ JIS記号を使った油圧システムの表現 ―― 7
1.3　油圧システムを導入する理由 ―― 12
　❶ 油圧の利点 ―― 12
　　（1）大きな出力 ―― 12
　　（2）優れた中間停止機能 ―― 13
　　（3）低速での動作の安定性 ―― 14
　　（4）強い押付け力 ―― 15
　　（5）安定した出力トルク特性 ―― 15
　　（6）サーボ機能への応用性 ―― 15
　　（7）圧力供給源の使い勝手の比較 ―― 16
　　（8）空気圧と油圧のコスト比較 ―― 18
　❷ 油圧の長所と短所 ―― 18

2章　油圧のはたらきを理解するための基礎知識

- 2.1　パスカルの原理 ———————————————————— 20
- 2.2　圧力と力の関係 ———————————————————— 21
- 2.3　圧力の単位 ——————————————————————— 24
- 2.4　絶対圧力とゲージ圧力 ————————————————— 26
  - **1** 絶対圧力 ——————————————————————— 26
  - **2** ゲージ圧力 —————————————————————— 27
- 2.5　油圧配管内の流量と流速 ———————————————— 27
- 2.6　連続の式 ———————————————————————— 29
- 2.7　ベルヌーイの定理 ——————————————————— 30
- 2.8　流量の制御と速度制御 ————————————————— 32
  - **1** チョーク ——————————————————————— 32
  - **2** オリフィス —————————————————————— 33
- 2.9　ポンプの能力表示―流体動力 —————————————— 34
- 2.10　レイノルズ数と配管の内径の関係 ———————————— 37
- 2.11　キャビテーションとエアレーション ——————————— 39
- 2.12　流量による配管内径の選定 ——————————————— 40
- 2.13　シリンダのピストン速度 ———————————————— 41
- 2.14　使用圧力と配管の種類の関係 —————————————— 43
- 2.15　作動油の特徴と選定 —————————————————— 44
  - **1** 一般作動油 —————————————————————— 45
  - **2** 耐磨耗性作動油 ———————————————————— 45
  - **3** 水・グライコール系作動油 ——————————————— 45
  - **4** リン酸エステル系作動油 ———————————————— 46
  - **5** 脂肪酸エステル系作動油 ———————————————— 46

はじめての油圧システム　目次

●実用編　油圧回路を構成する機器とその特徴

3章　油圧ポンプ

　3.1　油圧ポンプの動作原理 ───── 50
　3.2　油圧ポンプの種類 ───── 51
　　❶ 定容量形ポンプ ───── 52
　　❷ 可変容量形ポンプ ───── 53
　　❸ 定容量形ポンプと可変容量形ポンプのどちらを選ぶか ── 55
　3.3　油圧ポンプの構造 ───── 56
　　❶ 外接形歯車ポンプ ───── 56
　　❷ 圧力平衡形ベーンポンプ ───── 59
　　❸ 圧力非平衡形ベーンポンプ ───── 62
　　❹ アキシャルピストンポンプ（斜板式） ───── 63
　　　（1）構成要素のはたらき ───── 64
　　　（2）動作と特徴 ───── 66
　3.4　油圧ポンプの動力の計算 ───── 69
　　❶ 動力の計算例 ───── 70
　　　（1）定容量形ポンプの場合 ───── 70
　　　（2）可変容量形ポンプの場合 ───── 72
　3.5　ポンプの効率 ───── 74
　　❶ ポンプの容積効率 ───── 74
　　❷ ポンプ全効率 ───── 75

4章　油圧アクチュエータ

- 4.1　油圧シリンダ ……………………………………………… 80
  - **1** 油圧シリンダの分類 ……………………………………… 80
  - **2** シリンダの呼び方 ………………………………………… 82
  - **3** 停止時と動作時の油圧シリンダの出力 ………………… 83
- 4.2　油圧モータ ………………………………………………… 86
  - **1** 油圧モータの特性 ………………………………………… 86
  - **2** 油圧モータの種類 ………………………………………… 86
  - **3** 油圧モータの力と速度 …………………………………… 87
  - **4** 外接形歯車モータ ………………………………………… 89
  - **5** ベーンモータ ……………………………………………… 90
  - **6** アキシャル形ピストンモータ …………………………… 91
  - **7** ラジアル形ピストンモータ ……………………………… 92
- 4.3　揺動形アクチュエータ …………………………………… 94
  - **1** 揺動形アクチュエータ …………………………………… 94
  - **2** ベーン形揺動形アクチュエータ ………………………… 95
  - **3** ピストン形揺動形アクチュエータ ……………………… 97

はじめての油圧システム　目次

5章　油圧制御弁

1. 圧力制御弁
    - 1-1　回路圧力を制限する―リリーフ弁 ―――― 100
        - ❶ 直動形リリーフ弁 ―――― 100
        - ❷ パイロット作動形リリーフ弁 ―――― 102
        - ❸ パイロット作動形リリーフ弁の動作原理 ―――― 105
    - 1-2　二次側圧力を制限する―減圧弁 ―――― 109
        - ❶ 減圧弁の機能 ―――― 109
        - ❷ 減圧弁を使った安定した二次圧力の作り方 ―――― 113
2. 方向制御弁
    - 2-1　シート形式とスプール形式―方向制御弁の原理 ― 115
        - ❶ シート形式方向制御弁 ―――― 115
        - ❷ スプール形式方向制御弁 ―――― 116
        - ❸ スプールのしゅう動部の構造 ―――― 116
    - 2-2　流れを一方向に限定する―逆止め弁 ―――― 118
        - ❶ 逆止め弁（チェック弁）の構造と特性 ―――― 118
        - ❷ 逆止め弁を使った安全回路 ―――― 120
        - ❸ パイロット操作逆止め弁（パイロットチェック弁）の動作原理 ― 121
    - 2-3　流路を切り換える―方向切換弁 ―――― 125
        - ❶ 方向切換弁を使ったシリンダの制御方法 ―――― 125
        - ❷ スプールの動作による管路切り換えの仕組み ―――― 127
    - 2-4　電磁力で流路を切り換える―電磁方向切換弁（電磁操作弁） ―――― 129
        - ❶ 電磁方向切換弁 ―――― 129
        - ❷ スプール形状の違いによる中立位置状態の違い ―――― 132

3. 流量制御弁
　3-1　速度を制御する――一方向絞り弁（スロットル＆チェックバルブ）――― 136
　3-2　圧力差を考慮した流量制御――流量調整弁（フローコントロールバルブ）――― 138
　　❶　流量制御弁の効果と動作原理 ――― 138
　　❷　流量調整弁の構造と実際の動作 ――― 141
4. 多機能圧力制御弁
　4-1　順序制御に対応した多機能弁――シーケンス弁 ――― 145
　　❶　シーケンス弁 ――― 145
　　❷　シーケンス弁の組み替えと分類 ――― 146
　　❸　逆止め弁無しシーケンス弁 ――― 147
　　❹　逆止め弁付シーケンス弁 ――― 147
　　❺　シーケンス弁による順序制御の仕組み ――― 147
　　❻　内部ドレンと外部ドレンのどちらを選ぶか ――― 153

6章　油圧の動特性

　6.1　油圧シリンダの動特性の実験 ――― 158
　6.2　シリンダの速度と各部圧力の関係 ――― 162
　6.3　シリンダ動作中の圧力変化 ――― 164

はじめての油圧システム　目次

●応用編

7章　油圧システム構築の定石

1. リリーフ弁
   - 定石1-1　定容量形ポンプの安全回路の使い方（リリーフ弁による最大圧力制御） ——— 170
   - 定石1-2　リリーフ圧力を遠隔から操作する（ベントポートを使った遠隔制御） ——— 173
   - 定石1-3　無負荷時の損失を最小限にする（ベントアンロード制御） ——— 176
   - 定石1-4　設定圧力を3段階に切り換える（ベントポートを使った圧力多段制御） ——— 178
2. 速度制御
   - 定石2-1　フルパワーで動作する速度制御方法（メータイン制御） ——— 180
   - 定石2-2　背圧によって負の負荷による暴走を抑える（メータイン制御の改善） ——— 182
   - 定石2-3　激しい負荷変動に対応する速度制御（メータアウト制御） ——— 183
   - 定石2-4　負の方向の負荷による増圧を防止する（メータアウト制御の改善） ——— 185
3. 動力損失の改善
   - 定石3-1　動力損失が少ない速度制御方法（ブリードオフ制御） ——— 187
4. 停止位置保持回路
   - 定石4-1　移動中のシリンダの中間停止 ——— 189

定石 4-2　スプール弁の内部リークを考慮した中間停止回路
　　　　　 の改善 ──────────────────── 191
　定石 4-3　パイロット操作逆止め弁を使った重力負荷のある
　　　　　 中間停止回路 ─────────────── 193
　定石 4-4　重力負荷のある下降途中の中間停止精度の改善
　　　　　 ──────────────────────── 195

5. 重量物下降
　定石 5-1　メータアウト制御を使った重いものを下降すると
　　　　　 きのノッキング現象の改善 ─────── 197
　定石 5-2　外部ドレン形パイロットチェック弁を使った重いもの
　　　　　 を下降するときのノッキング現象の改善 ── 200

6. 大きな負荷の制御
　定石 6-1　急発進・急停止のショックを緩和する切換弁の作
　　　　　 動時間の調整 ─────────────── 203
　定石 6-2　急発進・急停止のショックを緩和する二速制御回
　　　　　 路 ───────────────────── 206
　定石 6-3　圧抜き回路を使った加圧後の圧油の急開放による
　　　　　 ショックを緩和する方法 ─────────── 208

7. リフト制御
　定石 7-1　重負荷リフトの一方向絞り弁を使った速度制御
　　　　　 ──────────────────────── 209
　定石 7-2　重負荷リフトの流量調整弁を使った速度制御の改善
　　　　　 ──────────────────────── 213

8. 増圧回路
　定石 8-1　高出力機械で強い力を出すための増圧回路の作り
　　　　　 方 ───────────────────── 215

xi

はじめての油圧システム　目次

9. 増速回路
   - 定石 9-1　差動回路（ディファレンシャル回路）を使った片ロッドシリンダの高速前進回路の作り方 ——— 220
   - 定石 9-2　補助シリンダとプレフィル弁による増速回路の作り方 ——— 224
   - 定石 9-3　アキュムレータによる油圧エネルギー蓄積を利用した増速回路の作り方 ——— 227
10. 複数シリンダの制御
    - 定石 10-1　別々の圧力による複数シリンダの制御（減圧弁を使った部分圧力制御） ——— 231
    - 定石 10-2　前進動作の圧力だけを変更する制御（逆止め弁付減圧弁を使った圧力制御） ——— 232
11. 複数シリンダの制御
    - 定石 11-1　複数シリンダの押付け力を維持する圧力保持回路 ——— 234
12. 電磁弁による順序制御
    - 定石 12-1　PLCを使った油圧シリンダの順序制御 ——— 238
13. シーケンス弁の順序制御
    - 定石 13-1　油圧シリンダで押し付けているときだけ油圧モータを回転する制御方法 ——— 241
    - 定石 13-2　2本の油圧シリンダが順番に前進して同時に戻る制御方法 ——— 244
    - 定石 13-3　2本目のシリンダの往復を待って戻ってくる制御方法 ——— 246
    - 定石 13-4　絞り弁の影響による順序の誤動作とその改善 ——— 249

14. カウンタバランス弁
　定石 14-1　背圧を立てて安定した重負荷の下降速度を得る方法 ——— 252
　定石 14-2　重負荷が変動しても安定した下降速度を得る方法 ——— 255

15. アンロード弁
　定石 15-1　アンロード弁を使った増速と省エネルギー回路の構成 ——— 258

索　引 ——— 261

【本書について】
　本書の節は章番号の後にピリオドをつけて1.1のように表記していますが、5章と7章はリファレンス的な内容となっており、フォーマットが他の章と異なるため、節番号をあえて一桁の数字で順番にふっています。また図番号、写真番号、表番号は、各章とも章番号の後にハイフォンをつけて図1-1のように表記していますが、7章は各定石を単独でも読み進められる内容となっているため、定石ごとに図1、写真1、表1からスタートしています。

●基礎編　油圧のはたらきとしくみ

1章
油圧システム構築のための基礎知識

　油圧を正しく使うには、油圧の原理やはたらきをよく理解するとともに、油圧システムの基本となる回路や、油圧機器の特徴をよく知ることが大切です。

●基礎編　油圧のはたらきとしくみ

1.1 油圧のはたらきとシステム構築の難しさ

　油圧システムは、大きな力を出せるのでクレーンやリフトなどの重い物の移動装置や、プレス機械などによく利用されています。そのほかにも、安定した速度特性や大きな押付け力、良好な中間停止特性などの油圧の特徴的な性能は、産業機械の要素としてなくてはならないものとなっています。

　油圧システムを構築するためには、液体に圧力をかけたときの力の働きや流体の特性を正しく理解するとともに、油圧機器の構造や性能などをよく知っていることが重要です。

　図 1-1 の油圧装置は、油圧ポンプをモータで回し、タンクの油を汲み上げて油圧シリンダを前進駆動させようとしたものです。この単純な装置にはたくさんの問題があるのですが、現場の技術者であっても空気圧システムしか勉強していない人や、油圧の原理を知らない人は、この油圧装置のイメージ図を見ても問題点があることを発見できないかもしれません。

　たとえば、このイメージ図では、油圧ポンプは可変容量形ポンプなのかどうか、また定容量形ポンプであればリリーフ弁は必要ないのかどうか、駆動圧力の設定に減圧弁は必要ないのか、油圧シリンダの速度制御に流量制御弁を使わないのか、このシリンダは重い物を持ち上げるために使っていないのか、どうやってシリンダを後退させるのか、方向制御弁は使わないのか、などといった問題があるわけです。このような問題点が次々と見えてくるようにするのが、本書の狙いでもあります。

　油圧システムの初心者のために、この装置の最大の問題点を話してお

●キーワード
　油圧の5要素、仕事の3要素、油圧図記号、油圧の利点

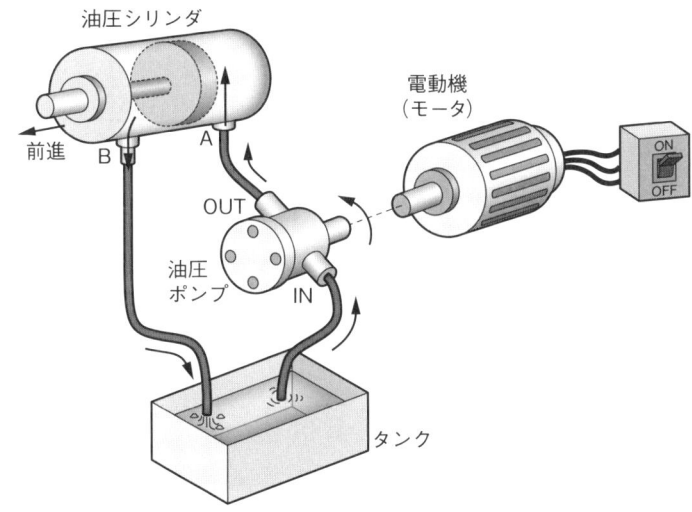

図 1-1 油圧装置のイメージ図

きましょう。

　まず、電源を入れると電動機が回って油圧ポンプを動作させ、タンクの油を油圧シリンダの A ポートから供給するのでシリンダは前進します。油圧シリンダの中の油は B ポートからタンクに排出されるのでここまでは問題ありません。

　ところが、油圧シリンダが前進端に達して停止したときに、油圧ポンプで吸い上げた油の行き場所がなくなってしまっています。この油を一体どこに逃がせばよいのでしょうか。

　空気圧では、圧縮空気を溜めておくバファタンクがあって、そのタンクから必要なだけの空気をもらって仕事をし、必要がなければ止めてしまえばそれでよかったのですが、油圧では油に圧縮性がないので、圧縮油をためておくバファタンクなどは存在しません。それどころか、このままでは油圧ポンプは休むことなく電動機で回され続けてポート A とポンプの OUT ポート間にかかる圧力はどんどん大きくなり、ついには配管からの油漏れや機器の破損ということにもなりかねません。

　このような不具合を防ぎながら、正しい油圧制御回路を構成していくには油の特性や油圧機器の構造、性能をよく理解しておかなければなり

ません。

　さらに、油圧シリンダの動作速度や発生する力をコントロールしたり、ポンプをまわしているモータの消費電力を小さくする方法など、さまざまな要因を考慮して最適な油圧システムを構築する必要があります。

　このように油圧システムを構築するには、いくつかの基礎知識と、油圧機器の知識、そして応用の知識が必要です。そのためにこれから、油圧システムを構築するためにぜひとも必要な基礎知識について解説していきます。

　本章ではまず、油圧システムの特徴と長所や短所について、簡単に見ていきます。

1.2 油圧システムの５要素と油圧図記号

１ 油圧システムの５要素

　油圧アクチュエータを上手に制御することが油圧装置の目的です。油圧アクチュエータを動作させるために必要な油圧装置を構成する機器は、表1-1に挙げた5つの要素に分類できます。これを油圧の5要素といい、油圧を使った仕事を最も効率よく行うためには、この5要素それぞれに最適なものを選定しなくてはなりません。

　油圧の5要素とその役割について簡単に説明します。

（1）　油圧ポンプ

　油圧タンクから油を吸い上げて油圧回路へ油を供給するためのポンプが油圧ポンプです。一般的には電動モータで駆動されますが、作業自動車などに積載するときにはエンジンの回転で駆動されることもありま

表 1-1 油圧の 5 要素

	油圧の要素	機　能
(1)	油圧ポンプ	油タンクから油を吸い上げて回路へ圧油を供給するためのポンプ。通常は電動モータで駆動される。定容量形ポンプと可変容量形ポンプがある。
(2)	油タンク	回路中へ供給する油を溜めておくタンクで、戻ってくる油を受け取るタンクでもある。
(3)	油圧アクチュエータ	油圧エネルギーを運動に変えて仕事をする油圧シリンダや油圧モータ。
(4)	油圧制御弁	圧力制御、流量制御、方向制御などを行うための制御弁。
(5)	付属機器	配管、継手、フィルタ、エアブリーザ、圧力計、油温計などといった油圧回路を構成するときに補助的に用いる機器。

す。ポンプには定容量形ポンプと可変容量形ポンプがあり、それぞれ異なる特性を持っているのでポンプの種類によって油圧システムの構成も変わってきます。油圧ポンプで作られた圧力がかかった油は圧油と呼ばれます。

　油圧ポンプの目的は、油圧アクチュエータに圧油を供給してアクチュエータを動作させることにあります。そこで、アクチュエータが必要とする圧力・流量を確保するために高い圧力の大流量の圧油を供給することになるわけですが、安全に利用するためにはポンプ周りの油圧回路を構成する機器の選定と回路の設計が重要です。

(2) 油タンク

　油タンクは油圧回路中へ供給する油を溜めておくためのタンクで、同時に油圧回路のドレンポートなどを経由して戻ってくる油を受け取るタンクでもあります。回路中から戻ってきた油は圧力で温められているので、タンクに入っている間に冷却させたり、油中に混在している異物などを沈殿させる役割も担っています。

(3) 油圧アクチュエータ

　実際に油圧エネルギーを運動に変えて仕事をする油圧シリンダや油圧モータのことを油圧アクチュエータと呼んでいます。油圧アクチュエータを思いどおりに制御するには非常に多くの要素を考慮しなくてはなりません。

　たとえば、アクチュエータの設置状態による影響としては、運動の速度や方向、運動中と動作端で停止したときの圧力の変化、負荷の大きさや変動、摩擦負荷と慣性負荷、重力の影響などがあります。安全面からは、油圧回路の圧力と流量の制限、運転時の速度や力のコントロール、不慮に停止したときの安全性などが挙げられます。さらに、流量制御弁や方向制御弁、あるいは減圧弁やリリーフ弁といった圧力制御弁などの油圧回路を構成する要素の特性が直接アクチュエータの力や速度といった出力特性に影響してくることも忘れてはなりません。

(4) 油圧制御弁

　油圧アクチュエータをコントロールするということは、出力の大きさと速さと方向を制御することです。これはいわゆる仕事の3要素と呼ばれる、出力（仕事の大きさ）、速度（仕事の速さ）、方向（仕事の方向）の3つの要素にあたります。

　油圧制御弁はこの仕事の3要素を制御するために利用されるもので、減圧弁やリリーフ弁などの圧力制御弁は出力を、流量制御弁は速度を、方向制御弁は方向を制御するものです。これらの中には手動のものや電動のもの、あるいは空圧や油圧で駆動するものもあります。

(5) 付属機器

　配管、継手、フィルタ、エアブリーザ、圧力計、油温計などといった、油圧回路をつくるときに補助的に用いる機器を付属機器と呼びます。

　配管は金属製管、フレキシブルホースなどがありますが、ただつながっていればよいというわけでなく、たとえばフレキシブルホースを着脱

する目的で使用するワンタッチ継手の場合にはコネクタ部分で油の通り道が狭くなっていたりするので、それぞれの機器の特徴を知っていることが必要です。

2 JIS 記号を使った油圧システムの表現

図 1-2 は、油圧シリンダを往復させるだけの油圧装置の最も基本的な構成例の一つです。図中に記載したように、これらの機器は（1）から

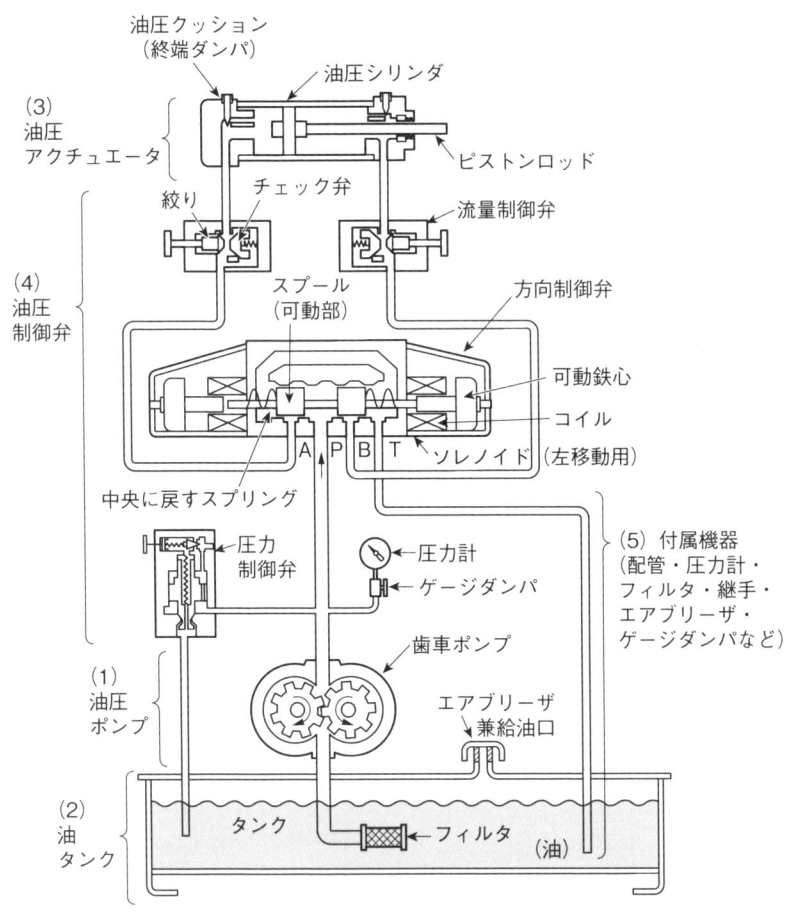

図 1-2 油圧機器の基本的な構成例

●基礎編　油圧のはたらきとしくみ

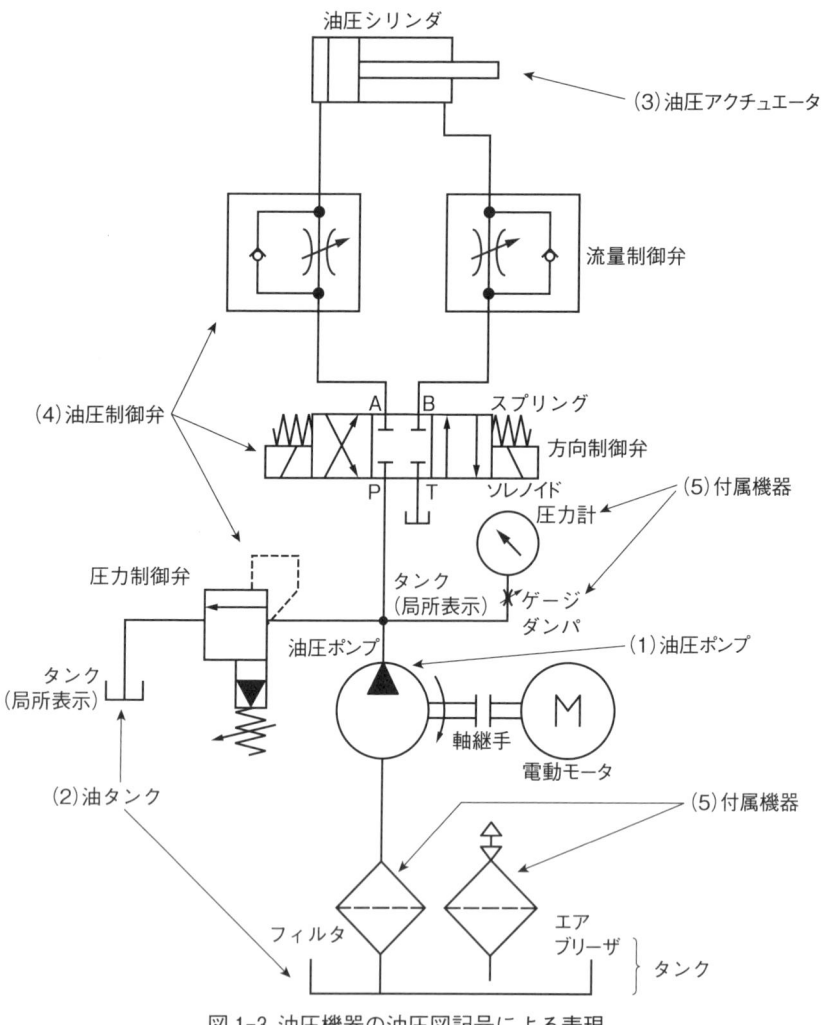

図 1-3　油圧機器の油圧図記号による表現

(5) までの要素（油圧の 5 要素）に分類できます。

　図 1-2 は実態図になっているので構造が理解しやすいと思いますが、毎回このような実態図を描画するのは大変な作業になります。そこで、油圧機器の設計には**図 1-3** のような油圧図記号で簡潔に表現したものを使用します。

油圧システムによく利用される機器の名称と JIS に基づく油圧図記号の一覧を**表 1-2** に示します。各機器の特徴や動作は第 3 章以降で詳細に解説します。

表 1-2 主な JIS 記号一覧

(1) 油圧ポンプ

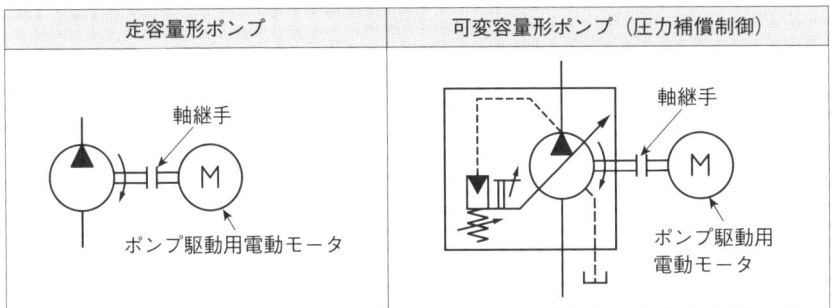

(注意) 図にはポンプ単体ではなく、電動モータで駆動する部分まで記載してある。回転駆動部の接続には通常は軸継手を記載する。

(2) 油タンク

油タンクは局所表示することがある。油タンクの局所表示は、油タンクと同じものである。全ての油を回収して再利用するために油タンクは通常 1 つしかない。

右図の例では、リリーフ弁（パイロット作動形）からリリーフする圧油は、局所表示の油タンクに戻るが、これは、下の油タンクに戻ることを意味する。

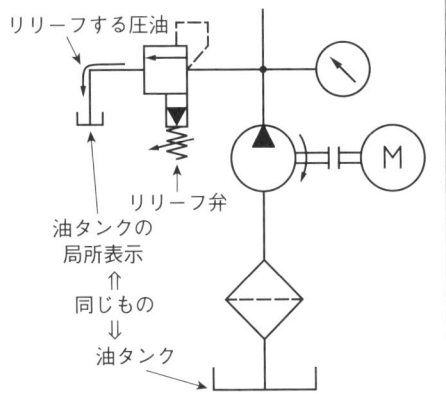

表 1-2（続き）

(3) 油圧アクチュエータ

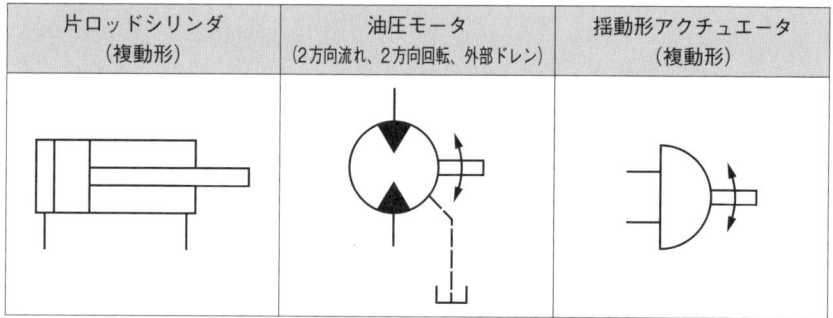

(4) 制御弁
(4-1) 圧力制御弁

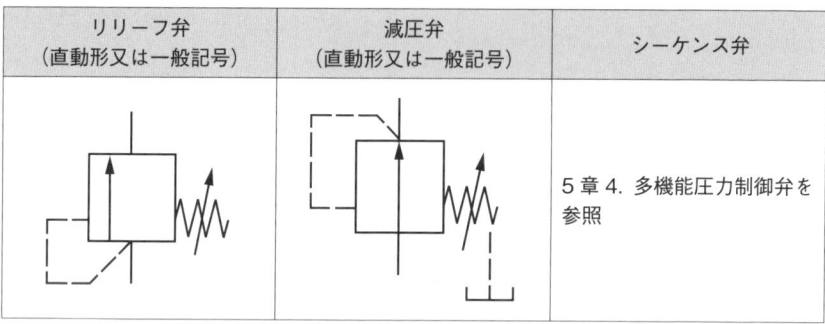

(4-2) 流量制御弁

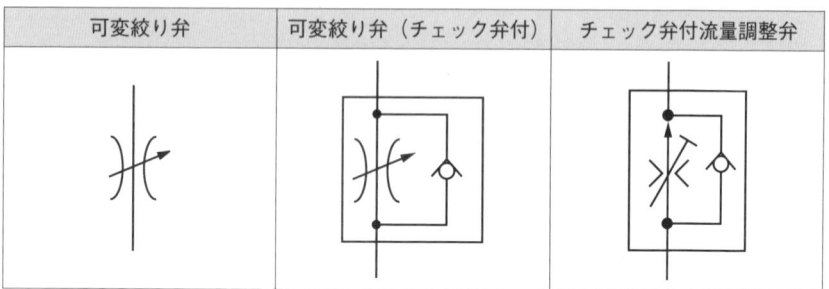

表 1-2（続き）

(4-3) シート形式方向制御弁

チェック弁（ばねなし）	パイロット操作チェック弁
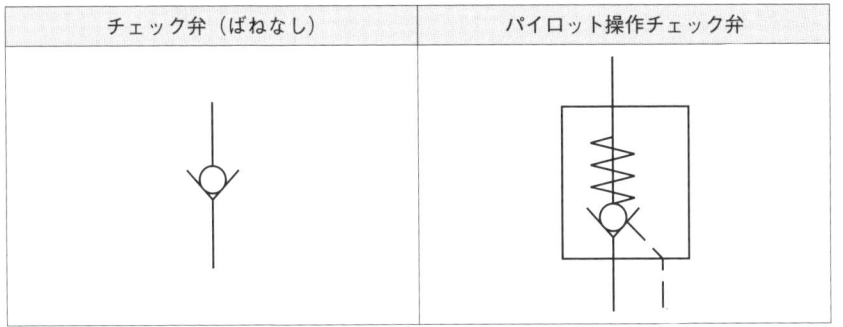	

(4-4) スプール形式方向制御弁

4ポート2位置方向制御弁 （レバー操作、デテント付）	4ポート3位置方向制御弁 （電磁操作、スプリングセンタ）	4ポート3位置方向制御弁 （電磁・油圧パイロット操作、スプリングセンタ、外部パイロット、外部ドレン）

(5) 付属機器

フィルタ	エアブリーザ	圧力計	流量計	温度計

1.3 油圧システムを導入する理由

1 油圧の利点

　油圧は高出力でありながら正確な運動特性などが得られる優れた動力装置ですが、空気圧のように安価でしかも簡便に構築できるとは限りません。そのため、油圧を導入する前には通常、空気圧と比較検討することがよく行われます。そこで両者の違いに着目することで、油圧の特徴と利点を明らかにしてみましょう。

（1）　大きな出力

　空気圧は高圧力になると爆発の危険性が高くなるので、空気圧機器の使用圧力は最大でも1MPa程度までのものが多くなります。このため、空気圧で大きな出力を得るにはシリンダの内径を大きくしなくてはなりません。

　圧力と圧力を受ける面積と力の関係は、(1.1)式のようになっています。

$$ 力(F) = 圧力(P) \times 受圧面積(A) \quad \cdots\cdots(1.1)$$

ここで、**表1-3**の単位系を使うと、(1.2)式のようになります。

$$F[\text{N}] = P[\text{Pa}] \times A[\text{m}^2] \quad \cdots\cdots(1.2)$$

　図1-4は、内径Dのシリンダに圧力Pをかけた状態を示しています。工場などの空気圧機器には0.5MPa程度の圧力がよく使われています。この空気圧力を内径ϕ100mmのシリンダにかけたときの力を計算してみましょう。すると、次のような計算から約400kgfの力が出ることがわかります。

$$3.14 \times 50 [\text{mm}]^2 \times 0.5 [\text{MPa}] = 3925\text{N} \fallingdotseq 400\text{kgf}$$

0.5MPaは約5.1kgf/cm^{2}ですから、次の計算式でも行えます。

$$3.14 \times 5 [\text{cm}]^2 \times 5.1 [\text{kgf/cm}^2] \fallingdotseq 400\text{kgf}$$

表1-3 圧力と力の単位系

物理量	単位の換算	説 明
圧力（P）	$1N/m^2=1Pa$、 $1N/cm^2=0.01MPa$ $1N/mm^2=1MPa$	SI単位系では、単位面積$1m^2$当たりに1[N]の力が作用しているときの圧力を1[Pa]と呼ぶ。Paはパスカルと読む。
力（F）	$1kgf=9.8N$	1[N]は質量1kgの物体を加速度$1m/s^2$で動かすときの力である。Nはニュートンと読む。 $1[N] = 1[kg \cdot m/s^2]$ 重力単位系の場合は質量に重力加速度$g=9.8[m/s^2]$を乗じた単位を用いる。 $1[kgf] = 1[kg] \times g[m/s^2]$ 　　　　$= 9.8[kg \cdot m/s^2]$ 　　　　$= 9.8[N]$
圧力単位 の換算	$1kgf/m^2=9.8Pa$ $1kgf/cm^2=0.098MPa$	特に厳密でない場合は、$1[kgf/cm^2] \fallingdotseq 0.1[MPa]$として簡易的に換算することがある。

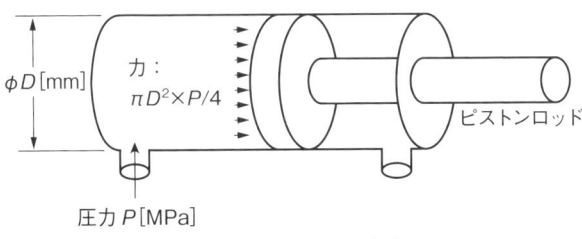

図1-4 シリンダの出力

　油圧であれば一般に、3〜25MPa程度で使用されるので、低い圧力（低油圧）でも、この空気圧の6倍、高油圧ではこの50倍程度の圧力を利用できることになります。同じ内径φ100mmのシリンダでは、低油圧で1600kgf、高油圧では20トンもの力を出すことができます。直径25mmのシリンダを使ったときにも、0.5MPaの空気圧では25kgfですが、3MPaの低油圧で150kgf、25MPaの高油圧では1.25トンの力が出ます。

（2）　優れた中間停止機能

　油圧回路では、シリンダの動作途中で圧油の流れを遮断すると、その

場でシリンダの動きを瞬時に停止することができます。空気圧シリンダでは、空気の流れを止めても圧力の平衡が取れるまで停止することはできません。空気圧は圧縮性が高いので、空気の流入を停止してもシリンダのピストンロッドは急には止まれないのです。また、クローズドセンターバルブなどを使って空気の流れを遮断してシリンダのピストンが中間位置で停止していたとしても、外部から力がかかれば容易にピストンが動いてしまいます。

油圧では、シリンダの油の入口と出口の油の量が変化しない限りシリンダが動くことはないので、いずれか一方でも油の流れを止めてしまえばぴたりと動作が停止して、外部からの力がかかっても動くことはできません。

(3) 低速での動作の安定性

空気圧と比べると油圧でシリンダを動かしたときの方が運動特性は安定しています。油に圧縮性がほとんどないため、シリンダに流入した油の分だけが確実に前進するので、流入する油の量か出て行く油の量をコントロールすれば安定した一定速度の動作を得ることができるからです。

一方、空気圧の場合には流入する空気の量が完全に一定でも、空気の圧縮性のために速度が安定しない現象が起こります。特に低速で負荷（慣性）や摩擦が大きくなるとなおさら不安定になってしまいます。

空気圧シリンダを低速で動作させると、ゆっくりと空気がシリンダ内に入ってくることになります。もともとピストンロッドが止まっていたとすると、ある程度空気が溜まってピストンロッドが静止しているときの摩擦力より空気圧による力が勝ったときにピストンロッドは前進しますが、動き出すと動摩擦に変わるので、必要以上にピストンロッドは飛び出して、また停止するという動作を繰り返すことになります。これをスティックスリップ現象といいます。

このような空気の圧縮性に起因する不安定な動作を避けるために圧縮性のない油圧を使うことがあります。この例のようなスティックスリッ

プ現象を回避するだけならば、油圧の圧力は高くなくてもよいので、一般にいう油圧ポンプを用いた油圧システムでなく、空気圧を油圧の圧力源として利用する簡便な空油圧変換シリンダを使うこともできます。

（4） 強い押付け力

　空気圧シリンダはストッパなどに、ロッドの先端をあてて、ピストンロッドのストロークの中間で強制的に停止することができます。このことによって移動ストロークを機械的に調節することができます。このような使い方は、ものを壁に押し付けるとか、ものをつぶしたり、挟み込んで保持するといった用途に使うことができます。

　油圧シリンダでも、同じようにピストンロッドの動作を機械的なストッパで止めておくことができますが、シリンダが停止したときにあまった油の流れがどこかに逃げてゆくような油圧回路の構造にしておかなくてはなりません。油圧の場合はポンプで常に油を送り続けているので、一般的に油の流れを完全に止めることは難しいので、不要な油を逃がすための制御弁を追加するのが一般的な方法です。

　押付け力を得ることは空気圧シリンダであれば簡単ですが、空気圧では油圧ほどの力で押し付けることができないということになります。一方、電動モータを使った制御では、出力軸を静止しているものに押し付けて任意の位置で停止するというようなトルク制御は力センサや自動制御理論に頼ることになり、簡単には自作できません。

（5） 安定した出力トルク特性

　電動モータは、一般に速度や印加電圧によって出力トルクが変化しますが、油圧シリンダでは、超低速域から高速域までほぼ一定の出力トルクを出すことができます。一方、空気圧シリンダでは、空気の圧縮性のため動作中の力が安定しないことがあります。

（6） サーボ機能への応用性

　油圧は、正確に位置制御ができることからサーボシステムを構築する

ことができます。空気圧シリンダでは空気の圧縮性のため、制御出力に対しての応答性が不安定なのでサーボシステムを構成することができません。

(7) 圧力供給源の使い勝手の比較

空気圧の場合は、空気圧コンプレッサは回りっぱなしではなく、バファタンクに高い圧力の空気をたくさん溜めていて、その圧力が上がったところでコンプレッサが停止する構造になっています。タンク内の空気

表 1-4 油圧の長所

	油圧式の長所	空気圧式の場合
①	小さな装置でも高圧にすることで大きな出力が得られる。	油圧式に比べて出力が小さい。油圧装置と同じ力を出そうとすると、シリンダの内径などを極端に大きくする必要がある。内径を大きくすると速度が遅くなる。
②	力を無段階に容易に調整できる。	力を無段階に容易に調整できる。
③	速度を無段階に容易に安定して変えられる。	速度を無段階に容易に変えられるが、高負荷や低速では安定しにくい。
④	過負荷防止が容易にできる。	過負荷防止が容易にできる。
⑤	一定力による押付け制御ができる。	一定力による押付け制御ができるが、油圧に比べて押付け力が小さい。
⑥	アクチュエータの瞬時停止ができる。	空気の圧縮性のため、瞬時には停止できない。
⑦	電気装置と組み合わせて色々な制御が可能である。サーボ機構のようなフィードバック制御も構成できる。	電気装置と組み合わせられるが、ほとんどオンオフ制御に限られる。サーボ機構などの構成はできない。
⑧	油に圧縮性がほとんどないため、配管を延長すれば遠隔からでも操作ができる。	配管を延長すれば遠隔操作はできるようになるが、あまり長い配管にすると空気の圧縮性のために安定した制御ができなくなることがある。
⑨	振動が少なく、円滑な動作が得られる。	油圧式に比べると振動が多い。特に慣性や摩擦の大きい場合や超低速で動かすときなどには安定しにくくなる。

が消費されても、バファタンク内に十分に余力があれば、コンプレッサを回転させる必要はありません。そのためシリンダが停止したときに空気の流れを完全に止めてしまってもなんら問題はありません。

ところが油圧回路では、ポンプを停止すると動作のための圧力が供給されなくなるので、少なくともいずれかの機器を動作させるためにはポンプは駆動し続けることになります。このため、油の流れが停止するような使い方をするときには、不要な油をタンクに戻してやる構造にしておく必要があります。

表 1-5 油圧の短所

	油圧式の短所	空気圧式の場合
①	配管が面倒であり、油漏れが生じやすい。余った油をタンクに戻すための配管も必要になる。	空気圧式の方がはるかに配管が容易で、油漏れの心配もない。使用空気は大気に放出されるので、戻し配管が不要になる。
②	システムを構成する機器が大きく構造も複雑で高価である。	空気圧式の方が小型の機器が多く構造も簡単で、システムを構成する金額も安く済む。
③	電動機（モータ）や原動機（エンジン）の機械的エネルギーを使って、油圧ポンプを回して圧油を作り、さらにこれを機械的仕事に変えるので、直接伝えるよりエネルギー効率が悪くなる。	機械的エネルギーで空気圧コンプレッサを回して作った圧縮空気で動作するので、エネルギー効率は悪くなる。
④	油の温度（油温）が変化すると、油の粘度が変化してその影響を受ける。油温の変化でアクチュエータの速度が変わるということが起こる。超低温では油の粘性が大きくなって使用できなくなる。	圧力が低いので使用する空気圧の温度上昇は大きくない。乾燥した空気であれば超低温でも使える。
⑤	火災の危険がある。	通常の使用圧力範囲では火災の危険はない。超高圧にすると危険。
⑥	使用した油は循環して利用するので、油の汚染管理が必要である。	使用した空気は大気に放出するので汚染管理は必要ない。ただし、空気圧コンプレッサから供給される制御用の圧縮空気の中の塵や湿気などは排除しておく必要がある。

(8) 空気圧と油圧のコスト比較

油圧でしか実現できない機能を利用するときには、迷わず油圧を選定することになりますが、油圧を使う場合は空気圧に比べてコスト高になるということも選定に当たって十分考慮する必要があります。

2 油圧の長所と短所

幅広い分野で使用されている油圧には、**表1-4**のような多くの長所があります。これらの長所を有効に使った油圧システムを構成ができることが望ましいといえます。表の中には、参考のために空気圧式のシステムとの比較を併記してあります。

当然のことながら油圧には、長所ばかりでなく**表1-5**にあげたような短所もあるので、それを考慮して具体的な選定をしなくてはいけません。これらの短所を知っておくことは、油圧システムの設計や開発・油圧の利用などでとても重要です。

●基礎編　油圧のはたらきとしくみ

2章

油圧のはたらきを理解するための基礎知識

　油圧装置は、油を介して力を伝達するだけのものではありません。油の粘性を利用して速度制御をしたり小さな装置で大きな力を生みだしたりするためのさまざまな工夫がされています。その原理を理解することは、油圧機器を正しく制御するためにも大切です。

●基礎編　油圧のはたらきとしくみ

2.1 パスカルの原理

　油圧の利点として、小さな装置で大きな出力が得られることがありました。その理由は、流体の静的な力の伝達に関する、パスカルの原理を使って説明できます。
　図2-1のように、液体を充満させて密閉した容器があったとします。ピストン上部から力Fを加えると、液体内のあらゆる部分に力が発生します。この力は、容器のすべての内面に垂直にはたらきます。この力を単位面積当たりの力に表わしたものを圧力といいます。ピストンの受圧面積をAとして、ピストンにかかっている力Fによって液体内に発

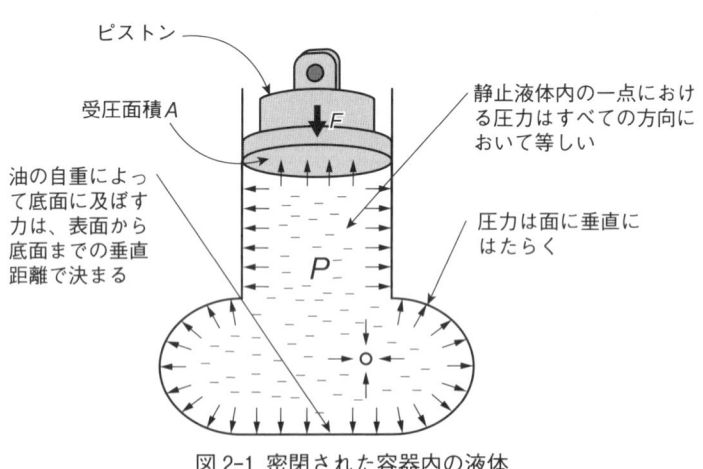

図2-1　密閉された容器内の液体

●キーワード
　パスカルの原理、圧力と力、流量と速度、定常流、圧力単位、流量単位、連続の式、ベルヌーイの定理、流体動力、キャビテーションとエアレーション、配管と作動油

生する圧力をPとすると、(2.1)式になります。

$$P = \frac{F}{A} \qquad \cdots\cdots\cdots(2.1)$$

一方、静止液体における圧力の伝わり方には、次のような性質があることがわかっています。

1. 静止液体と接している面に及ぼす圧力は、この面に垂直にはたらく
2. 静止液体内の一点における圧力の大きさは、すべての方向に対して等しい
3. 静止液体がその自重によって容器の底面に及ぼす力は、液体の表面と底面との垂直距離および底面積だけで決まり、容器の形には無関係である
4. 密閉容器中の静止液体の一部に加えた圧力は、同時にすべての部分にそのままの強さで伝わる

これをパスカルの原理といいます。

2.2 圧力と力の関係

ここで、パスカルの原理を展開して、小さな力を使って大きな力を得るためのしくみを考えてみましょう。

図2-2に示すように、受圧面積の異なる左右2つのピストンがついた容器があり、その中に油が充填されているものとします。左の小ピストンを押し下げる力をF、小ピストンの受圧面積をA_1とすると、内部に発生する圧力Pは、(2.1)式より(2.2)式となります。

$$P = \frac{F}{A_1} \qquad \cdots\cdots\cdots(2.2)$$

パスカルの原理によると、この圧力Pは配管を通じて、右の容器に

●基礎編　油圧のはたらきとしくみ

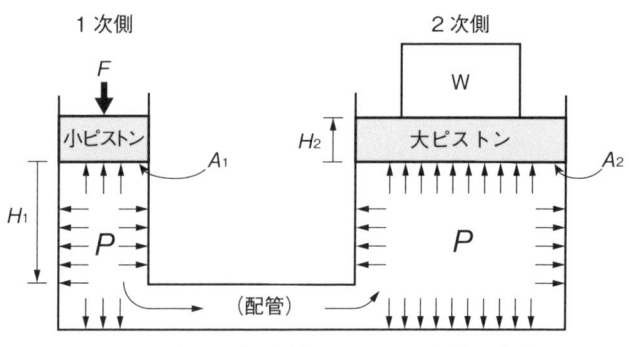

図 2-2 受圧面積の異なるピストンを持つ容器

伝達され、右の容器の圧力も同じ P になります。右の容器の大ピストンの受圧面積を A_2 として、この圧力 P が大ピストンを介して荷重 W とつり合っているとすると、(2.3)式のようになります。

$$W = P \times A_2 \qquad \cdots\cdots (2.3)$$

(2.2)式と(2.3)式より、P を消去すると、(2.4)式になります。

$$W = \frac{A_2}{A_1} \times F \qquad \cdots\cdots (2.4)$$

(2.4)式から、ピストンの受圧面積比、A_2/A_1 を大きくとると、小さな力 F で大きな重さの W を持ち上げることができることがわかります。これが小さな力を使って大きな力を得るしくみです。

次に小ピストンを H_1 押し下げたとき、大ピストンは H_2 だけ押し上げられるとすると、移動する流体の量は同じになるので、$A_1 \times H_1 = A_2 \times H_2$ となります。これを変形して、(2.5)式になります。

$$H_2 = \frac{A_1}{A_2} \times H_1 \qquad \cdots\cdots (2.5)$$

このように、大ピストンが押し上げられる距離 H_2 は、ピストンの受圧面積比だけ小ピストンを押し下げる距離 H_1 より小さくなります。

また、小ピストンを H_1 押し下げるのに時間 t だけかかったとすると、小ピストンの押し下げる速度 v_1 は、$v_1 = H_1/t$ となります。

大ピストンが H_2 押し上げられる時間も同じなので、大ピストンが押し上げられる速度は、(2.6)式となります。

$$v_2 = \frac{H_2}{t} \qquad \cdots\cdots(2.6)$$

単位時間当たりの流体の移動量を流量といいます。このピストンを動かしたときに流れる流量を Q とすると、(2.7)式、(2.8)式の関係があります。

$$Q = \frac{A_1 \times H_1}{t} = \frac{A_2 \times H_2}{t} = A_1 \times v_1 = A_2 \times v_2 \qquad \cdots\cdots(2.7)$$

$$v_2 = \frac{A_1}{A_2} \times v_1 \qquad \cdots\cdots(2.8)$$

この式から、大ピストンが押し上がる速度 v_2 は、ピストンの受圧面積比 A_1/A_2 だけ小ピストンを押し下げる速度 v_1 より小さくなることがわかります。

これまでの説明からわかるように、荷物 W を高い位置まで上げるには、左の小ピストンをかなり押し下げなければなりません。しかし、小ピストンと大ピストンの受圧面積の違いが大きいと、小ピストンをかなり押し込んでも右の荷物の載った大ピストンはゆっくりとわずかしか上昇しないということになります。図2-2のような仕組では、小さな力で大きな力を出すことはできますが、荷物をずっと高い所にあげることはできません。このように、実際には大きな力を出すだけでは不十分なこともあります。

もし、大きなストロークを得る必要があるのなら、小ピストンを使って大ピストン側に次々と油を送り込む方法を考えなければなりません。そこで考えられたものが油圧ポンプです。そのよい例として、左側の小ピストンを手動ポンプに替えて荷物の上げ下げに実用的に考案されたものがあります。**図2-3**に示す手動油圧ジャッキがそれです。

手動ポンプを何度も上下に動かすことにより、作動油は操作シリンダに送られ荷物をどんどん上昇させます。また、荷物を降ろすときは、切換弁を開いて作動油がこの弁を通ってタンクに戻り、荷物は自重で下がるようになっています。

●基礎編　油圧のはたらきとしくみ

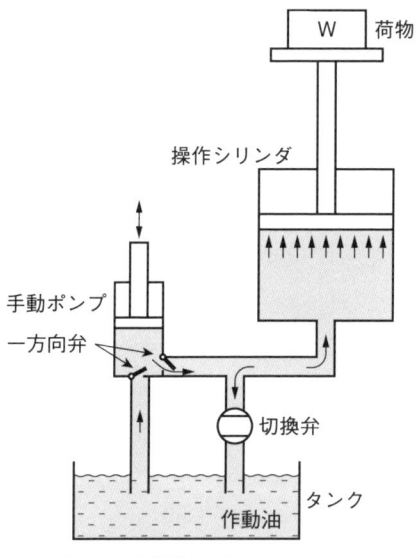

図 2-3 手動油圧ジャッキの原理

2.3 圧力の単位

圧力は、1章の(1.1)式でも説明したように、単位面積にはたらく力ですから、次のようになります。

$$圧力(P) = \frac{力(F)}{受圧面積(A)} \qquad \cdots\cdots\cdots(2.9)$$

日本では圧力の単位は以前 $[kgf/cm^2]$ を使っていましたが、現在は $[Pa]$（パスカル）を使っています。これは、力学には重力単位と絶対単位があって、以前は重力単位を採用する工学単位を使用してきましたが、国際的に統一する必要性が出てきて絶対単位を採用するSI単位（国際単位）がつくられ、これが使われるようになったからです。

圧力単位に Pa を使うときに、力の SI 単位（絶対単位）を $[N]$（ニ

ュートン）にして、受圧面積の単位を［m²］（平方メートル）にすると、次のような簡単な関係になります。

$$P[\text{Pa}] = \frac{F[\text{N}]}{A[\text{m}^2]} \qquad \cdots\cdots(2.10)$$

ここで、1［N］とは、質量1kgの物体を加速度1m/s²で動かすときの力を表わしています。

$$1[\text{N}] = 1[\text{kg}\cdot\text{m/s}^2]$$

これに対して、重力単位を使った力は［kgf］で表わされます。1［kgf］とは質量1kgの物体に重力加速度gをかけたときの力を表わし、次の関係があります。

重力加速度　$g = 9.80665[\text{m/s}^2]$

$$1[\text{kgf}] = 1[\text{kg}] \times g[\text{m/s}^2]$$
$$= 9.80665[\text{kg}\cdot\text{m/s}^2] = 9.80665[\text{N}] \fallingdotseq 9.8[\text{N}]$$

本書では、計算を簡単にするため、1［kgf］＝ 9.8［N］を使います。

重力単位では、圧力を［kgf/cm²］で表わし、単位面積1cm²につき1kgfの力が作用しているときの圧力が1［kgf/cm²］でした。

SI単位では、圧力を［Pa］で表わし、(2.10)式のように単位面積1m²に1［N］の力が作用しているときの圧力を1［Pa］と定義しています。

油圧機器は現在でも工場・生産現場などで従来の工学単位［kgf/cm²］表示の使用がされていることが多いので、これをSI単位に換算してみましょう。10⁶＝1M（メガ）ですから、次のようになります。

$$1[\text{kgf/cm}^2] = 10^4[\text{kgf/m}^2] = 9.8 \times 10^4[\text{Pa}]$$
$$= 0.098[\text{MPa}] \fallingdotseq 0.1[\text{MPa}]$$

特に厳密でない場合は、このように1［kgf/cm²］≒0.1［MPa］とした方が従来の工学単位からSI単位への換算が楽ですから、本書でも厳密性を必要としない場合は、これを採用していきます。

メーカーのカタログなどでも厳密性を必要としない場合は、1［kgf/cm²］≒0.1［MPa］を採用しているものも多いようです。

以上の関係をまとめたものを**表2-1**に示します。

●基礎編　油圧のはたらきとしくみ

表 2-1　力と圧力単位の換算表

1 [kgf] ＝9.80665 [N] ≒9.8 [N] ≒10 [N]
1 [N] ＝0.101972 [kgf] ≒0.102 [kgf] ≒0.1 [kgf]
1 [kgf/cm²] ＝0.0980665 [MPa] ≒0.098 [MPa] ≒0.1 [MPa]
1 [MPa] ＝10.1972 [kgf/cm²] ≒10.2 [kgf/cm²] ≒10 [kgf/cm²]

　ここで、油圧では圧力の単位が［MPa］で表示されることが多く、寸法の単位は mm が一般的なので、次のように記述されることがよくあります。

$$P[\text{MPa}] = \frac{F[\text{N}]}{A[\text{mm}^2]} \qquad \cdots\cdots\cdots (2.11)$$

　MPa は Pa の百万（10^6）倍で、面積 $A[\text{mm}^2]$ は $A[\text{m}^2]$ の百万分の1です。(2.10)式と比較してみて下さい。

　［N］（ニュートン）という単位は慣れないと使いずらいものですが、1［N］の力は約 0.1［kgf］ですから、［N］から［kgf］への換算は、重力が10分の1になったときの重さと覚えておけばよいでしょう。月の重力は地球の約6分の1ですから、それよりもさらに軽くなるイメージです。

2.4 絶対圧力とゲージ圧力

　圧力の表示には、絶対圧力とゲージ圧力の2つの表示方法があります。

❶ 絶対圧力

　絶対圧力は完全真空をゼロとして、これを基準として表わした圧力です。ゲージ圧力と比較したり区別するときは、圧力の単位の後に絶対（absolute）の意味で abs と書きます。（例）2［MPa abs］。

2 ゲージ圧力

ゲージ圧力は大気圧をゼロとし、これを基準として表わした圧力です。絶対圧力と比較したり区別するときは、圧力の単位の後にゲージ（gauge）の意味でGと書きます。（例）2[MPa G]。

産業機械などの油圧装置の圧力は、ゲージ圧力で表示されています。図2-4は、絶対圧力とゲージ圧力の関係を図で示したものです。

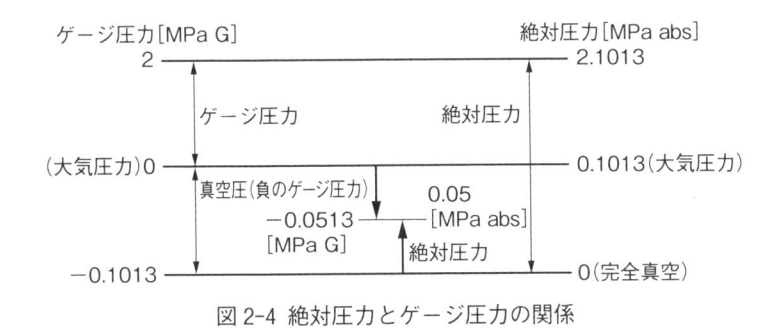

図2-4 絶対圧力とゲージ圧力の関係

2.5 油圧配管内の流量と流速

油圧配管内を流れる油の流量Qは、配管内断面積Aと流速vで表わされることは(2.7)式ですでに説明しました。図2-5のように入口と出口の断面積が同じ場合は、(2.12)式のようになっています。

$$Q = A \times v \qquad \cdots\cdots(2.12)$$

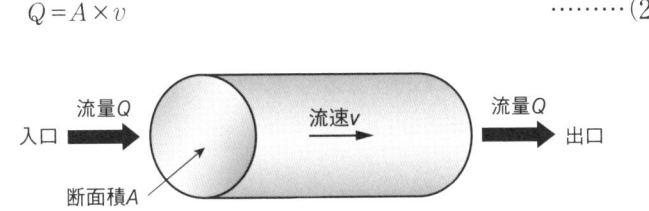

図2-5 断面積一定のときの流速と流量

表 2-2 流量計算によく使われる単位

	シンボル	常用する単位
配管内断面積	A	cm^2、mm^2
流速	v	m/s、cm/s、mm/s
流量	Q	ℓ/min、cm^3/s、mm^3/s
流量、断面積、流速の関係	$Q[cm^3/s] = A[cm^2] \times v[cm/s] = Av\dfrac{60}{1000}[\ell/min]$ $Q[mm^2/s] = A[mm^2] \times v[mm/s] = Av\dfrac{60}{1000000}[\ell/min]$	

実際に流量を求めるとき、注意しなければならないことは、単位を統一させることです。流量計算によく使われる単位を**表 2-2**に示します。

配管内断面積の単位は、cm^2、mm^2がよく使われます。流速にはm/s、cm/s、mm/sがよく使われます。流量には、cm^3/sやmm^3/sも使われますが、一般的にはℓ/minがよく使われます。次に、便利な流量単位の早わかり換算表を**表 2-3**に示します。

表 2-3 早わかり流量単位換算表

	流量の換算	換算式
1	cm^3/sからℓ/minへ	$Q[cm^3/s] = Q \times \dfrac{60}{1000}[\ell/min]$
2	mm^3/sからℓ/minへ	$Q[mm^3/s] = Q \times \dfrac{60}{1000000}[\ell/min]$
3	mm^3/sからcm^3/sへ	$Q[mm^3/s] = Q \times \dfrac{1}{1000}[cm^3/s]$
4	ℓ/minからcm^3/sへ	$Q[\ell/min] = Q \times \dfrac{1000}{60}[cm^3/s]$
5	ℓ/minからmm^3/sへ	$Q[\ell/min] = Q \times \dfrac{1000000}{60}[mm^3/s]$
6	cm^3/sからmm^3/sへ	$Q[cm^3/s] = Q \times 1000[mm^3/s]$

2.6 連続の式

　運動している流体中の1点の流れの状態（流速、圧力、密度、温度）が、時間の経過とともに変化しない流れを定常流といいます。

　実際の油圧配管内では、圧力や流速の脈動などがあり厳密には定常流ではありませんが、運転条件が一定であれば定常流として扱ってもさしつかえありません。

　ちなみに断面積の異なる連続配管に定常流を流したとき、配管の任意の断面を通る流体の流量はどの断面でも一定となります。これを「連続の式」といいます。

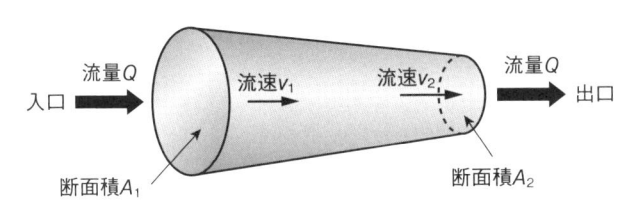

図 2-6 異なる断面積の流速と流量

　入口と出口の断面積が違う**図2-6**の場合でも、流量は変わりませんから、(2.13)式のように表わせます。

$$Q = A_1 \times v_1 = A_2 \times v_2 \qquad \cdots\cdots(2.13)$$

　　　ここで、$A_1 > A_2$ より、$v_1 < v_2$

　つまり、断面積の大きいところでは流速は遅く、断面積の小さいところでは流速が速くなることがわかります。

2.7 ベルヌーイの定理

流体が定常流で図2-7のような管路を流れているものとしましょう。このとき、流体の持っているエネルギーには圧力、位置、速度（運動）エネルギーがあります。

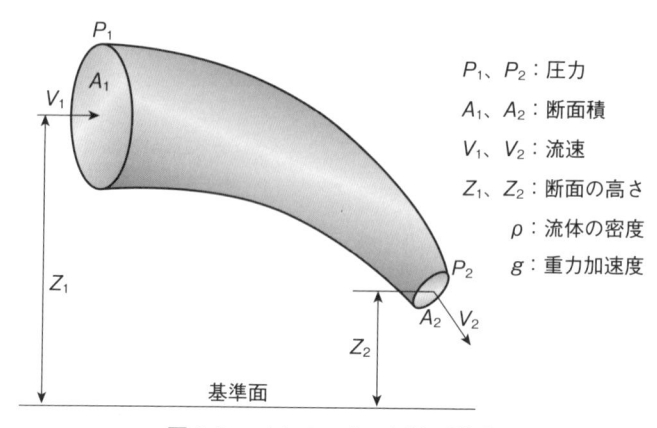

P_1、P_2：圧力
A_1、A_2：断面積
V_1、V_2：流速
Z_1、Z_2：断面の高さ
ρ：流体の密度
g：重力加速度

図2-7　ベルヌーイの定理の説明

摩擦などによるエネルギー損失がないものとして質量をmとすると、エネルギー保存の法則によって(2.14)式のエネルギーの総和Eはどこの断面をとっても等しいことになります。

$$E = \frac{1}{2}mv^2 + mgZ + \frac{m}{\rho}P \quad \cdots\cdots(2.14)$$
（運動エネルギー）（位置エネルギー）（圧力エネルギー）

次に、(2.14)式の全体に1/mgをかけて$H=E/mg$とすると、(2.15)式のように記述できます。

$$\frac{v_1^2}{2g}+Z_1+\frac{P_1}{\rho g}=\frac{v_2^2}{2g}+Z_2+\frac{P_2}{\rho g}=H=\text{一定} \quad \cdots\cdots(2.15)$$

この式で表わされる関係をベルヌーイの定理と呼んでいます。この式の各項は、流体1kgの持つ速度（運動）エネルギー、位置エネルギー、

圧力エネルギーに相当し、下記のように、各項の単位は高さ［m］で表わされます。流体の持つエネルギーのこのような表わし方をヘッド（水頭）といいます。

$\dfrac{v_1^2}{2g}$［m］、$\dfrac{v_2^2}{2g}$［m］：速度ヘッド

Z_1［m］、Z_2［m］：位置ヘッド

$\dfrac{P_1}{\rho g}$［m］、$\dfrac{P_2}{\rho g}$［m］：圧力ヘッド

H［m］：全ヘッド

油圧回路において、水平に設置した配管に油を流す場合を考えると、(2.15)式の、$Z_1 = Z_2$ となりますから、(2.16)式のようになります。

$$\dfrac{v_1^2}{2g} + \dfrac{P_1}{\rho g} = \dfrac{v_2^2}{2g} + \dfrac{P_2}{\rho g} \qquad \cdots\cdots(2.16)$$

これは、速度（運動）エネルギーの大きいところ、つまり流速の速いところでは、圧力エネルギーが小さく（圧力が低い）、速度（運動）エネルギーの小さいところ、つまり流速の遅いところでは圧力エネルギーが大きい（圧力が高い）ことになります。

ベルヌーイの定理と前項の「連続の式」とあわせると、**表2-4** のように言い換えることができます。

表2-4 ベルヌーイの定理の定性的表現

断面積の異なる連続する配管に流体を水平に流すとき、断面積の大きいところでは、流速は遅く、圧力は高い。断面積の小さいところでは、流速は速く、圧力は低くなる。

これは、配管・機器などに流体を流すときの現象を考える上でよりどころとなる重要なポイントです。たとえば絞り（オリフィス）を通過する流量やスプール弁の軸推力（ベルヌーイの力）を考えるもとになったり、キャビテーションやチャタリング現象とも関係しています。また、

●基礎編　油圧のはたらきとしくみ

空気圧機器の真空エジェクターで負圧を発生するときの基本原理にもなっています。

2.8 流量の制御と速度制御

　油圧装置では、圧力や流量を調整するときに弁を使用します。弁は、作動油の流れの断面積を変化させて、その目的を果たすものです。その中で、流れの断面積を減少させて作動油の通路内に抵抗を持たせて流量を調節する機構を絞りといいます。絞りには、チョークとオリフィスと呼ばれる2種類の絞りがあります。

1 チョーク

　チョークとは、図2-8に示したように、面積を減少した流路が断面寸法に比べて長い絞りのことをいいます。チョークを通過する流量Qは、(2.17)式で求められます。

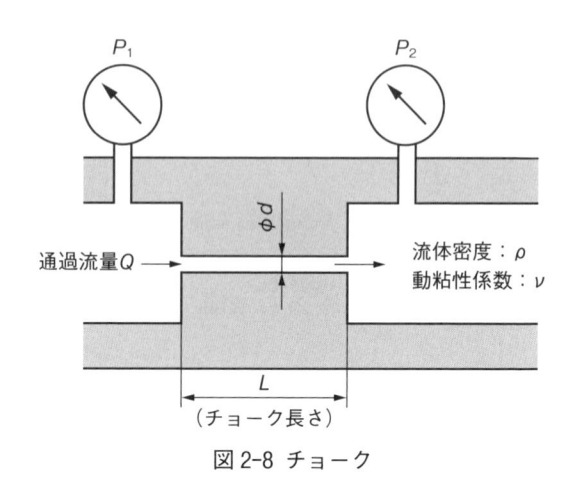

図2-8　チョーク

$$Q = \frac{\pi d^4}{128\rho\nu L} \cdot (P_1 - P_2) \quad \cdots\cdots (2.17)$$

Q：通過流量［cm^3/s］　　ν：流体の動粘性係数［cm^2/s］
d：チョーク内径［cm］　　P_1：チョーク入口の圧力［MPa］
L：チョークの長さ［cm］　　P_2：チョーク出口の圧力［MPa］
ρ：流体密度［kg/cm^3］

　この式から、チョークの通過流量Qは、チョーク内径d［cm］の4乗と、差圧（P_1-P_2）に比例し、チョーク長さや動粘度に反比例することがわかります。

　チョークは、流量制御弁としてはあまり用いられませんが、チョークの両端における伝達の遅れを利用して、両端に圧力差を作り出すような目的で制御弁などの中でよく用いられています。

2 オリフィス

　オリフィスは、図2-9のように面積を減少した通路で、その長さが断

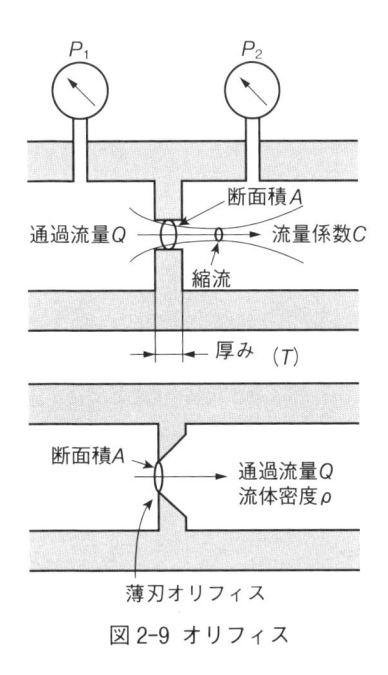

図2-9 オリフィス

面寸法に比べて短い絞りのことをいいます。

この厚み（T）が薄くなればなるほど、通過流量に対する油の粘度の影響は少なくなるので、油温の変化による油の粘度の変化の影響を気にするような精密な流量制御を行うときは、Tをできるだけ薄くするためナイフエッジ形のもの（薄刃オリフィスと呼ばれます）を使います。このことを温度補償と呼ぶことがあります。

オリフィスを通過する流量 Q は、(2.18)式で求めます。

$$Q = C \cdot A \sqrt{\frac{2(P_1 - P_2)}{\rho}} \qquad \cdots\cdots\cdots (2.18)$$

Q：通過流量 [cm³/s]　　　　C：流量係数（縮流係数ともいう）
A：オリフィスの断面積 [cm²]　P_1：オリフィス入口の圧力 [MPa]
ρ：流体の密度 [kg/cm³]　　　P_2：オリフィス出口の圧力 [MPa]

このように、通過流量 Q は差圧の平方根 $\sqrt{(P_1 - P_2)}$ [MPa]と断面積 A [cm²]に比例します。一般的な流量制御弁には、このオリフィス構造のものがよく使われています。

2.9 ポンプの能力表示—流体動力

油圧ポンプなどの能力を表わすのに、何キロワットという表示がされていることがよくあります。もちろんこれは電力を表わしているのではありません。ここでは、どのようにポンプの能力を計算するのか見てみましょう。

流量 Q と圧力 P の積を流体動力と呼んでいます。これは、油圧によって作り出される単位時間当たりの仕事量のことで、どのくらいの大きさの負荷を、どのくらいの速さで動かすことができるか、ということを基準にした量です。

油圧では、負荷の大きさや動かす速度によって必要な圧力や流量が決

まってきますが、それに対して必要なポンプやモータの容量などを検討するときなどに利用されます。

動力は仕事率のことで、あるエネルギーによって単位時間になされた仕事のことをいいます。言い換えると、単位時間に放出されたエネルギーということになります。ここでいう仕事とは、物理学で用いられる仕事のことで、力F[N]で物体をS[m]だけ移動させたときの積$F・S$を力が物体にした仕事という定義です。

仕事をWとすると、(2.19)式になります。

$$W = F・S [\text{N・m}] \qquad \cdots\cdots(2.19)$$

仕事をエネルギーの単位J（ジュール）を用いて表わすと、1[J] = 1[N・m]ですから、(2.20)式のようになります。

$$W = F・S [\text{J}] \qquad \cdots\cdots(2.20)$$

ここで、物体を移動させる際の動力について考えてみます。

ひとつの例として、図2-10のようにロープで荷物を持ち上げる装置を考えてみましょう。

力F[N]、速度V[m/s]でロープを引張って荷物を持ち上げようとする場合、必要な動力をLとすると、Lは(2.21)式のようになります。

$$L = F・V [\text{N・m/s}] \qquad \cdots\cdots(2.21)$$

1[N・m] = 1[J]、1[W（ワット）] = 1[J/s]ですから、(2.22)式のようになります。

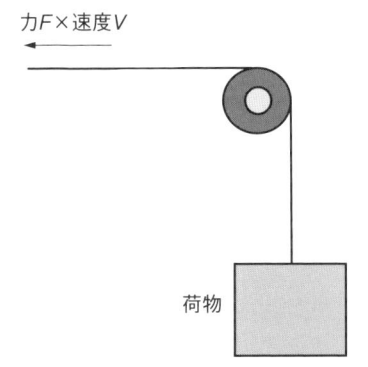

図2-10 ロープで荷物を持ち上げる装置

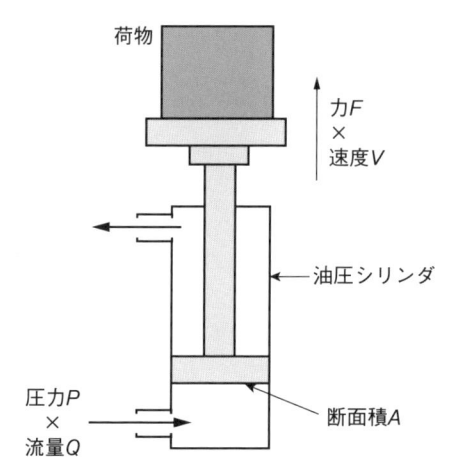

図2-11 油圧シリンダで荷物を持ち上げる場合

$$L = F \cdot V \,[\mathrm{W}] \qquad \cdots\cdots\cdots (2.22)$$

次に、油圧シリンダで荷物を持ち上げる図2-11のような装置を使って、油圧の場合はどうなるか考えてみます。

シリンダが荷物を持ち上げる力をF、速度をVとすると、動力Lは、(2.22)式と同じになります。油圧シリンダの力と圧力の関係は、(2.23)式のようになっていました。

$$F\,[\mathrm{N}] = P\,[\mathrm{Pa}] \cdot A\,[\mathrm{m}^2] \qquad \cdots\cdots\cdots (2.23)$$

また、速度は流量を断面積Aで割ったものになりますから、(2.24)式になります。

$$V\,[\mathrm{m/s}] = \frac{Q\,[\mathrm{m}^3/\mathrm{s}]}{A\,[\mathrm{m}^2]} \qquad \cdots\cdots\cdots (2.24)$$

これを(2.22)式に代入します。

油圧の動力の場合、流体動力と呼ばれ、Lの代わりにL_0を使います。

$$L_0\,[\mathrm{W}] = F \times V = P \cdot A \times \frac{Q}{A} = P\,[\mathrm{Pa}] \cdot Q\,[\mathrm{m}^3/\mathrm{s}] \qquad \cdots\cdots\cdots (2.25)$$

このように、流体動力L_0は圧力Pと流量Qの積になることがわかります。

流体動力$L_0\,[\mathrm{W}]$を$P\,[\mathrm{MPa}]$と流量$Q\,[\ell/\mathrm{min}]$を使って表わしてみます。

$$L_0[\mathrm{W}] = P[\mathrm{Pa}] \cdot Q[\mathrm{m}^3/\mathrm{s}]$$

$$= \frac{P[\mathrm{MPa}]}{10^6} \times \frac{10^3 \times Q[\ell/\mathrm{min}]}{60} \quad \cdots\cdots\cdots (2.26)$$

これを 1000 倍して、流体動力を kW（キロワット）で表わすと、(2.27)式となります。

$$L_0[\mathrm{kW}] = \frac{P[\mathrm{MPa}] \cdot Q[\ell/\mathrm{min}]}{60} \quad \cdots\cdots\cdots (2.27)$$

本書の実用編などで紹介しますが、流体動力はポンプ効率を求めるときなどに使われる重要な値なので、十分に理解しておいてください。

2.10 レイノルズ数と配管の内径の関係

流体の流れのうち、**図 2-12**(a)に示すように流体の分子が流れの方向と平行に規則正しく流れている状態を層流と呼んでいます。一方、同図(b)のような不規則に入り乱れて流れている状態を乱流と呼んでいます。

同図(a)の矢印は、層流の流れの方向と速度の大きさをベクトルで表わしたものです。層流では、管中心で最大の流速になり、管壁に近づくにつれ流速は小さくなり、管壁に接するところではゼロとなります。

たとえば、層流と乱流は水道の蛇口でも見ることができます。蛇口を少し開けて流量が少ないときには、透明水が流れています。この状態が

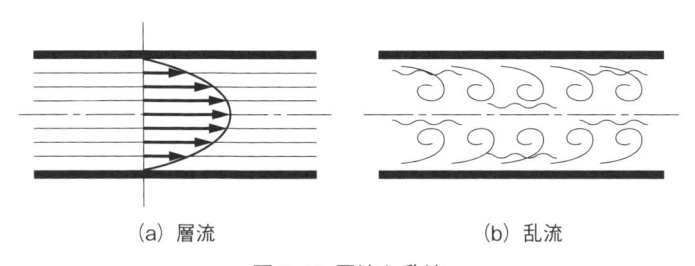

(a) 層流　　　　　　　　(b) 乱流

図 2-12 層流と乱流

●基礎編　油圧のはたらきとしくみ

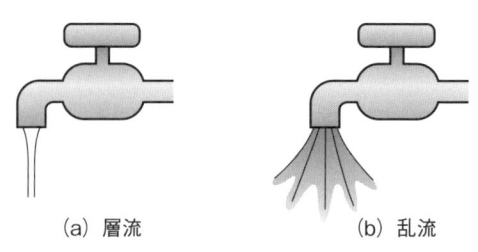

(a) 層流　　　　　(b) 乱流
図 2-13　水道の蛇口に見られる層流と乱流

層流です。さらに蛇口を段々に大きく開けて、流量を多く流していくと、**図 2-13**(b)のように流れが乱れて不透明になってきます。これは乱流による現象です。

　層流は流体の粘度が大きく、流速が小さく狭いすき間や細い管を流れるときに起きやすいのです。一方、乱流は粘度が小さく、流速が大きく太い管を流れるときに起きやすくなっています。

　もし管内流れが乱流になると、流体内部の粘性抵抗だけでなく、管内壁の粗さに関係した損失が加わり、流体の摩擦抵抗が急増することになります。ですから、油圧回路においては層流になるように流速を選び、管径を決めることが望ましいことになります。

　ここで、流体の流れが層流になるか、乱流になるかは、(2.28)式に示すレイノルズ数 Re（無次元特性数）によって判断ができます。

$$Re = \frac{uD}{\nu} \qquad \cdots\cdots(2.28)$$

　　　u：管内平均速度 [m/s]
　　　D：管の内径 [m]
　　　ν：流体の動粘度 [m²/s]

レイノルズ数による層流と乱流の判断基準には、(2.29)式がよく用いられています。

　　　層流　$Re \leq 2000$
　　　乱流　$Re > 2000$ 　　　　　　　　　　$\cdots\cdots(2.29)$

　層流と乱流を区別する Re の値は、理論的に求められたものでなく、レイノルズが行った実験によって確認された値です。厳密にいうと、多

くの実験で、層流と乱流の境のレイノルズ数は、$Re = 2310$であるという報告がされています。しかしここでは、安全をとって層流にするためにはReを2000以下にすると考える方が妥当であろうという考えに立っています。

そこで、油圧回路を設計するときには、層流になるように(2.28)式を使って、Reの値が2000以下になるように、管内平均流速や配管の内径を決めるようにします。

2.11 キャビテーションとエアレーション

作動油には、目に見えない空気が溶け込んでいます。この溶け込んでいる空気の量は、大気圧下で5～10%程度ですが、圧力に比例して変化します。

たとえば、油圧ポンプでタンクの作動油を吸い上げるときの影響を考えてみます。吸込み口では、大気圧になっているタンクの中の作動油をポンプで吸引するのですから、作動油にかかる圧力は負圧になります。通常は、大気圧よりわずかに低い負圧なので問題になりません。しかし、ポンプの吸込み側フィルタ（サクションフィルタ）の目づまりや、作動油の粘度が高すぎたり、設計ミスでポンプの吸込み側配管が細すぎたり、ポンプの回転数が高すぎるなどの不具合により、ポンプの吸込み側で大気圧よりも極端に低い圧力になると、それまで溶けていた空気のうち溶けることができなくなったものが気泡として姿を現すことになります。この現象をキャビテーションといいます。

キャビテーションが生じたポンプ中で、作動油が高圧部へ流れるときには、短時間で負圧から高圧に変化するので、気泡は急に溶けることができずにつぶされます。このとき、油は互いにぶつかり合い局部的に数十MPaの高圧ができて振動や騒音を発生し、ついにはポンプを痛めて

しまうことにもなります。

また、ポンプの吸込み側で配管の継ぎ目などのゆるみから外部の空気を吸い込むと、同じような現象を起こすことがあります。これをエアレーションといいます。キャビテーションと同様に、ポンプに負担を与えることになります。

2.12 流量による配管内径の選定

配管内を流れる流量 Q は、さきに説明したように、次の(2.30)式で表わされます。

$$Q = A \times v \qquad \cdots\cdots (2.30)$$
（流量）（断面積）（流速）

円筒の配管内径を D とすると、断面積 A は(2.31)式となります。

$$A = \frac{\pi \cdot D^2}{4} \qquad \cdots\cdots (2.31)$$

この2つの式より、(2.32)式が導かれます。

$$Q = \frac{\pi \cdot D^2}{4} \times v, \quad D = \sqrt{\frac{4Q}{\pi \cdot v}} \qquad \cdots\cdots (2.32)$$

(2.32)式より、配管を流れる流量 Q と流速 v がわかれば配管サイズが求められます。流速 v は、配管選定の実用範囲の目安として、**表2-5**のような値とすることが多いようです。

表2-5 配管選定のための実用的な流速範囲

場　所	実用的な流速の範囲
ポンプ吸込み側	0.5〜1.5m/s
圧力ライン（圧油を供給する配管）	1.5〜5m/s
戻りライン（タンクに戻す配管）	1.5〜3m/s

ポンプ吸込み側の流速はかなり遅く抑えていますが、この理由はキャビテーションの発生を防ぐためであることに留意してください。

　ポンプ吸込み側は、油をポンプに吸い込むために負圧になっています。もし吸入の流速を速くすると、前に述べたベルヌーイの定理により圧力がさらに低くなり、負圧の度合いが増すことによって、キャビテーションが発生しやすくなります。

　次に圧力ラインは、流速を速くすることはできますが、速すぎると乱流となって流体の摩擦抵抗が急に大きくなり、管路内での圧力損失が大きくなって効率が悪くなるので上限を設定しています。

　同様に戻りラインも流速を速くし過ぎると、背圧の増加につながり効率が悪くなります。また、流速が速すぎるとタンクに戻った油がタンクの底に溜まったゴミを攪拌したり、泡立ちの原因ともなってポンプなどの油圧機器に悪影響を与えるので、流速の上限を制限しています。

　一方、流量 Q は、アクチェエータの速度などから油圧回路に必要な最大流量が決まってくるので、計算で求めることができます。

2.13 シリンダのピストン速度

　シリンダのピストン速度は、前項の (2.30)式を使って計算できます。一般によく利用される片ロッドの複動シリンダのピストン速度を図2-14 を使って考えてみます。

　図 2-14(a)のピストン前進時のピストン速度は、シリンダ流入量を流入側受圧面積（流入量が作用する受圧面積）で割った値になりますから、$V_1 = Q_{IN}/A_c$ の関係があり、流出量は、(2.33)式のようになります。

$$Q_{OUT} = A_H \times V_1 \quad \cdots\cdots (2.33)$$

　同図(b)のピストン後退時には、(2.34)式と(2.35)式になります。

●基礎編　油圧のはたらきとしくみ

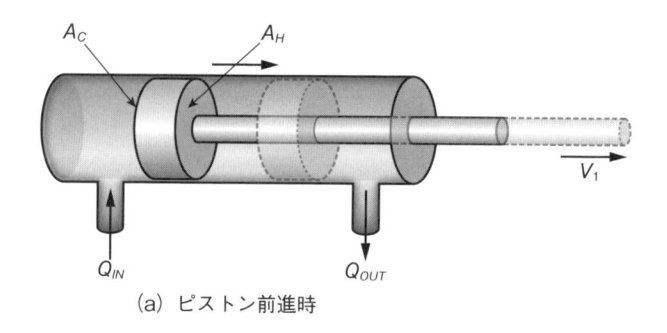

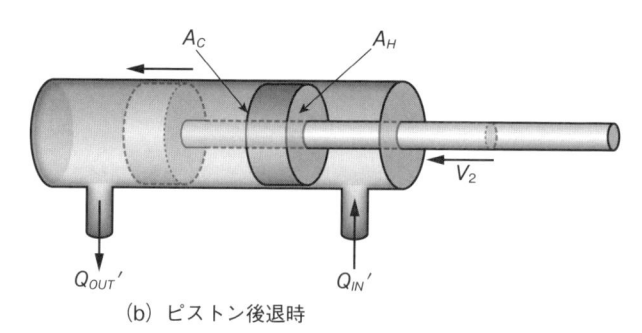

(a) ピストン前進時

(b) ピストン後退時

図2-14 片ロッド複動シリンダのピストン速度

$$V_2 = \frac{Q_{IN}'}{A_H} \quad \cdots\cdots\cdots (2.34)$$

$$Q_{OUT}' = A_C \times V_2 \quad \cdots\cdots\cdots (2.35)$$

ここで、ポンプ1台に対してアクチュエータは、このシリンダのみの1系統で、流量制御を行わない状態とし、さらに流入量 Q_{IN}、Q_{IN}' はともにポンプの吐出し流量 Q_P と同じだとします。すると、受圧面積の違いにより、ピストン速度は、前進時の V_1 よりも後退時の V_2 の方が速くなります。流出量も前進時の Q_{OUT} よりも、後退時の Q_{OUT}' の方が多くなることになります。

特に、後退時の Q_{OUT}' はポンプの吐出し量よりも多くなることに気をつける必要があります。たとえば、配管の選定などで最大流量の計算をするときには、最大流量はポンプの吐出し流量 Q_P ではなく、Q_{OUT}' になるので、注意が必要です。

2.14 使用圧力と配管の種類の関係

　配管の材質や肉厚、内径の大きさなどの選定に当たっては、油圧装置の用途と目的に合ったもので各油圧機器とバランスの合ったものを選定しなければなりません。具体的には油圧回路で使用する圧力と流量、油の流れなどといった特性を考慮して、安全に留意した選定が必要です。

表 2-6 配管用鋼管の種類と規格

規格名称	規格番号	記号	適用
配管用炭素鋼管	JIS G 3452	SGP	使用圧力の比較的低い蒸気、水、油、ガスなどの配管に用いる
圧力配管用炭素鋼管	JIS G 3454	STPG370 STPG410	350℃程度以下で使用する圧力配管に用いる
高圧配管用炭素鋼管	JIS G 3455	STS370 STS410 STS480	350℃以下で使用圧力が高い配管に用いる
高温配管用炭素鋼管	JIS G 3456	STPT370 STPT410 STPT480	主に350℃を超える温度で使用する配管に用いる
配管用ステンレス鋼管	JIS G 3459	SUS304TP 他	耐食用、低温用、高温用の配管に用いる
くい込み式管継手用 精密炭素鋼鋼管	JIS B 2351-1 附属書 2	STPS1 STPS2	附属書1に規定する油圧用25MPa（250kgf/cm^2）くい込み式管継手を用いる配管に使用する
油圧配管用精密炭素鋼鋼管	JFPS1006 （旧 JOHS102）	OST1 OST2	日本フルードパワー工業会規格で、主としてフレア式管継手またはくい込み式管継手を用いる配管に使用する

ここでは、適正な配管の選定に必要な知識を説明します。

まず、使用する圧力と配管の関係を見てみます。配管は、油圧回路の使用圧力に対して強度が保たれるように選定を行います。

鋼管の耐圧力 P [MPa]は(2.36)式で表わすことができます。

$$P = 2\frac{St}{D} \qquad \cdots\cdots\cdots(2.36)$$

P：耐圧力［MPa］
t：管の厚さ［mm］
S：管の降伏点または耐圧力の最低値の60%［N/mm^2］
D：管の外径［mm］

この(2.36)式で求められるのは、あくまで鋼管の耐圧力 P であるので、実際には圧力の変動、サージ圧力、破損したときの危険度などから判断して安全率を掛けておきます。安全率は条件によって一律ではありませんが、一般的には4～10くらいの安全率を見込んでおきます。

表2-6には配管用鋼管の種類と適用場所を示します。鋼管の肉厚（呼び厚さ）はスケジュール番号（Sch）で表わします（SGP、STPS、OST管は除く）。

使用圧力の目安としては、SGP管は1.5MPa以下、STPG370（Sch80）管は1.5～7MPa、STS370（Sch160）管は7～21MPa、OST2管は14MPa以下で使用します。

2.15 作動油の特徴と選定

作動油には、次のような特性があるので各項目を検討しておく必要があります。

1. 粘　度
2. 温度変化による粘度の変化→粘度指数(VI)

3．消泡性
4．潤滑性
5．圧縮性
6．水分離性
7．酸化安定性
8．熱安定性
9．防錆能力
10. 耐火性

一般によく利用される作動油としては、次のようなものがあります。

❶ 一般作動油

一般作動油は鉱油系の油で、R&Oとも呼ばれるタービン油をベースに防錆剤・酸化防止剤を添加したものです。主として、14MPa以下の圧力範囲で使用されます。

次に述べる耐磨耗性作動油とともに潤滑性、防錆・防食能力に優れており、各種シール材との適合性も良く、最も多く使用されています。

しかし、引火点（150～270℃）があり、高温での使用には注意が必要なことから使用限界は80℃前後とされています。ただし60℃以上になると、酸化などが急激に進むので通常使用範囲としては15～55℃が望ましいとされています。

また、消防法の危険物の適用を受けるので指定数量などの注意が必要になります。

❷ 耐磨耗性作動油

一般作動油に磨耗防止剤を添加したもので、主に14MPa以上の圧力範囲で使用されます。注意点は（1）の一般作動油と同じです。

❸ 水・グライコール系作動油

含水系作動油で、約40％の水とエチレングリコールやプロピレングリコールに増粘剤や油性剤、防錆剤、磨耗防止剤、消泡剤などの添加剤

を入れたもので耐火性に優れています。水との親和性が良く、温度変化による粘度変化が小さくなっています（粘度指数 VI が高い）。特に低温使用に対して良好です。潤滑性は、鉱油系作動油に劣りますが、最近のものは良くなり、引火点を持たないので消防法での危険物の適用を受けないという理由から、難燃性作動油の中で最も多く用いられています。

主に製鉄所関連の装置やダイカストマシン・各種プレス機械などで使用されています。しかし、含水系なので、水分が蒸発して減少すると粘度が著しく増加したりして性能の変化を起こすので、濃度管理の点検は頻繁に行わなければなりません。また、高温では水分の蒸発が多くなるということもあり、使用油温限界は60℃前後で、50℃以下で使用するのが望ましいとされています。一方、pH が高いので AL、Mg．Zn などの金属やシール材であるウレタンゴムやシリコンゴム、塗料（樹脂類）を侵すという欠点があります。

4 リン酸エステル系作動油

難燃性作動油の中では最も潤滑性・熱安定性に優れており、使用限界油温も100℃前後と高いので、14MPa 以上の使用やサーボバルブなどの精密制御でかつ耐火性を必要とする分野で最も有効です。

しかし、温度変化に対する粘度変化が大きく（粘度指数 VI が低い）、使用温度範囲が狭いので油圧機器にヒーターやクーラーを付けて油温を一定にする必要があります。また、一般に油圧機器のシール材に広く使用されているニトリルゴムやその他ウレタンゴム・クロロプレンゴムなどは侵されるので使用できません。塗料（樹脂類）も侵されるので直接作動油に触れる部分は塗装できず、適切な表面処理を施したり、材料をステンレスなどに替えるといった必要があります。

なお、鉱油系作動油に比べて価格がかなり高くなっています。

5 脂肪酸エステル系作動油

合成系難燃性作動油の1つです。熱安定性に優れているのでジェット飛行機のエンジンオイルとして採用され発展してきました。作動油とし

ては、難燃性作動油として、製鉄会社などで使用されています。

　特長は、極めて耐磨耗性に優れていることや、温度変化による粘度変化が小さいことです（粘度指数VIが高い）。それから、パッキン類は、一般作動油用のものが使用できます。また耐熱性に優れています。生分解性があり環境にやさしい点が挙げられます。

　注意点では、難燃性として鉱油系作動油より優れていますが、リン酸エステル系作動油よりも劣り、燃焼性があります。フェノール樹脂系塗料を侵します。また、ブチル系ゴムは使用不可です。耐水性にも劣ります。

　実際に作動油を選定するときには、使用環境を考慮して油圧ポンプや使用機器に適したものを選定するようにします。

●実用編　油圧回路を構成する機器とその特徴

3章

油圧ポンプ

　正しい油圧システムを構成するには、各機器の最適な選定と配置が求められます。そのためには、油圧ポンプやアクチュエータ、油圧制動弁などの構造や特徴をよく知っておくことが大切です。

3.1 油圧ポンプの動作原理

　油圧ポンプの選定に必要な因子は、要求されている最大圧力と最大流量、負荷の種類や大きさ、設備費用やランニングコスト、アクチュエータの設置場所や使用状態など、複数の要素が挙げられます。
　そのため、最適な油圧ポンプを選定するには、まず、ポンプの特性や構造を知ることが大切です。
　産業用の油圧システムの油圧ポンプには、ポンプ内部の油室の容積を変化させることによって、吸い込み、吐き出しを行う容積形ポンプが使われます。容積形ポンプは、吐出し圧力が高くなっても圧油のポンプ内部漏れが少なく、非容積形ポンプと比べて、吐出し圧力上昇にともなう吐出し量の低下が極めて少ないのが特徴です。
　油圧ポンプの原理を図3-1のピストンを使った容積形ポンプで説明します。このポンプは、ピストンの運動によって油室の容積を変化させることで、タンクの油を吸い込み、負荷側に吐き出しを行って圧油を供給しています。図の①と②が吸入み工程で、③と④が吐出し工程になります。この①〜④を繰り返し行うことで、ピストンの力に相当する圧力の油を負荷側に供給できるわけです。ところが、一つのピストンだけでは、吸込み工程のときに圧油の供給が止まってしまうので、実際には複数のピストンを配置して連続的に動作させる必要があります。このようにして設計された具体的なポンプに、後ほど解説するピストンポンプがあります。

●キーワード
定容量形ポンプ、可変容量形ポンプ、カットオフ、容積効率、全効率

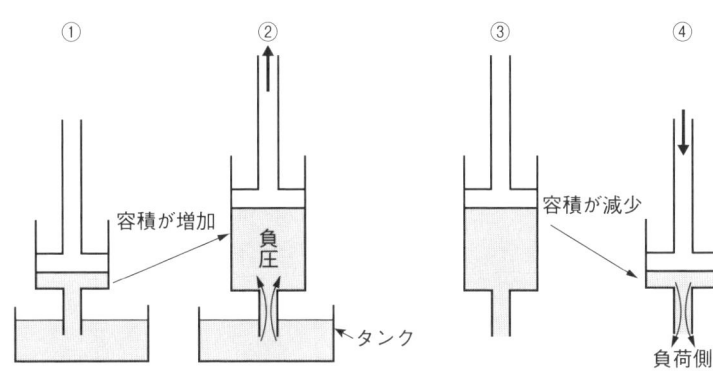

(a) 吸込み工程
ポンプ内の油室の容積が増加して、負圧になりタンクより油が吸い込まれる

(b) 吐出し工程
ポンプ内の油室の容積を減少させることにより、油を吐き出す

図 3-1 容積形油圧ポンプの原理

3.2 油圧ポンプの種類

　油圧ポンプには多くの種類がありますが、ポンプを吐出し量から分類すると、表3-1に記載したように定容量形ポンプと可変容量形ポンプに分類されます。

　定容量形ポンプは、ポンプ1回転当たりの吐出し量が一定のもので、歯車ポンプやベーンポンプなどがあります。可変容量形ポンプは、ポンプ1回転当たりの吐出し量が変えられるもので、ピストンポンプなどがあります。

表 3-1 油圧ポンプの吐出し量による分類

	ポンプの種類	特　徴
1	定容量形ポンプ	ポンプの1回転当たりの吐出し量が一定
2	可変容量形ポンプ	ポンプの1回転当たりの吐出し量を変えることができる

●実用編　油圧回路を構成する機器とその特徴

　一般的な油圧ポンプは三相誘導モータで駆動されているので、ポンプの入力回転数は、ほぼ一定になります。定容量形ポンプでは、入力回転数が一定になると、ポンプ吐出し量も一定になって油圧回路が遮断されても圧油を送り続けて不具合を起こすことになります。このため、回路の最高圧力を設定するためのリリーフ弁が必要になってきます。また、回路流量を変更する場合には、流量制御弁が必要になります。

　可変容量形ポンプの場合は、入力回転数が一定であっても、ポンプ自身に吐出し量を自動的に調節する機能があり回路流量を変更できます。また、内蔵されている圧力補償機能によってポンプの最高吐出し圧力を設定できるので、リリーフ弁を省略できます。

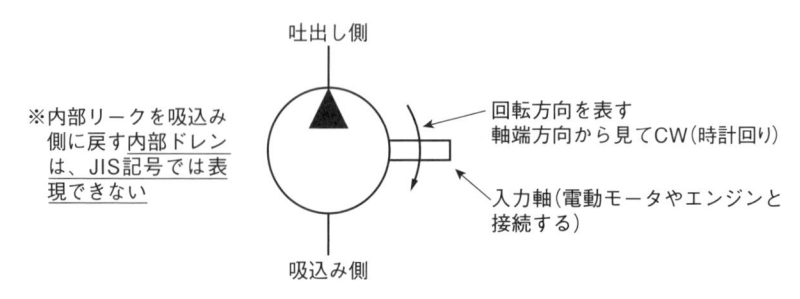

1 定容量形ポンプ

　定容量形ポンプのJIS記号による記述は図3-2のようになります。内部ドレンの機能を持つ場合もありますが、JIS記号では表現できません。ポンプの入力軸が回転すると、吸込み側から油を吸い込んで吐出し側に圧油を供給します。基本的には吸込み側から流入した油はすべて吐出し側に送られ、油の逃げ場所がありません。

　定容量形ポンプの理想的な性能は、吐出し流量が使用圧力に関係なく一定になっていることです。

　しかし、実際には、図3-3の圧力−流量特性にあるように、使用圧力が高くなるとポンプしゅう動部からのリーク、すなわち油漏れ量によって理想状態よりも吐出し流量は若干少なくなってしまいます。ポンプし

図3-2 定容量形ポンプのJIS記号による記述

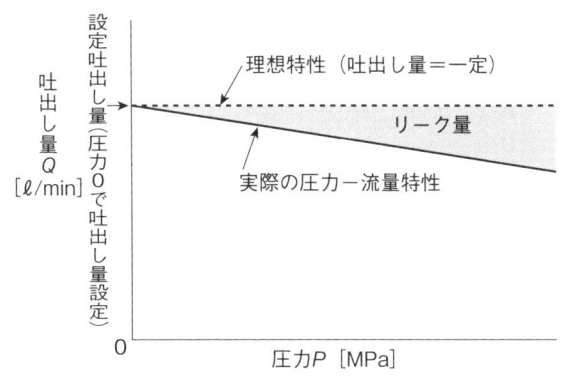

図 3-3 定容量形ポンプの圧力-流量特性

ゅう動部などからリークした油はポンプ吸込み側へ戻されます。

定容量形ポンプでは、油の吐出し側の回路が遮断されたとしても一定の吐出し量を確保しようとして圧力が上昇し続けるので危険です。そこで、一定の圧力以上に上がらないようにリリーフ弁を使った安全回路を設けるようにします。

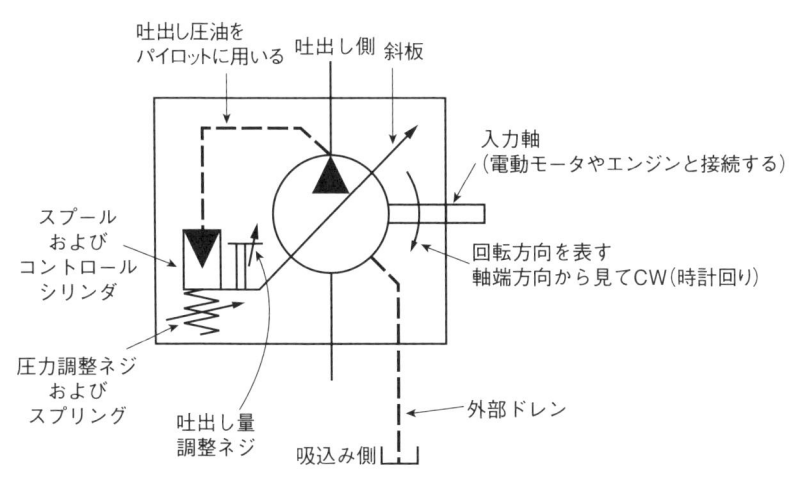

2 可変容量形ポンプ

可変容量形ポンプ（圧力補償制御）の JIS 記号による記述は**図 3-4** の

図 3-4 可変容量形ポンプ（圧力補償制御）の JIS 記号による記述

●実用編　油圧回路を構成する機器とその特徴

ようになります。

　ポンプの入力軸を回転すると、吸込み側から油を吸い込んで吐出し側に圧油を供給するのは定容量形ポンプと同じです。可変容量形ポンプの場合、吐出し圧力が上がってくると、コントロールシリンダなどで吐出し量を減少するようにポンプの動作を調節して圧力の上昇を抑えます。こうしてコントロールシリンダを押したときに、コントロールシリンダの穴から出る圧油は外部ドレンからタンクに戻されます。

　可変容量形ポンプは、ポンプの吐出し流量をポンプ自身の吐出し量調整ネジで自由に変えることができるようになっています。また、ほとんどの場合、ポンプ最高圧力をポンプ自身の圧力調整ネジで設定することができる圧力補償機構を持っています。

　可変容量形ポンプの圧力-流量特性を図3-5に示します。回路圧力であるポンプからの吐出し圧力がポンプ設定圧力に近づくと、ポンプ自身がポンプ吐出し量を減らしはじめます。この点をカットオフ点といいます。

　たとえば、油圧シリンダを駆動するとストロークエンド（前進端又は後退端）で停止したときに回路が遮断された状態になって、回路中に油が流れなくなります。すると、ポンプ自身の吐出し量をゼロに近づけていき、ポンプ吐出し圧力をポンプ設定圧力に保つように調整します。この状態をフルカットオフ状態といいます。このように、可変容量形ポン

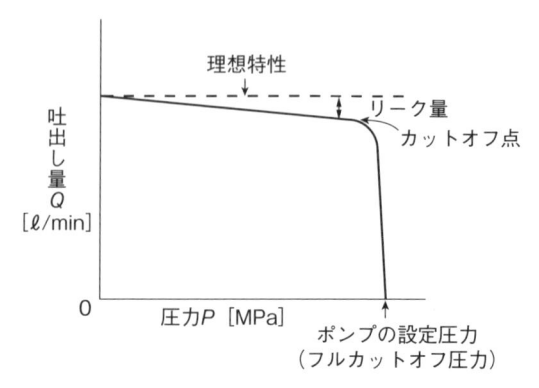

図3-5 可変容量形ポンプの圧力-流量特性

プを用いる場合は、通常回路圧力の設定はポンプ自身が行うのでリリーフ弁を使う必要はなくなります。

❸ 定容量形ポンプと可変容量形ポンプのどちらを選ぶか

それでは、定容量形ポンプと可変容量形ポンプのどちらを使うのがよいのでしょうか。ここまでの話しからすると可変容量形ポンプの方が使い勝手がよく優れていると思われるかもしれません。しかしながら、実際には可変容量形ポンプは高価なので選定の段階で敬遠されがちです。一方、歯車ポンプやベーンポンプなどを使った定容量形ポンプを使用するときは、前述したように必ずリリーフ弁とセットで使用しなければなりません。

可変容量形ポンプは、ポンプ自身で吐出し圧力の設定と吐出し流量の設定ができるので回路圧力設定用のリリーフ弁はいらなくなる分コストが安くなり、配管も省略できることになります。また、油圧回路が遮断されたときや回路中に油がほとんど流れていない状態のときの動力は、定容量形ポンプの方が大きくなります。動力が大きいとモータを駆動する電力が大きくなり、ランニングコストが高くなることにもなります。

以上のことをまとめると、導入に当たっては、以下のようなことがいえます。

可変容量形ポンプの方が良い点として、動力の節約になり、油温の上昇も抑えられ、リリーフ弁も不要となることが挙げられます。また、ポンプの吐出し量をシリンダスピードに合わせることができれば、流量制御弁も不要になるケースもあります。

しかし、可変容量形ポンプの弱点もあります。一般に、定容量形ポンプに比べると価格がかなり高くなります。また、油中のゴミや異物に対しても定容量形ポンプに比べると弱いので、油の管理を厳しくしなければなりません。

特にコストについては、可変容量形ポンプは価格が高いのでイニシャルコストが高くなってしまいますが、油の流れが停止するクランプ回路や停止時間の長いシステムなどといった用途では、ランニングコストが

定容量形ポンプよりかなり低く抑えることができます。このように、使用する条件や用途によっては、トータルコストで考えると可変容量形ポンプを導入する方が安くなる場合もあるので、選定には導入するシステム構成と使い方まで考慮しなくてはなりません。

最近では、ポンプを駆動するモータをインバータやサーボ機構によって回転数制御し、これと定容量形ポンプを組み合わせて回路圧力や回路流量を制御する方法も出てきているので、このような最新の機器もあわせて検討する必要があるでしょう。

そこで、このような種々の要素について具体的に検討できるようになるため、もう少しポンプの構造や効率、動力といったポンプの選択に必要な内容を見ていくことにします。

3.3 油圧ポンプの構造

油圧ポンプを構造によって分類すると図3-6のようになります。

ここでは代表的な外接形歯車ポンプ、圧力平衡形ベーンポンプ、斜板式アキシャルピストンポンプの3つのタイプの油圧ポンプの構造について解説します。

1 外接形歯車ポンプ

写真3-1は、外接形歯車ポンプの断面構造がわかるようにしたカットモデルです。かみ合った2つの歯車がケーシングに外接しています。モータなどで駆動歯車を図の反時計方向に回転すると、従動歯車は時計方向に回転し、吸込みポートから油を吸い上げて吐出しポートに油を押し出します。

吸込みポート側では、かみ合った歯車同士が離れるようにはたらくので、回転に従って容積が増加して負圧になり、油が吸い込まれていきま

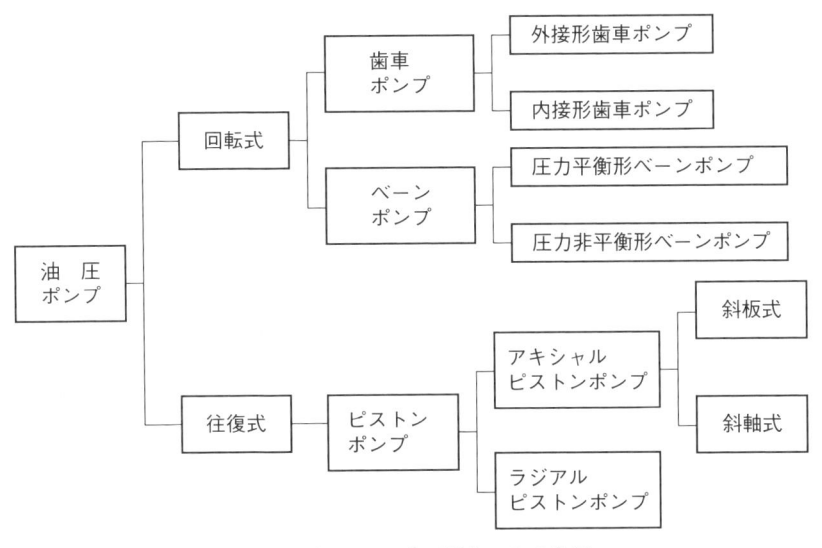

図 3-6　油圧ポンプの構造による分類

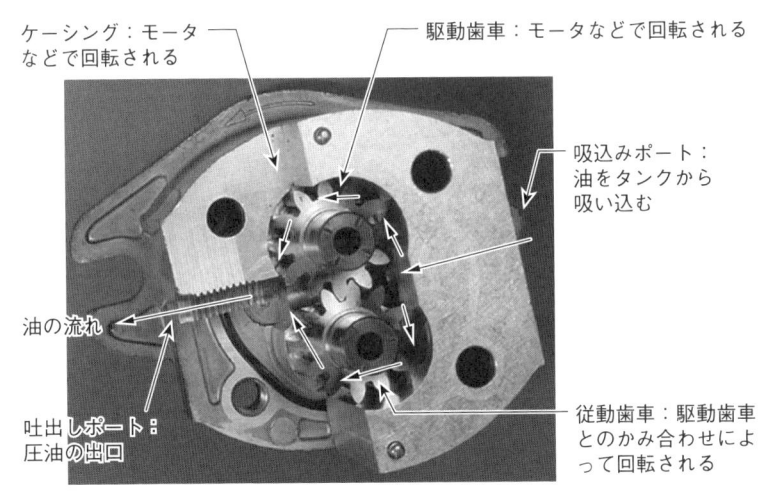

写真 3-1　外接形歯車ポンプの構造

す。吸い込まれた油は、歯車とケーシング内面のすき間に充満した状態でケーシング内面に沿って吐出しポート側に運ばれていきます。

　吐出しポート側では、離れていた歯車同士がかみ合わされる方向に動

くので、容積が減少して圧油が吐き出されます。

　この外接形歯車ポンプは、歯車とケースの間にわずかなすき間があるので、油漏れが起こる心配があります。油漏れの量は吐出し口の圧力が高くなると増加するので、吐出し圧力の上限が7～10MPa程度で使用されることが多いようです。

　また、側板に吐出し圧力を導いて、歯車側面に側板を押し付けて歯車側面のすき間を吐き出した圧力に応じて自動的に調整するタイプのものもあります。このタイプだと高圧になっても油漏れはそれほど多くならず、吐出し圧力の上限は14～25MPa程度になります。ポンプ内部で漏れた油は、ケーシングや側面カバーの溝を伝って、負圧になっている吸込みポートへと導かれます。このようなユニット内部で油を戻す機構を内部ドレンと呼びます。

　外接形歯車ポンプの特徴としては、歯車のかみ合わせによってポンプの作用を行っているので定容量形となります。また、一般的に小型のものが多く比較的小容量のポンプとして使用されています。

　写真3-1の構造からもわかるように、部品点数が少なく構造が単純であるので、他のタイプのポンプに比べて安価です。また、構造が簡単なため、耐環境性に優れ、耐久性がよく、建設・土木機械や産業用車両などでも使用されています。

　一方、ポンプ作用が局部的な歯車のかみ合わせによって行われているので、脈動や騒音が大きいという欠点があります。また、長く使用していると磨耗により容積効率が落ちてきます。ひとつの目安として、容積効率が新品のときより10％程度落ちたときがポンプの寿命とされています。このポンプの場合は、歯車だけでなくケーシングを含めた歯車しゅう動面の磨耗によって寿命になるので、インナー部品（歯車）の交換ではなく、ポンプ丸ごとの交換になることが多いようです。他のタイプのポンプではインナー部品（インナーキット）の交換だけで対応できるものもあります。

　歯車ポンプは明らかに定容量形なので、図3-2のJIS記号が適用されます。

2 圧力平衡形ベーンポンプ

図 3-7 に圧力平衡形ベーンポンプ（固定側板形）の構造を示します。

ベーンポンプのロータには溝がいくつも切ってあり、そこに移動可能な板状のベーンが放射状に入っています。モータでロータを回転させると、ロータの溝に入っているベーンが遠心力によってカムリングの内面まで張り出し、ベーンはカムリングの内面に沿ってしゅう動するようになります。ロータとカムリングは同心円ですが、カムリングの内面が楕円のようになっているので、ロータとカムリングとベーンに囲まれた油室は回転によって容積変化します。この容積変化によってポンプ作用を起こすのがベーンポンプです。

ポンプが圧油を送り始めると、吐き出された圧油の一部がベーン底部に導かれるような構造になっており、ベーンは遠心力に加えて圧油の力で外側に張り出してくるので、カムリングの内面に接する力が増して、油室の油を逃がさないように作用します。ベーンポンプの外観形状の例を写真 3-2 に示します。

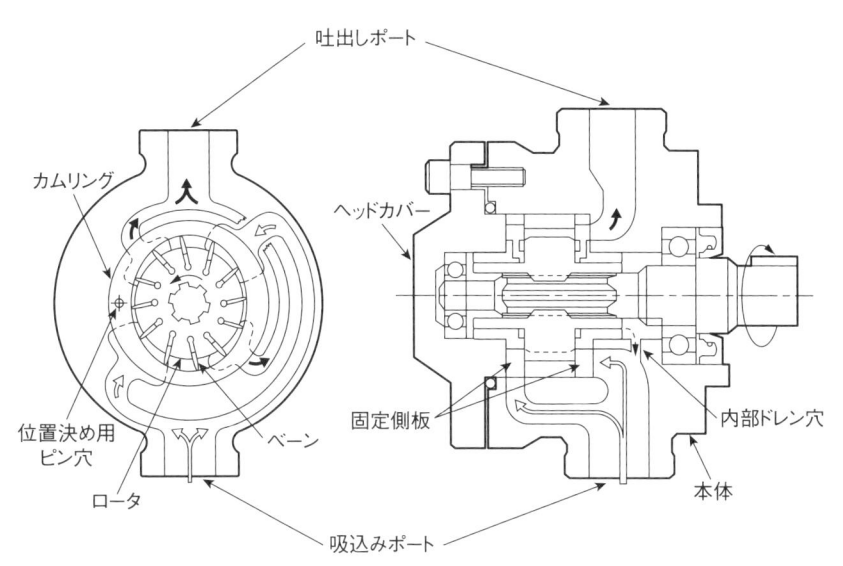

図 3-7 圧力平衡形ベーンポンプ（固定側板形）

●実用編　油圧回路を構成する機器とその特徴

写真 3-2　ベーンポンプの外観（油研工業製）

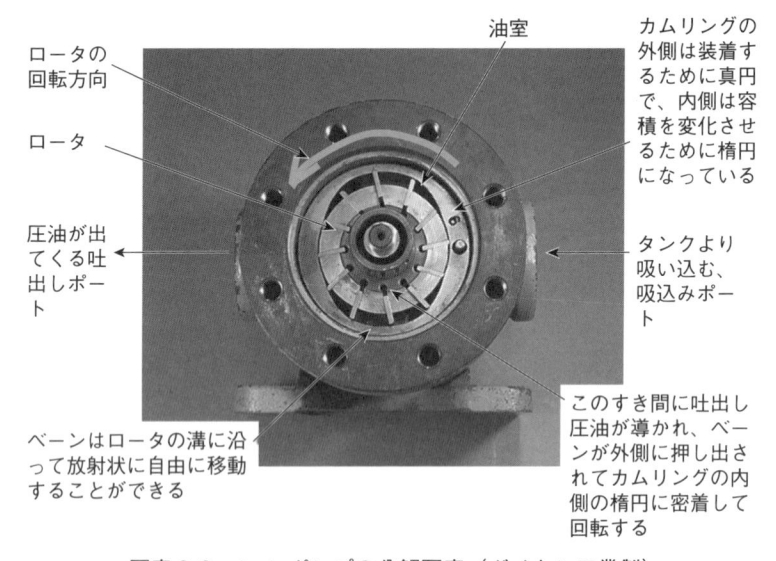

写真 3-3　ベーンポンプの分解写真（ダイキン工業製）

　写真 3-3 は、図 3-7 の左側の図に相当する実際のベーンポンプの分解写真です。このベーンポンプは油室が広がる部分（吸込み部）と狭まる部分（吐出し部）がそれぞれ 2 箇所ずつあり、吸込み部同士、吐出し部同士が駆動軸に対して対称に位置するので、駆動軸に加わる力がそれぞれ打ち消されるようになっています。その結果、駆動軸にかかる偏心荷重が小さくなるので、回転軸の寿命が長くなります。このような構造の

60

ことを圧力平衡形といいます。

　ベーンとロータ、カムリングに囲まれている部分が油室ですが、この油室は手前方向からしっかりフタをしないと油が手前に漏れてしまいます。このフタが固定板になっているものを固定側板形と呼んでいます。

　カムリングと固定側板は両方とも回転しないので密着しますが、固定側板とロータ（およびベーン）との間にはすき間がないと回転できません。このすき間をサイドクリアランスと呼んでいます。このサイドクリアランスを適正な値にするために、ヘッドカバーの締付け力が指定されています。強く締めすぎると油膜切れを起こしてロータが焼け付くことになり、弱すぎると油漏れ（内部リーク）が多くなるので、メンテナンスなどで調整するときには若干の熟練を要することになります。

　この固定側板の機構を簡素化してメンテナンス性を良くしたものに、プレッシャプレート形があります。これはサイドクリアランスの調整にカバーの締付け力を利用するのではなく、吐出し圧力を導いて側板を押し付けるようにしたものです。この側板のことをプレッシャプレートと呼んでいます。

　固定側板形はサイドクリアランスが一定ですから、ポンプの吐出し圧力が上昇するにつれて、サイドクリアランスからの漏れは増加してしまいます。一方、プレッシャプレート形では、サイドクリアランスが吐出し圧力によって調整されるので、漏れの度合いを小さく抑えられます。この様子を図3-8に示します。内部リークした油は内部ドレン穴を通って負圧になっている吸込みポート側へ導かれます。

　ベーンポンプは通常、ロータ、ベーン、カムリンク、側板の組み合わせのものをインナーキットとして、メンテナンス用に供給されています。このインナーキットを交換することで新品の性能を得ることができます。

　ベーンポンプは、他のポンプに比べて脈動が小さく振動を嫌う工作機械などの産業用機械によく用いられています。油圧の利用範囲は低圧から中圧でよく使用されるようです。このポンプのカムリングの内面の楕円形状は固定なので、ロータ1回転当たりの吐出し量は一定ですから、

3 油圧ポンプ

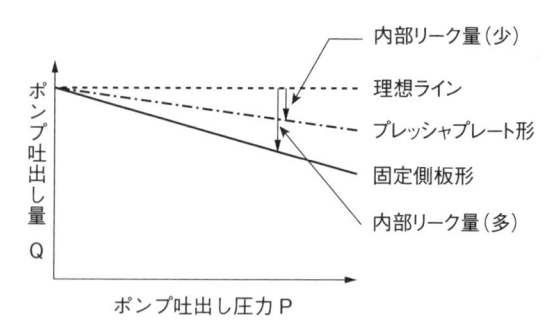

図3-8 固定側板形とプレッシャプレート形の内部リーク量の比較

圧力平衡形ベーンポンプは定容量形ポンプといえます。したがって、圧力平衡形ベーンポンプには歯車ポンプと同じ図3-2のJIS記号が適用されます。

❸ 圧力非平衡形ベーンポンプ

圧力非平衡形ベーンポンプは、ロータとベーンの構造は圧力平衡形ベーンポンプと同じですが、カムリングの内面を真円にして、ロータの回転中心を偏心させることによって油室の容積変化を行っているものです。

図3-9に圧力非平衡形ベーンポンプの動作原理図を示します。図からわかるように、カムリングの位置がスラストベアリングによってスラスト方向に変化できるようになっています。ポンプ内部の圧力が圧力設定用のスプリングによる力を超えるとカムリングが偏心量を小さくさせる方向に移動して吐出し量を少なくします。このように、圧力非平衡形ベーンポンプはロータ1回転当たりの吐出し量を随時変化させることができるので、可変容量形ポンプに分類されます。一方、最大吐出し量は、調整ねじによって最大偏心量を設定することで決定することができます。

圧力非平衡形ベーンポンプは、吸込み部と吐出し部が一つずつしかなく、ポンプ軸に対して偏心荷重が作用するので、ポンプ軸受などの磨耗が激しくポンプ寿命が短くなってしまいます。そのため、可変容量形ポ

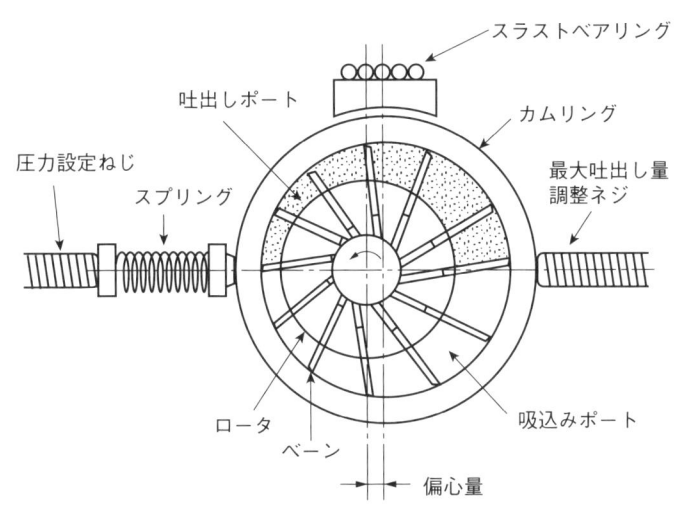

図3-9 圧力非平衡形ベーンポンプの動作原理

ンプとしては、後述するピストンポンプを利用することが多いようです。

4 アキシャルピストンポンプ（斜板式）

アキシャルピストンポンプの構造を**図 3-10** に示します。

モータなどによってポンプ駆動軸が回わされると、ポンプ駆動軸に結合しているシリンダブロックも同時に回転します。シリンダブロック内に入っているピストンの頭部は、球面状の自在継手になっていてスリッパ（シュー）が付いています。その継手を介して、ピストンの頭部（スリッパ）は常に斜板（スワッシュプレート）に接しているので、シリンダブロックが回転すると、ピストンは斜板の傾き θ に比例して駆動軸と平行（アキシャル方向）にストロークします。このピストンのストロークによってシリンダ内の油室が容積変化を起こすので、ポンプ作用がはたらきます。斜板の傾き θ は、吐出し量調整ネジによって変えられます。この傾き加減によって、ポンプ1回転当たりの吐出し量を自由に変えられるのでこのタイプは可変容量形になります。

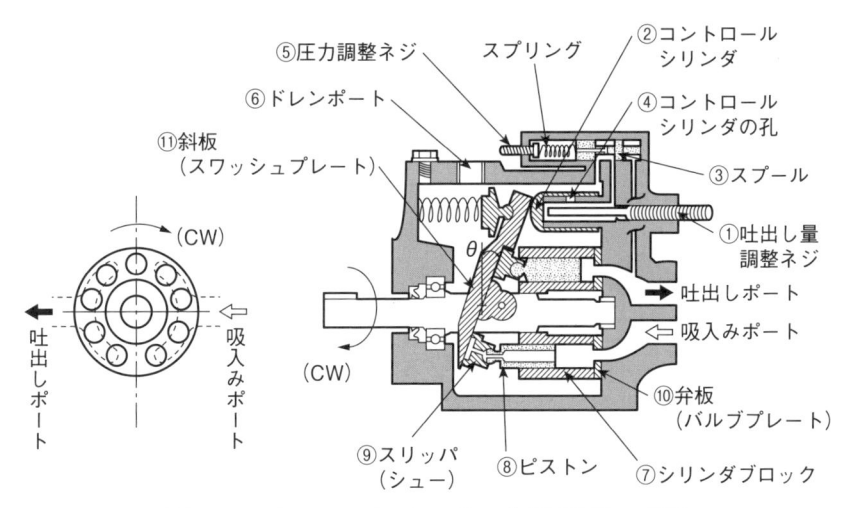

●実用編　油圧回路を構成する機器とその特徴

図3-10 アキシャルピストンポンプ（斜板式）の構造

（1）　構成要素のはたらき

次に図3-10の中に記載されている各構成要素のはたらきを説明します。

① 吐出し量調整ネジ

斜板の角度 θ を調整して吐出し量を変えるものです。

② コントロールシリンダ

コントロールシリンダに付いている吐出し量調整ネジを締めると、ネジによってシリンダが左方向に伸ばされて斜板を押し、斜板の角度 θ を小さくして吐出し量を減らします。吐出しポートの圧力が高くなって設定圧になるとスプールが左に動いて吐出し圧油がコントロールシリンダ内に流れ込みます。するとコントロールシリンダは左方向に伸びるので、斜板を押して角度 θ を0に近づけて吐出し量を0に近づけます。このようにして設定圧以上の圧力がかからないように保つことができるのです。この制御を圧力補償制御といいます。

③ スプール

スプールとは圧力調整ネジのスプリングと吐出し圧油をバランスさせるために用いられる可動弁のことです。吐出し圧力が設定圧近くになる

と、左に動いてコントロールシリンダ内に吐出し圧油を導きます。

スプールの左側には圧力調整ネジによって設定されたスプリング力が作用し、右側に吐出し圧力が作用します。スプールの左右に作用する力のバランスでスプールが移動するのです。ポンプの吐出し圧が設定圧より小さいときは、圧力調整ネジのスプリング力が吐出し圧力より大きいので図のようにスプールは右端に寄っています。

④ コントロールシリンダの孔

吐出し圧力が設定圧近くになると吐出し圧油がコントロールシリンダ内に流れ込み、シリンダが伸びて斜板を押しだしますが、伸び過ぎると斜板が反転（角度 θ がマイナスになる）してしまいます。こうなると吸い込みと吐き出しが逆になって危険なので、斜板の反転防止のためこの孔から吐出し圧油をポンプ内に逃がしてコントロールシリンダの伸びをこの位置で止めるようにします。なお、設定圧になったときにコントロールシリンダをこの位置に安定保持させるため吐出し量を完全に0にするのでなく、わずかに吐き出させ、それをコントロールシリンダの穴から常にポンプ内に逃がしています。

⑤ 圧力調整ネジ

ポンプの最高圧力を設定するもので、締め込むと最高圧力が高くなります。

⑥ ドレンポート

ポンプ内部のしゅう動部などからの漏れや設定圧力時のコントロールシリンダの穴から漏れる油をタンクへ戻す役割をしています。

⑦ シリンダブロック

駆動軸と結合していて、駆動軸と一緒に回転しています。ポンプ作用をするシリンダを複数並べたブロックとなっています。

⑧ ピストン

シリンダブロックに入っているピストンで、ピストンの動作によってシリンダ内の容積が変化してポンプ作用をします。振動や騒音を抑えるために中空にして慣性力を小さくしています。頭部はスリッパとの潤滑のための孔が開いています。

⑨ スリッパ（シュー）

斜板に密着してピストンをスライドさせるための部品です。ピストンおよび斜板との潤滑のため、中心に小孔やへこみが設けられています。

⑩ 弁板（バルブプレート）

弁板には閉じ込み現象を防止するV溝が付いていて、吸い込み（低圧）から吐き出し（高圧）、または吐き出し（高圧）から吸い込み（低圧）に移るとき、V溝により徐々にピストン内に導いて振動や騒音を防止するようになっています。

⑪ 斜板（スワッシュプレート）

斜板の角度によって吐出し量が調整されます。最大傾斜は吐出し量調整ネジで設定されます。吐出し圧力が設定圧力に近ずくと、スプールから導かれた油が傾斜角度を小さくするように作用して吐出し量が自動的に少なくなります。

（2） 動作と特徴

図3-10や写真3-4のポンプの場合、駆動軸は軸の出ている方から見て時計方向（CW）にモータなどで回転されます。

写真3-5は、シリンダブロックキットの部分をポンプから取り出したものです。シリンダブロックの上死点から下死点まで（上半分）は、油室容積が増加するので吸込み行程となり、油は吸込みポートから本体に固定された弁板（バルブプレート）を経由して吸い込まれます。

シリンダブロックの下死点から上死点まで（下半分）は、油室の容積が減少するので吐出し行程となり、油は弁板を経由して吐出しポートから吐き出されます。ポンプの磨耗が進んで容積効率が落ちたとき、シリンダブロックキットを交換することによって容積効率を改善することができます。

このアキシャルピストンポンプの特徴は、他のポンプに比べ構造上内部漏れが少なく効率（容積効率、全効率）が良いことです。また、内部漏れが少ないので高圧、大流量で使用できます。吐出し量の調整幅が広く、圧力補償制御により、損失動力を軽減できるなどの利点があるので

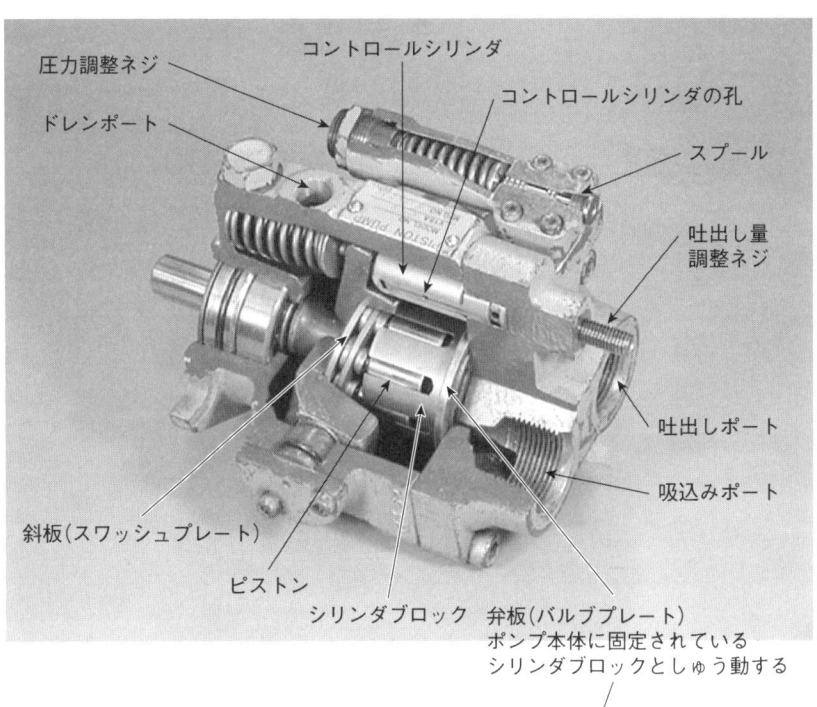

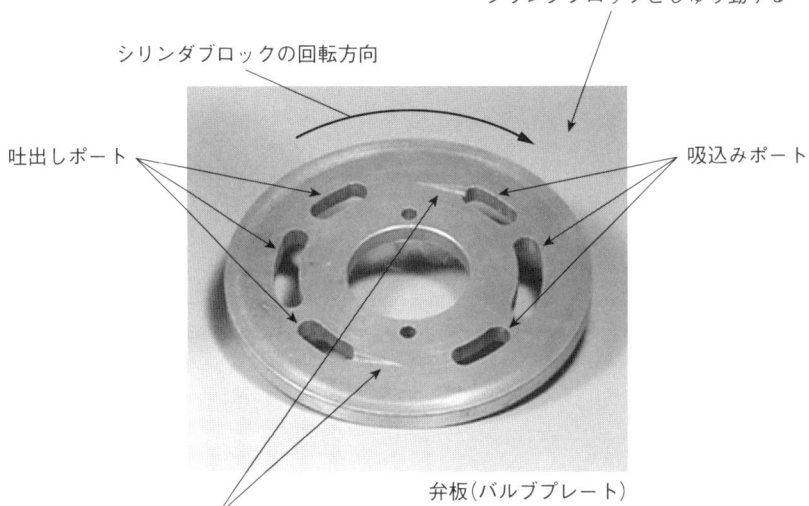

写真 3-4 アキシャルピストンポンプ（斜板式）の断面構造と弁板（ダイキン工業製）

図中ラベル：
- 圧力調整ネジ
- ドレンポート
- コントロールシリンダ
- コントロールシリンダの孔
- スプール
- 吐出し量調整ネジ
- 吐出しポート
- 吸込みポート
- 斜板（スワッシュプレート）
- ピストン
- シリンダブロック
- 弁板（バルブプレート）
  ポンプ本体に固定されている
  シリンダブロックとしゅう動する

- シリンダブロックの回転方向
- 吐出しポート
- 吸込みポート
- 弁板（バルブプレート）
- 閉じ込み現象を防止するV溝
  吸い込み（低圧）から吐き出し（高圧）または、吐き出しから吸い込みに移るときに
  V溝によって油を徐々にピストン内に導いて振動や騒音を防止する

3 油圧ポンプ

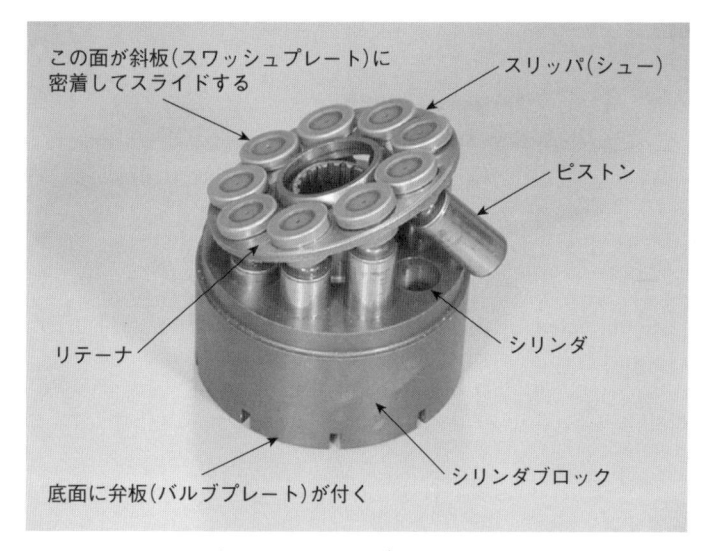

●実用編　油圧回路を構成する機器とその特徴

写真 3-5　シリンダブロックキット

写真 3-6　可変容量形ピストンポンプの外観

産業用機械で広く用いられています。
　一方、騒音や圧油の脈動が大きいという欠点があります。アキシャルピストンポンプ（斜板式）は、可変容量形ポンプ（圧力補償制御）のJIS記号（図 3-4）を使って記号表示されます。可変容量形ピストンポンプの外観形状の例を**写真 3-6**に示します。

3.4 油圧ポンプの動力の計算

ポンプを駆動する動力はランニングコストに影響します。ポンプを駆動するのに必要な動力が大きいと、電動機に流す電力が大きくなってランニングコストが高くなるので、最適なポンプを選定するには動力も計算しておかなくてはなりません。定容量形ポンプと可変容量形ポンプでは、使用状況によって必要な動力が違ってきます。

一般に動力は、(3.1)式と(3.2)式で算出されます。

$$\frac{力[\mathrm{N}]\times 速度[\mathrm{m/s}]}{1000}\ [\mathrm{kW}] \qquad \cdots\cdots(3.1)$$

$$\frac{力[\mathrm{N}]\times 速度[\mathrm{m/s}]}{1000}\times 1.36\ [\mathrm{PS}] \qquad \cdots\cdots(3.2)$$

一方、油圧の場合の動力は流体動力 (L_0) を使って考えます。

基礎編でも述べましたが、図 3-11 のように油圧ポンプで油を供給し

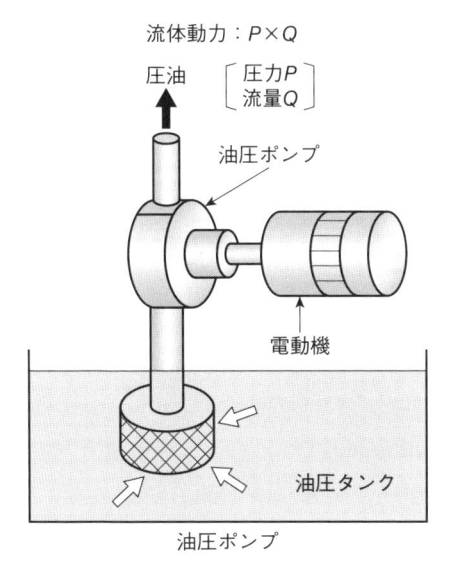

図 3-11 油圧ポンプによる流体動力

ているときの流体動力 L_0 は、供給される油の圧力 P と流量 Q の積で表わされます。

$$L_0 = P \times Q \qquad \cdots\cdots\cdots(3.3)$$

L_0 の単位を[kW]で表わす計算式は、圧力 P [MPa]、流量 Q [ℓ/min]とすると、(3.4)式で表現できます。

$$L_0[\text{kW}] = \frac{P[\text{MPa}] \times Q[\text{ℓ/min}]}{60} \qquad \cdots\cdots\cdots(3.4)$$

◨ 動力の計算例

特に油圧回路が遮断されたときには、定容量形ポンプの方が可変容量形ポンプに比べてはるかに大きな動力を必要とします。

油圧シリンダでワークをクランプする例を使って、所定のクランプ動作時に必要な動力はどれだけなのかを考えてみましょう。定容量形ポンプの吐出し量は 30 ℓ/min、可変容量ポンプの吐出し量も 30 ℓ/min に対応できるものとします。油圧シリンダのクランプスピードは、ポンプの吐出し量 30 ℓ/min に相当するスピードで動作するものとし、流量制御はしないものとします。ここで、クランプ時の圧力は 7MPa とします。そして、油圧シリンダのピストンが動いているときには油が流れていますが、ストロークエンドに達すると油の流れは遮断されます。

以上の条件で、クランプ時の動力を2つのポンプで比較してみましょう。

（1） 定容量形ポンプの場合

図 3-12 のような油圧シリンダにより、対象物を壁に押し付けてクランプする油圧回路を使って、動力を計算します。

図のクランパがワークまで到達してシリンダが動かなくなると、クランプ圧力はリリーフ弁の設定圧力の 7MPa まで上昇します。クランプしているときにはシリンダ側に油が流れないので、図 3-13 のようにポンプは 7MPa 圧油を 27 ℓ/min で吐き出していて、リーク分を 3 ℓ/min とすると、その圧油全部がリリーフ弁からタンクへ戻るようになりま

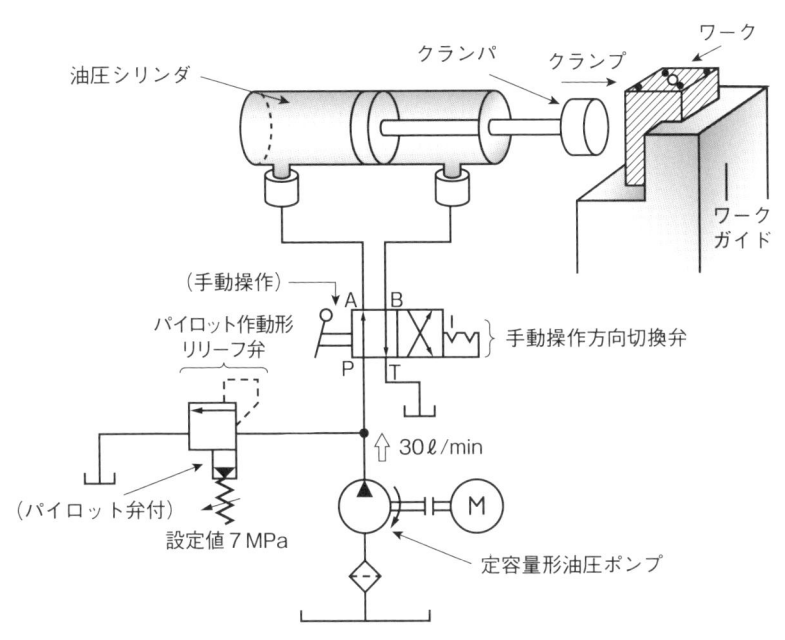

図 3-12 定容量形ポンプによるクランプ機構

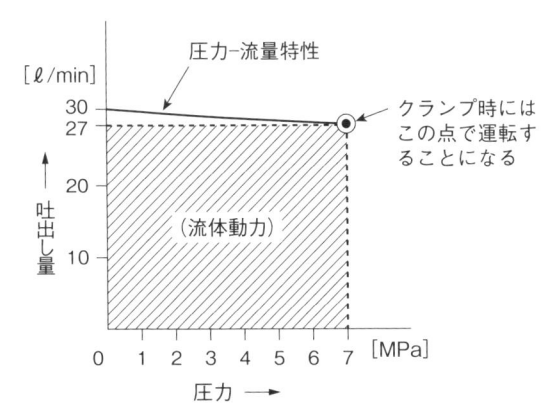

図 3-13 クランプ時の圧力—流量特性（定容量形ポンプ）

す。

また、そのときの流体動力 L_0 は、圧力 7MPa と吐出し量 27 ℓ/min の積で表わすことができますから、斜線の部分になります。

実際に流体動力 L_0 を計算してみると次のようになります。

●実用編　油圧回路を構成する機器とその特徴

$$L_0 = \frac{P \times Q}{60} \times \frac{7\mathrm{MPa} \times 27\ell/\mathrm{min}}{60} = 3.15 \ [\mathrm{kW}]$$

（2）　可変容量形ポンプの場合

　可変容量形ポンプに内蔵している圧力調整ネジで、最高圧力を7MPaに設定します。クランプしたときには油圧回路が遮断されるので、最高圧力でクランプされることになります。

　クランプしたときには、図3-14のようにポンプは設定圧力7MPaになるので吐出し量はフルカットオフされ、回路中への吐出し量はほぼ0になります。ただ、圧力を維持するため完全には0にできないので、ポンプのドレンポートよりわずかに（約1ℓ/min程度）吐き出されタンクへ戻ります。そのときの流体動力L_0は、圧力7MPaと吐出し量1ℓ/minの積で表わされ、図3-15の斜線の部分になります。

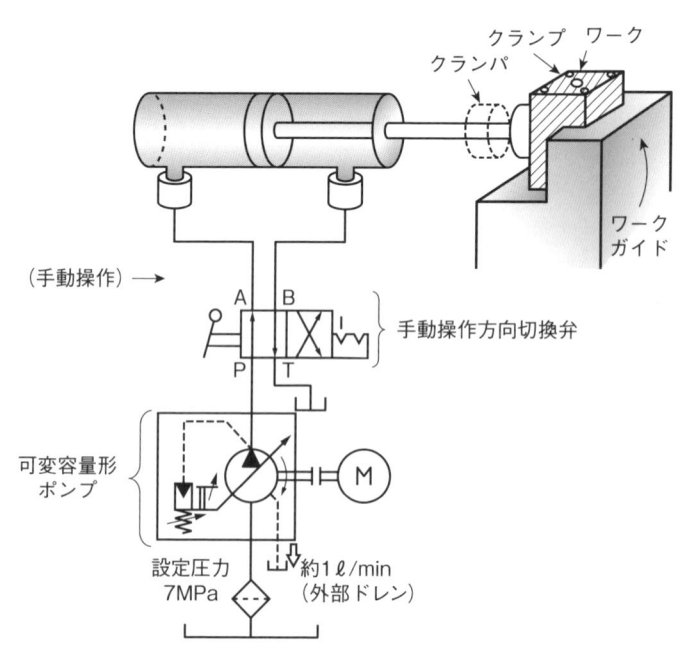

図3-14　可変容量形ポンプを使ってクランプしたときの状態

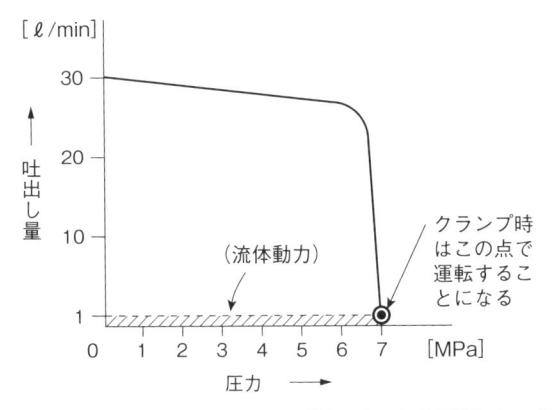

図 3-15 クランプ時の圧力-流量特性（可変容量形ポンプ）

実際に流体動力 L_0 を計算してみると次のようになります。

$$L_0 = \frac{P \times Q}{60} = \frac{7\text{MPa} \times 1\ell/\text{min}}{60} \fallingdotseq 0.12\ [\text{kW}]$$

このようにクランプ時の動力は、定容量形ポンプで $L_0 = 3.15[\text{kW}]$、可変容量形ポンプで、$L_0 = 0.12[\text{kW}]$ となり、明らかに可変容量形ポンプの方が動力は少なくてすむことがわかりました。

このように可変容量形ポンプでは、最高圧力付近で圧油の流れる量が小さくなるので、流体動力が小さくて済むのです。

一方、定容量形ポンプの場合には停止状態になっても供給される流量は変わらず、リリーフ弁の設定圧力になると、ほぼ全部の圧油がリリーフ弁からタンクへ流れ出ることになります。

このリリーフ弁からタンクへ戻す圧油の流れをつくるための動力はすべて無駄な動力になり、その分、可変容量形ポンプより大きな動力が必要になるわけです。また、この無駄な圧油の循環は、タンクの油温上昇の原因にもなり、好ましいものではありません。

3.5 ポンプの効率

1 ポンプの容積効率

油圧ポンプの性能を表わす指標としてポンプ効率を使います。ポンプ効率には、容積効率 η_v と全効率 η_p とがあります。容積効率 η_v は、ポンプの理論吐出し量 Q_0 と、実際にポンプから吐き出される量（実吐出し量）Q の比率のことで、(3.5)式で表わされます。

$$\eta_v = \frac{Q}{Q_0} \qquad \cdots\cdots(3.5)$$

η_v：ポンプの容積効率
Q_0：ポンプの理論吐出し量 [ℓ/min]
Q：ポンプの実吐出し量 [ℓ/min]

理想的には η_v は1になるべきですが、実際にはポンプ内部の損失のために1より小さくなっています。

ポンプの理論吐出し量 Q_0 は、ポンプの設計上から求められるものです。ポンプ1回転当たりの吐出し量（押しのけ容量）q にポンプの回転数 N を掛けて求められた理論値で、(3.6)式で表わされます。

$$Q_0 = \frac{q \times N}{1000} [\ell/\min] \qquad \cdots\cdots(3.6)$$

q：ポンプ1回転当たりの吐出し量 [cm³/rev]
N：ポンプの回転数 [rpm]

実際の吐出し量 Q は理論吐出し量 Q_0 より少なくなります。これは、いわゆるポンプの内部リーク（内部漏れ）による損失のためです。実際のポンプは、回転してポンプ内部の容積変化によりポンプ作用を行うので必ずしゅう動部分があります。しゅう動部分にはほんのわずかですが、しゅう動するためのすき間が必ずあるので、ここから油が漏れることになります。内部リークは、ポンプ吐出し圧力が上昇するほど増大

し、作動油の粘度が低くなっても増大します。

　粘度が一定の条件でのポンプ吐出し圧力と容積効率の関係を図3-16に示します。容積効率は、ポンプ吐出し圧力の上昇に従って内部リークが増加するので低下していきます。また、ポンプの長期間の使用によりポンプ内部の磨耗が進むと、内部リークも増加するので図の破線に示すように容積効率は全体的に低下します。前述した通り、一般的には、この容積効率が新品時の90％程度に低下した時期がポンプやポンプインナーキットの交換時期とされています。これは、この時期を過ぎると急激に磨耗が進むためです。

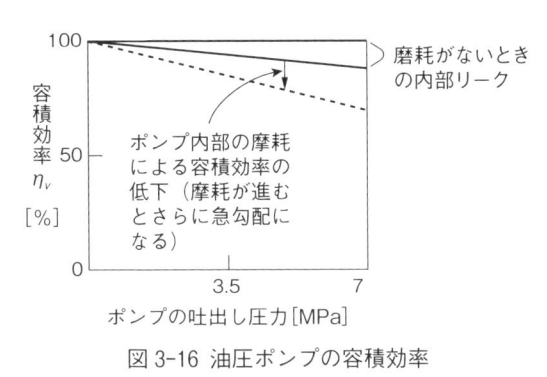

図3-16 油圧ポンプの容積効率

2 ポンプ全効率

　ポンプの全効率を調べると、どのような特性を持つポンプがそのシステムに最適かを知ることができます。全効率η_pは、ポンプ軸入力L_sに対する流体動力L_0の比率のことで、(3.7)式で表わされます。

$$\eta_p = \frac{L_0}{L_s} \quad \cdots\cdots(3.7)$$

　　　η_p：ポンプの全効率
　　　L_0：流体動力［kW］
　　　L_s：ポンプ軸入力［kW］

　油圧ポンプは、電動モータやエンジンなどがポンプ軸を回転させる運動エネルギー（入力）を圧油という流体エネルギー（出力）に変換して

いるといえます。

全効率 η_p は、そのポンプに入力される運動エネルギーをどれだけ出力の流体エネルギーに変換できるのかを表わすものです。ポンプ軸入力 L_s[kW] は、単位時間当たりのポンプに入力される運動エネルギーを表わし、流体動力は単位時間当たりに出力される流体エネルギーを表わしています。

全効率 η_p の値は、入力以上の出力は出せないので0〜100％の間となります。この η_p の値の大きいポンプほど損失の少ない性能の高いポンプといえます。当然、ポンプの容積効率 η_v が下がれば全効率 η_p も下がってくることになります。

ポンプの回転数、作動油の粘度（油温）を一定にしたとき、全効率とポンプ吐出し圧力の関係を表わすと図3-17のような傾向になります。

この図から、P_1 の圧力を使うようにするのが最も効率が良いことが

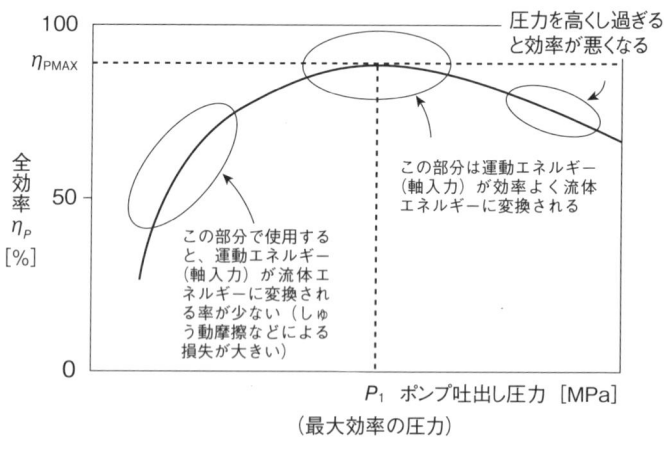

図 3-17 油圧ポンプの全効率

わかります。そこで使用する圧力が決まったら、その圧力における全効率が最も優れているポンプを選定するのが良い方法です。

油圧ポンプを電動機（モータ）で回したときの例を図3-18に示します。

図中ラベル：
- 油圧回路へ
- 流体動力 L_0
- 油圧ポンプ
- 電動機
- 電動機入力 L_i
- 軸入力 L_s
- 電動機出力 L

$$\begin{cases} L_s = L = L_i \times \eta_e \\ L_s = \dfrac{L_0}{\eta_P} \end{cases}$$

η_e：電動機効率
η_P：ポンプの全効率

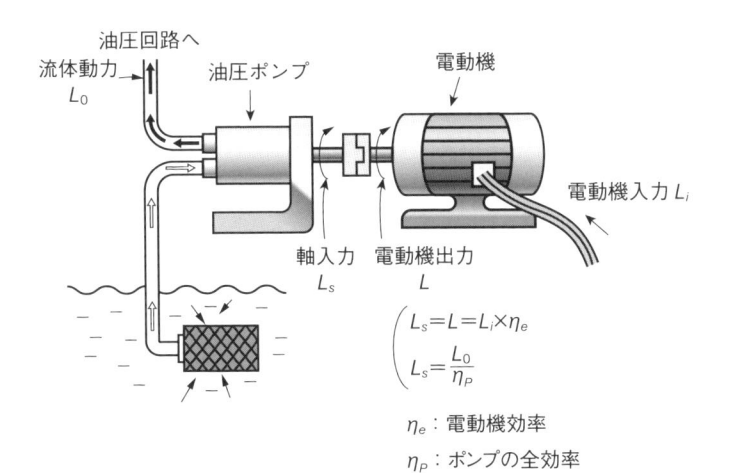

図 3-18 電動機で油圧ポンプを駆動する例

全効率 η_p は前の(3.7)式で説明したように、ポンプの軸入力 L_s と流体動力 L_0 で求められます。流体動力 L_0 は、ポンプの吐出し圧力と吐出し流量で求められ、(3.8)式で表わされます。

$$L_0 [\mathrm{kW}] = \frac{P[\mathrm{MPa}] \cdot Q[\ell/\mathrm{min}]}{60} \quad \cdots\cdots(3.8)$$

ところが、軸入力 L_s は直接測定することは困難なので、ポンプ軸を回転している電動機の電動機出力 L をポンプ軸入力 L_s として考えることが普通です。そこで、電動機出力 L は、電動機入力 L_i と電動機の使用条件によって決められる電動機効率 η_e によって求められます。その関係を(3.9)式に示します。

$$L_s \fallingdotseq L = L_i \times \eta_e \quad \cdots\cdots(3.9)$$

こうして、(3.8)、(3.9)式より、電動機で油圧ポンプを駆動したときの全効率 $\eta_p = L_0/L_s$ を求めることができます。

●実用編　油圧回路を構成する機器とその特徴

4章

油圧アクチュエータ

　油圧エネルギーを運動に変えて仕事をする機器のことを油圧アクチュエータといいます。油圧アクチュエータは主に、運動によって直線運動を行う油圧シリンダ、回転運動を行う油圧モータ、揺動運動を行う揺動アクチュエータの3つに分けられます。これらのアクチュエータの分類、構造、機能などについて解説します。

●実用編　油圧回路を構成する機器とその特徴

4.1 油圧シリンダ

1 油圧シリンダの分類

　油圧シリンダは、直線往復運動を行うものです。いろいろな種類がありますが、作動機能上から分類すると図4-1のように大別できます。
　単動シリンダは、ピストンの片側のみに作動油を流入させて、一方向

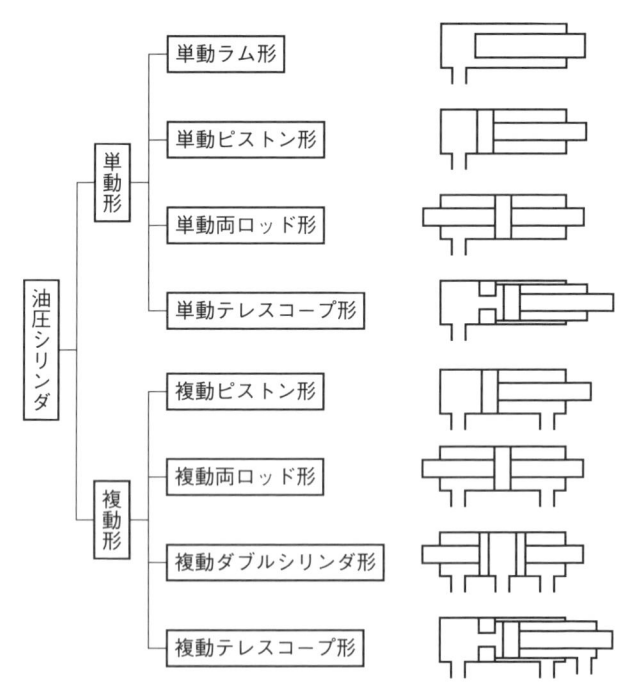

```
                          ┌─ 単動ラム形
                          │
                 ┌─ 単動形 ┼─ 単動ピストン形
                 │        │
                 │        ├─ 単動両ロッド形
                 │        │
                 │        └─ 単動テレスコープ形
  油圧シリンダ ──┤
                 │        ┌─ 複動ピストン形
                 │        │
                 └─ 複動形 ┼─ 複動両ロッド形
                          │
                          ├─ 複動ダブルシリンダ形
                          │
                          └─ 複動テレスコープ形
```

図4-1 油圧シリンダの作動機能上からの分類

●キーワード
　油圧シリンダ、油圧モータ、揺動形アクチュエータ

のみ油圧により制御し、戻り工程は自重や負荷の重力やスプリング力、別のシリンダによって行われます。単動シリンダには、単動ピストン形とロッドを太くしてロッド自身がピストンとなる単動ラム形とがあります。

一方、複動シリンダは、ピストンの両側に作動油を交互に流入させて往復とも油圧により駆動するもので、テレスコープ形は、シリンダ内部に別のシリンダを内蔵し、作動油が流入すると順次シリンダが作動するもので大きなストロークが出せるようにしたものです。

図 4-2 には、油圧シリンダの中で最も多く使用される複動シリンダ（片ロッド形）の構造の一例と JIS 記号を示します。

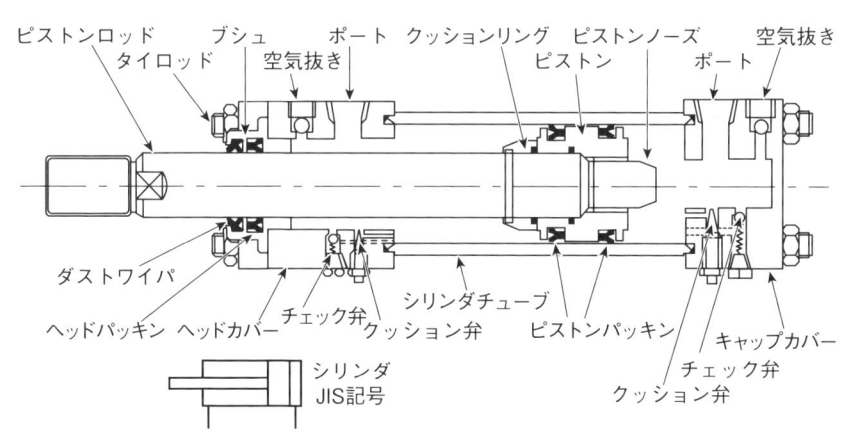

図 4-2 複動シリンダ（片ロッド形）の構造例と JIS 記号

この図の中のクッションリングやピストンノーズは、ピストンロッドが往復運動する際にストロークエンドでのピストンとヘッドカバーやキャップカバーとが衝突するショックを緩和するためのものです。ピストンロッドが前進端に近づくとクッションリングがヘッドカバーのメイン流路をふさぐので、シリンダチューブ、クッションリング、ヘッドカバーに囲まれた部分の油がせき止められクッション弁のつながる細い流路を通ってポートへ流れます。このとき、クッション弁を調節することによって、細い流路の開口面積を調節できるのでショックを最適に軽減す

ることができるわけです。

　ピストンロッドが後退端に近づくと、ピストンノーズがキャップカバーのメイン流路をふさいでシリンダチューブ、ピストンノーズ、ピストン、キャップカバーに囲まれた部分の油がせき止められ、クッション弁のつながる細い流路を通ってポートへ流れるので前進端のときと同様にショックを軽減することができます。このように、シリンダのストロークエンドでのショックを緩和する機構をクッション機構といいます。

　また、ピストンが前進端、後退端から離れて作動開始する際はポートから入った油はチェック弁のボールを押し開くので圧油はピストンの全面積にかかり所定の出力でスムーズにスタートできます。ピストンロッド先端の負荷がさらに大きくなったり、シリンダスピードがさらに速くなったりすると、慣性力が大きくなり、シリンダ内のクッション機構だけではショックを吸収しきれなくなるときがあります。この場合は、外部にバネやシリンダなどのダンパを設けたり、油圧回路自身の油を絞ったりしてショックを吸収する必要があります。

2 シリンダの呼び方

　片ロッド形のシリンダは一般的で最も多く使用されていますが、よく混乱を招いて問題になるのがシリンダの呼び方です。片ロッド形であるのでピストンロッドが出ている側とピストンロッドが出ていない側がありますが、この呼び方の定義があいまいで、カタログなどに記載されている呼び方には表4-1のように3通りの呼び方があるので注意が必要です。

　特に①と②の呼び方では、ヘッド側という言葉をそれぞれピストンロッドが出ていない側とピストンロッドが出ている側の全く逆の意味に使っているので、人によってはヘッド側という言葉の意味を逆にとってしまうことにもなります。

　たとえば、ユーザーがシリンダメーカーにシリンダのヘッド側に特殊加工を注文したとしたときに、ヘッド側という言葉だけでやりとりしていたとすると、お互い逆の意味で受け取っていたりすればユーザーが思

表 4-1 片ロッド形シリンダの呼び方

JIS記号と呼び方	ピストンロッドが出ている側	ピストンロッドが出ていない側
① ロッド側　ヘッド側	ロッド側	ヘッド側
② ヘッド側　キャップ側	ヘッド側	キャップ側
③ ロッド側　キャップ側	ロッド側	キャップ側

っている部分と全く逆の部分に特殊加工が行われトラブルの原因になりかねません。

さらに、JIS（日本工業規格）においても、ごく最近までこの3通りの呼び方が使用されていました。2009年3月現在、JISでは②と③の呼び方が存在しており、ヘッド側という言葉はピストンロッドが出ている側のみの意味として使用されています。しかし、メーカーのカタログなどではまだまだ①の呼び方で使われているものも多いので注意が必要です。

本書では、JIS B0142（油圧及び空気圧用語）（国際規格 ISO 05598 対応）の②の呼び方を採用しています。

3 停止時と動作時の油圧シリンダの出力

油圧シリンダの出力は、油圧の圧力をP、ピストンの断面積をAとすると、パスカルの原理より理論出力F_uは、$F_u = P \times A$となります。

しかし、実際の油圧シリンダの出力を考えるときは、油圧シリンダ効率を考慮に入れなければなりません。油圧シリンダの効率はシリンダパッキンの種類、負荷の種類・大きさ、シリンダ速度などによって異なります。このシリンダの効率に相当するものを荷重圧力係数（推力効率）

●実用編　油圧回路を構成する機器とその特徴

と呼び、一般的には 0.85～0.95 程度の値となります。したがって、実際の出力は、(4.1)式になります。

$$F = P \times A \times (荷重圧力係数 0.85～0.95) \quad \cdots\cdots(4.1)$$

ただし、使用圧力が低いと効率が急激に低下するので注意が必要です。

また、クランプのようにシリンダが静止しているときの出力が重要な場合と、リフトやエレベータのようにシリンダが動いているときの出力が重要な場合では、別々に考えなければなりません。片ロッドの複動シリンダ（ピストンの両側に交互に油圧を加え油圧で往復運動させるシリンダ）について考えてみます。

図 4-3 の複数シリンダは、ピストンロッドを固定壁に押し付けて動きが停止している状態になっています。

シリンダが静止しているので油の流れはなく、パスカルの原理が成り立つことになります。そこで、P_1 のシリンダ流入側の圧力はポンプと配管でつながっているので、ポンプの設定圧力 P_0 になります。また、シリンダ流出側は配管でタンクとつながっているので大気圧となり、ゲージ圧力は 0 となります。よってシリンダ静止時の出力は、シリンダ効率（荷重圧力係数）とシリンダ流入側圧力（ポンプの設定圧力）とその圧力が作用しているピストン受圧面積の積となります。

このときの力 F_1 は(4.2)式になります。

$$F_1 = \eta_{FC} \times P_1 \times A_c \quad \cdots\cdots(4.2)$$

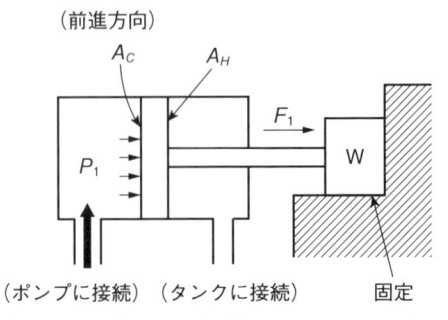

図 4-3　押付け時（シリンダが静止しているとき）の出力

F_1 ：前進方向の出力 [N]
P_1 ：シリンダ流入側圧力 [MPa] $P_1 = P_0$
A_C, A_H：ピストンの受圧面積 [mm^2]
η_{FC} ：荷重圧力係数(推力効率)

　次に**図 4-4** のようにシリンダのピストンが動いているときについて考えます。シリンダが動くということは、油の流れがあるので、シリンダ内や配管・機器内を油が流れるときの摩擦抵抗を圧力に換算する必要があります。このような圧力の低下を圧力損失といいます。シリンダの流出側に発生する圧力 P_2' は、リターン流量（シリンダからタンクへ戻る流量）が制限されていることによる圧力で、背圧と呼ばれます。この背圧によって、実質的にシリンダを押すための圧力が低下するので、シリンダ出力の損失になります。なお、シリンダの流入側に発生する圧力 P_1' は、シリンダ作動圧といいます。

　このように、シリンダの流入側にも油が流れ込んでくるのでパスカルの原理が成り立たず、圧力損失が発生するのでポンプ圧力を P_0 とすると、$P_0 \geqq P_1'$ となります。

　シリンダ動作時の出力は、(4.3)式のようになります。

$$F_1' = \eta_{FC}(P_1' \times A_C - P_2' \times A_H) \qquad \cdots\cdots\cdots(4.3)$$

F_1' ：前進時の出力 [N]
P_1' ：シリンダ流入側圧力 [MPa] $P_1' \leqq P_0$
P_2' ：シリンダ流出側圧力 [MPa]
A_C, A_H：ピストンの受圧面積 [mm^2]
η_{FC} ：荷重圧力係数

（前進時）

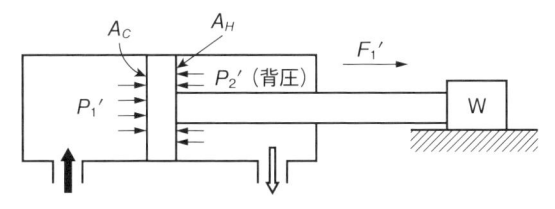

図 4-4 シリンダが前進動作中の出力

●実用編　油圧回路を構成する機器とその特徴

4.2 油圧モータ

1 油圧モータの特性

　油圧モータは、油圧エネルギーをもらって回転運動を行うもので、ちょうど回転力（運動エネルギー）を油圧エネルギーに変換する油圧ポンプと逆のはたらきをします。構造も油圧モータは油圧ポンプとほぼ同じで、油圧ポンプでは軸を外部から回転すると吸込みポートから油を吸い込んで吐出しポートから圧油を吐き出しましたが、油圧モータはポートから圧油を入れて、その油圧エネルギーによって軸を回転させるものです。油圧モータの外観例を**写真 4-1** に示します。

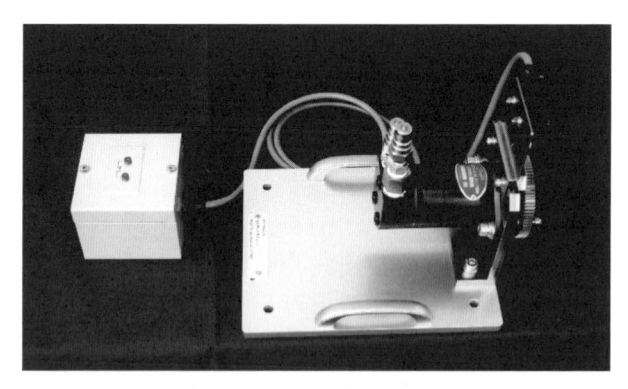

写真 4-1　油圧モータの例（新興技術研究所製）

2 油圧モータの種類

　油圧モータを構造で分類すると**図 4-5** のように分類され、油圧ポンプの分類と同じようになることがわかります。
　ここでは、外接形歯車モータ、ベーンモータ、アキシャル形ピストンモータ、ラジアル形ピストンモータについて解説します。**図 4-6** は、油圧モータを JIS 記号で表現したものです。

```
                          ┌─ 外接形歯車モータ
              ┌─ 歯車モータ ┤
         ┌─ 回転式 ┤         └─ 内接形歯車モータ
         │       └─ ベーンモータ
油圧モータ ┤
         │              ┌─ アキシャル形ピストンモータ
         └─ 往復式 ─ ピストンモータ ┤
                        └─ ラジアル形ピストンモータ
```

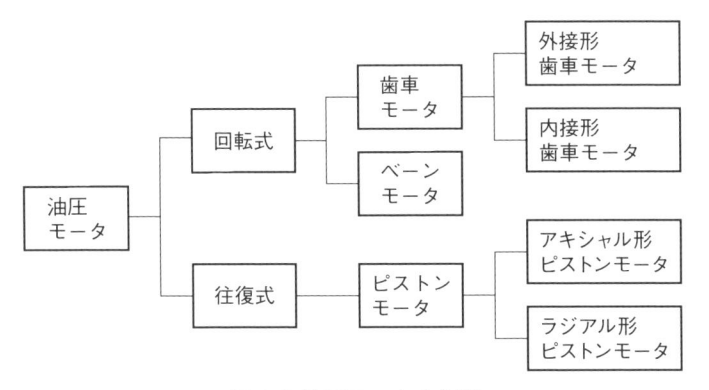

図 4-5 油圧モータの分類

2方向回転形
出力軸は軸の出ている側から見てCW（時計回り）、CCW（反時計回り）の両方向に回転することができる。

出力軸

外部ドレン
油圧モータの場合、しゅう動部があるので必ず油漏れがある。油圧ポンプと異なり、負圧の部分がないので漏れた油は外部ドレンからタンクへ抜く。

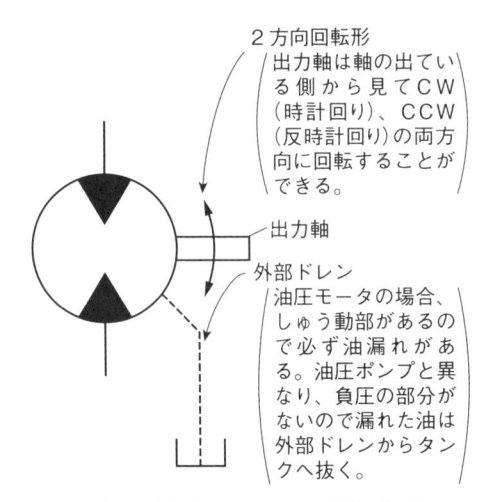

図 4-6 油圧モータの JIS 記号表現

3 油圧モータの力と速度

　油圧モータの発生する力とその速度は、出力トルク T と実回転数 N で表わし、(4.4)式、(4.5)式のようになります。

$$T = \frac{\Delta P \cdot q}{2\pi} \eta_T \qquad \cdots\cdots(4.4)$$

　　　T　：モータの出力トルク [N・m]
　　　ΔP：モータ流入口・流出口の圧力差 [MPa]

q ：モータの押しのけ容量 [cm^3/rev]
(モータを1回転させるために必要な容量)
η_T：モータのトルク効率

$$N = \frac{1000 \cdot Q}{q} \eta_V \qquad \cdots\cdots(4.5)$$

N ：モータの実回転数 [rpm]
Q ：モータへの供給油量 [ℓ/min]
q ：モータの押しのけ容量 [cm^3/rev]
η_V：モータの容積効率

η_Tはモータのトルク効率(機械効率)を表わします。油圧モータの回転部のしゅう動抵抗や油の粘度による摩擦抵抗などにより損失トルクが発生するため、実際の出力トルクは理論トルクよりも小さくなるので、その比率をη_Tで表わします。η_Tは、モータの構造によって異なる値となので注意します。

η_Vはモータの容積効率といい、モータへの理論流入量Q_1(設計上から求められ、押しのけ容量qと回転数Nの積になる)とモータからの実流出量Q_2の比率で、(4.6)式で求められます。

$$\eta_V = \frac{Q_2}{Q_1} \qquad \cdots\cdots(4.6)$$

η_V：モータの容積効率
Q_1：モータへの理論流入量 [ℓ/min]
Q_2：モータからの実流出量 [ℓ/min]

ですから、η_Vは理論流入量に対する実流出量の割合を表わしています。油圧ポンプ同様、油圧モータの回転部はしゅう動するので必ずわずかながらしゅう動すき間があります。使用圧力が高くなると、そのしゅう動すき間などからの内部リーク(内部油漏れ)が多くなるのでη_Vは小さくなり、所定の回転数が得られなくなることがあります。

また、油圧ポンプの場合、内部リークを油圧ポンプの吸込み側(負圧)に導く構造になっているものもありましたが、油圧モータではポートは負圧にならないので、必ず外部ドレンを接続して内部リークした油

をタンクへ導くようにします。

4 外接形歯車モータ

構造は外接形歯車ポンプと似ています。外接形歯車モータの構造を図 4-7 に示します。

図 4-7 の右の図のように、左側のポートから圧油を入れて右側のポートから圧油を出すと、歯車は矢印の方向に回転します。逆に右側のポートから圧油を入れて左側のポートから圧油を出すと、歯車は図の矢印と逆方向に回転します。この外接形歯車モータの回転する原理を図 4-8 で説明します。

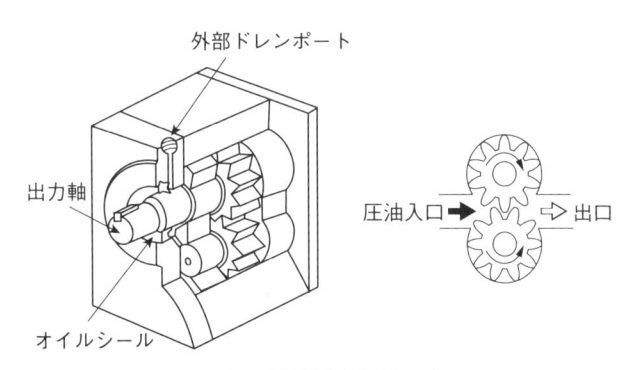

図 4-7 外接形歯車モータ

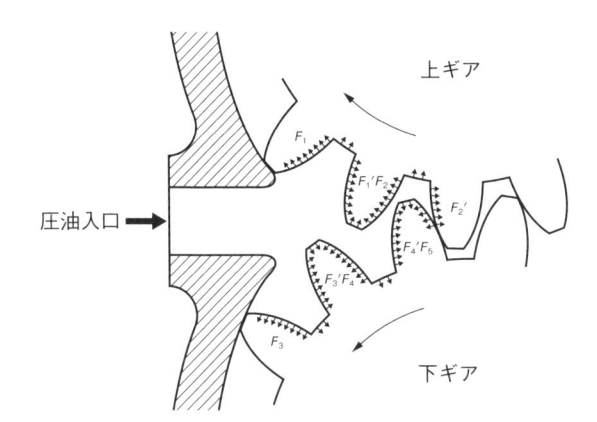

図 4-8 外接形歯車モータ作動原理

●実用編　油圧回路を構成する機器とその特徴

　左側のポートから圧油が入ってくるとき、油の圧力は上下歯車の歯面に均等に作用するので、力F_1と力F_1'、力F_3と力F_3'、力F_4と力F_4'は対称にはたらいて相殺され、モータの回転力にはなりません。また歯車の歯先と歯底に作用する力は、歯車軸中心に対して垂直にはたらくのでこれも回転力にはなりません。

　上下歯車の噛み合わせ部において、上の歯車では力F_2'と力F_2が対称にはたらきますが、力F_2'＜力F_2なのでその差分F_2-F_2'が上の歯車を矢印方向へ回転させる回転力になります。

　下の歯車では、力F_5がはたらくのでこの力F_5が下の歯車を矢印方向に回転させる回転力になります。こうして、$(F_2-F_2')+F_5$の力の発生によって歯車が回転し、モータ軸が回るようになるのです。

5 ベーンモータ

　ベーンモータはベーンポンプと構造が似ていますが、油圧を導かない初期状態でも常にベーンをカムリング内面に張り出して密着しておく必要があるので、図4-9のようにコイルバネをベーンの底部に入れて張り出すコイルバネ方式や、ベーンの底部をロッキングアーム（ねじりコイルバネ）で持ち上げてベーンを張り出すロッキングアーム方式、あらか

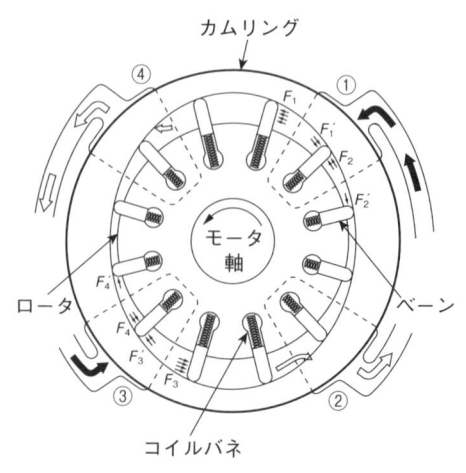

図4-9　ベーンモータの構造と動作原理

じめ油圧をベーンの底部に導いてベーンを張り出すパイロット油圧方式があります。ベーンモータの動作原理を図4-9を使って説明します。

モータ軸に対称の①と③のポートから圧油を入れると、ロータとベーンとカムリングで囲まれた油室の内面に油の圧力は均等に作用します。しかし、ベーンの張り出しは左右のベーンで異なる（カムリングの内側の形状にならう）ので左右のベーンにかかる力が異なっています。

図4-9では、$F_1 > F_1'$、$F_2 > F_2'$、$F_3 > F_3'$、$F_4 > F_4'$となり、その差分$F_1 - F_1'$、$F_2 - F_2'$、$F_3 - F_3'$、$F_4 - F_4'$の力によってモータ軸（ロータ）は反時計方向（図の矢印の方向）に回転します。②、④のポートは油が排出するポートで、①、③のポートより低圧になります。このモータを図4-9と逆の方向（時計方向）に回転させるには、②、④のポートから圧油を入れて①、③のポートから油を排出させればよいわけです。

6 アキシャル形ピストンモータ

アキシャル形ピストンモータの構造は、アキシャル形ピストンポンプによく似ています。この作動原理を図4-10を使って説明します。

流入口より入った圧力Pの圧油は、ピストンに作用します。ピストンの受圧面積をAとすると、圧油によってピストンに作用する力Fは$P \times A$となり、図4-10のようにピストンの進行方向にはたらきます。ところが、斜板が角度αで傾いているので力Fは斜板に平行な力F_1

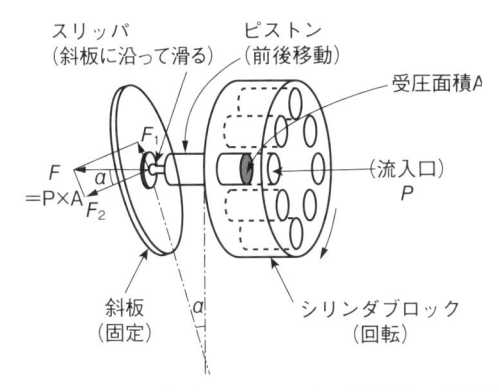

図4-10 アキシャル形ピストンモータの回転トルク発生原理

●実用編　油圧回路を構成する機器とその特徴

と、斜板に垂直な力 F_2 に分けられます。この力 F_1 が、出力軸を回転させる力になります。斜板はモータ本体に固定されており、ピストンとスリッパは固定されていないのでピストンとスリッパは力 F_1 の方向に斜板上を滑るように動きます。

この動きを複数のピストンが次々と繰り返し、シリンダブロックの回転トルクを出してシリンダブロックにスプラインで連結されている出力軸を回転します。**図 4-11** に実際のアキシャル形ピストンモータの構造を示します。

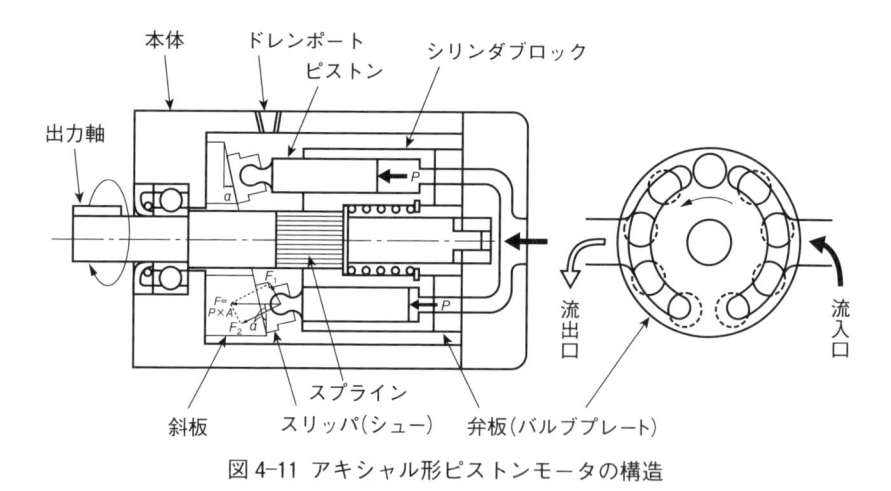

図 4-11　アキシャル形ピストンモータの構造

ここで、圧油の圧力や供給流量が一定だとすると、斜板の角度 α が大きくなり F_1 が大きくなると出力トルクが増します。しかし、ピストンの水平方向（軸と平行）のストロークは大きくなり、モータを 1 回転させるために必要な流量が増えるのでモータの回転数は低くなります。逆に、斜板の角度 α が小さくなると F_1 が小さくなり、出力トルクは減りますが、ピストンのストロークは小さくなるのでモータの回転数は高くなります。

7 ラジアル形ピストンモータ

図 4-12 にラジアル形ピストンモータの構造を示します。

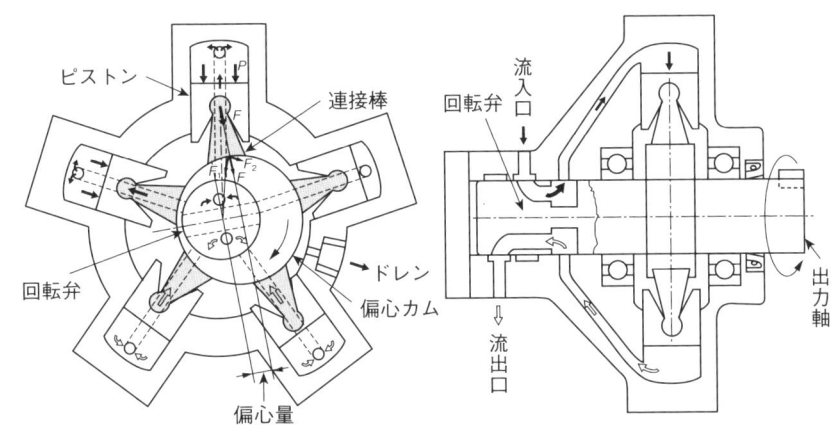

図4-12 ラジアル形ピストンモータの構造

　一般的に5本ピストンのものが多く、流入口から入った圧油は、回転弁を通りピストンの頭部を押します。このとき圧油の圧力をP、ピストン頭部の面積をAとすると、圧油がピストン頭部を押す力Fは、$F = P \times A$となります。

　この力Fは、連接棒を通して偏心カムに作用します。偏心カム上では、この力Fは力F_1と力F_2に分けられます。このうち、力F_2が偏心カム（出力軸）を回転させる力になります。

　ピストンが下がる工程（ピストンが中心へ移動する工程）では、回転弁が流入口とつながるので圧油が導かれ、ピストン頭部を押します。逆に、ピストンが上がる工程（ピストンが外側へ移動する工程）では、回転弁が流出口とつながるのでシリンダ内の油は流出口へ排出されます。流入口と流出口を逆にすると出力軸の回転方向も逆になり、正転、逆転を得ることができるのです。このモータは低速高トルクモータとして使われることが多いようです。

●実用編　油圧回路を構成する機器とその特徴

4.3 揺動形アクチュエータ

1 揺動形アクチュエータ

　揺動形アクチュエータは、揺動モータや揺動シリンダ、ロータリアクチュエータとも呼ばれているものです。揺動形アクチュエータはベーン形とピストン形に大別されます。いずれも、油圧エネルギーを回転揺動運動に変えるもので、ベーン形のような0°～280°程度の往復回転運動をするもの、またはピストン形のような左右に数回転に限定された往復回転運動をするものがあります。ベーン形の揺動形アクチュエータの外観の例を**写真4-2**に示します。

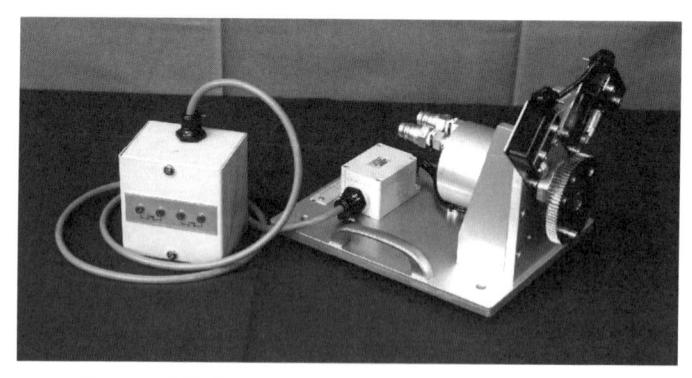

写真4-2　揺動形アクチュエータの例（新興技術研究所製）

　特にベーン形の揺動形アクチュエータは、油圧モータより出力トルクが大きく一般的に構造が簡単で安価であることからよく利用されています。

　図4-13に揺動形アクチュエータ（複動形）のJIS記号とその説明を示します。

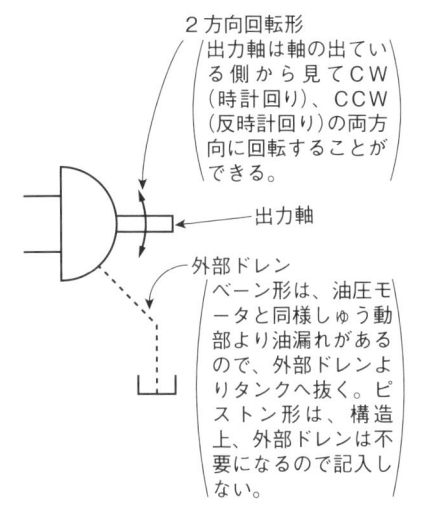

2方向回転形
出力軸は軸の出ている側から見てCW（時計回り）、CCW（反時計回り）の両方向に回転することができる。

出力軸

外部ドレン
ベーン形は、油圧モータと同様しゅう動部より油漏れがあるので、外部ドレンよりタンクへ抜く。ピストン形は、構造上、外部ドレンは不要になるので記入しない。

図4-13 揺動形アクチュエータ（複動形）のJIS記号による表現

2 ベーン形揺動形アクチュエータ

　ベーン形揺動形アクチュエータには、可動ベーンが1つのシングルベーン形、2つのダブルベーン形そして3つのトリプルベーン形があります。揺動角度はモータの大きさやベーンの構造によって異なりますが、

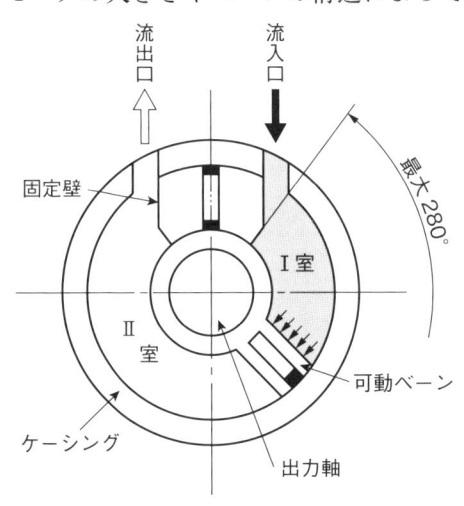

図4-14 シングルベーン形揺動形アクチュエータの構造

●実用編　油圧回路を構成する機器とその特徴

一般に、シングルベーン形が280°以内、ダブルベーン形が100°以内、トリプルベーン形が60°以内となっています。

図4-14にシングルベーン形揺動形アクチュエータの構造を示します。密閉されたケーシング内に固定された固定壁と、可動ベーンと一体になっている出力軸があります。

流入口より圧油がⅠ室に入ると可動ベーンに圧油が作用するので、Ⅰ室は圧油が増加するのに対し、Ⅱ室内の油は減少して流出口より排出されるので、出力軸は時計方向に回転します。なお、流入口と流出口を逆にすると、出力軸を逆に回転します。出力軸は、流入量に比例した角速度と可動ベーンの両側に加わる圧力差に比例したトルクが得られます。シングルベーン形は、ダブルベーン形やトリプルベーン形に比べて揺動角度を大きくとれる利点がありますが、出力軸に偏心荷重がはたらくので注意します。

ダブルベーン形を図4-15に示します。ケーシング内に固定壁が2つ対称に固定されており、出力軸も対称に2つの可動ベーンが一体化しています。

シングルベーン形と比べて揺動角は小さくなりますが、圧油の流入す

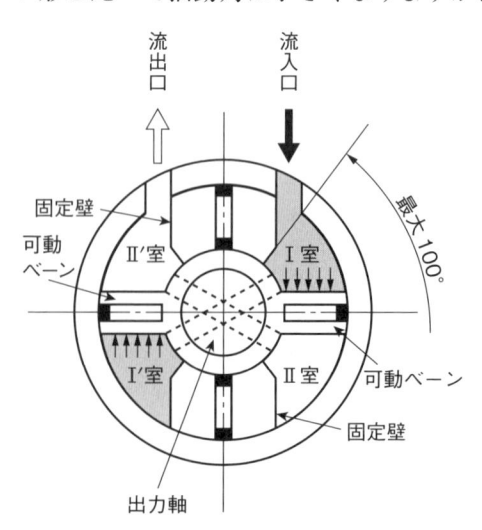

図4-15　ダブルベーン形揺動形アクチュエータの構造

る部屋（Ⅰ室、Ⅰ′室）が常に出力軸に対して対向するので、出力軸に偏心荷重がはたらかないようになっています。

また、可動ベーンの両側の圧力差と受圧面積がシングルベーン形と同じだとすると、圧油が作用する可動ベーンの面積が2倍になるので、出力軸のトルクも2倍になります。

トリプルベーン形もダブルベーン形と同様に、出力軸に偏心荷重が作用しない構造になっています。同じ条件であれば、出力軸のトルクはシングルベーン形の3倍になります。

3 ピストン形揺動形アクチュエータ

ピストン形揺動形アクチュエータの構造は図4-16のようになっています。シリンダ内のラックの両端にそれぞれピストンが付いており、ラックはピニオンと噛み合っていてピニオン軸が出力軸になっています。

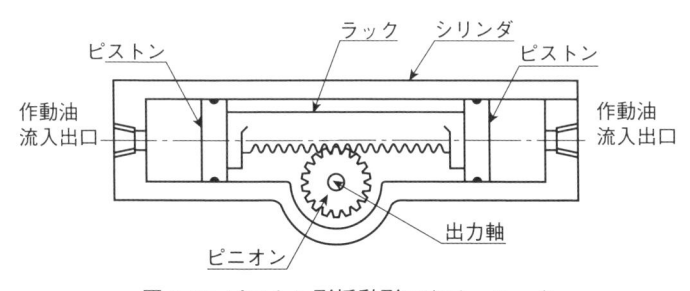

図4-16 ピストン形揺動形アクチュエータ

シリンダの両側に作動油流入出口があり、どちらか一方に圧油を流入させることにより、出力軸を左右回転のいずれかに回転することができます。

ピストン形はベーン形に比べるとラックの加工などでコストが高くなったり、スペースが長くなったりする欠点がありますが、ラックの長さを自由にとることができるので、出力軸の回転角を数回転まで大きくとることができるという利点があります。

●実用編　油圧回路を構成する機器とその特徴

5章

油圧制御弁

　一般的によく利用される代表的な油圧制御弁の機能と構造について解説します。各種油圧制御弁の特徴を活かした、用途を正しく理解しましょう。

●実用編　油圧回路を構成する機器とその特徴

1. 圧力制御弁　回路圧力を制限する
1-1　リリーフ弁

　リリーフ弁は、回路の圧力が設定値を越えたときに、圧油をタンクに戻して回路の圧力を設定圧以上に上昇しないように抑える機能を持っています。特に定容量形ポンプとセットで用いられ、回路圧力を一定に保持したり、回路最高圧力を超えないようにするためによく利用されます。たとえば、シリンダがストロークエンドに達したときや、方向制御弁を切り換えて油の流れを停止したときなどに、圧油の流れが遮断されます。ところが、回路の圧油の流れが止まっても定容量形ポンプは圧油を吐き出し続けることから回路の圧力は上昇し続け、ついには、回路の強度限界を超えて回路を破損することにつながります。リリーフ弁は、このようなときに余分な圧油をタンクに戻して圧力が上がらないようにする機能を持っています。リリーフ弁には、直動形リリーフ弁とパイロット作動形リリーフ弁があります。

1 直動形リリーフ弁

　直動形リリーフ弁の断面構造を図5-1に示します。
　圧力ポートを圧力を調整する回路側に接続しておきます。圧力ポートの圧力による力が、圧力調整ハンドルで設定したポペット弁用のスプリングによる力よりも大きくなると、ポペット弁が移動して圧力ポートからタンクポートに余分な油が流れ出て回路側の圧力をリリーフ弁の設定

●キーワード
クラッキング圧力、レシート圧力、オーバーライド圧力、バランスピストン、シート形式とスプール形式、パイロット操作、圧力補償、温度補償、内部ドレンと外部ドレン

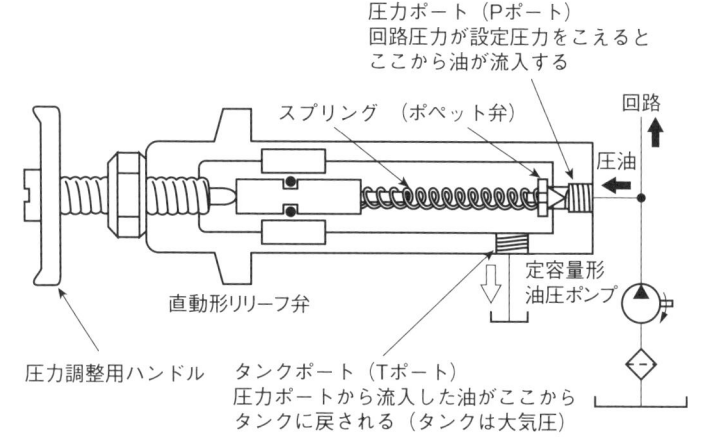

図 5-1 直動形リリーフ弁の構造

圧力以下に維持するはたらきをします。

　直動形のリリーフ弁は、このように圧油に対してポペット弁を介してスプリングでバランスさせています。圧力ポートの圧力がスプリングによる圧力よりも強くなるとポペット弁が開き、タンクポートの方へ油が流れ出ます。このときの圧力をクラッキング圧力といいます。

　すなわち、クラッキング圧力とは、リリーフ弁が開き始めて圧油がタンクへ戻り始めるときの圧力に相当します。逆に一度開いたリリーフ弁が閉じ切るときの圧力をレシート圧力といいます。

　直動形リリーフ弁を使ったときの圧力とリリーフ流量の関係を**図 5-2**に示します。クラッキング圧力から設定圧力までの範囲をオーバーライド圧力といい、この範囲ではポンプから吐き出された流量は回路中に流れる流量とタンクへ戻る流量とに分かれます。ポンプの吐出し量をすべて有効に使える圧力範囲は 0 からクラッキング圧力までです。

　すなわち、圧力が上がってもクラッキング圧力まではリリーフ弁が作動しないでポンプの吐出し量は 100% 回路中に流れることになります。

　この圧力-リリーフ流量特性でもわかるように、直動形のリリーフ弁は、ポンプの吐出し量を有効に使える圧力範囲はそれほど広くはありません。しかし、リリーフ弁としての作動スピードは速く、応答性は良い

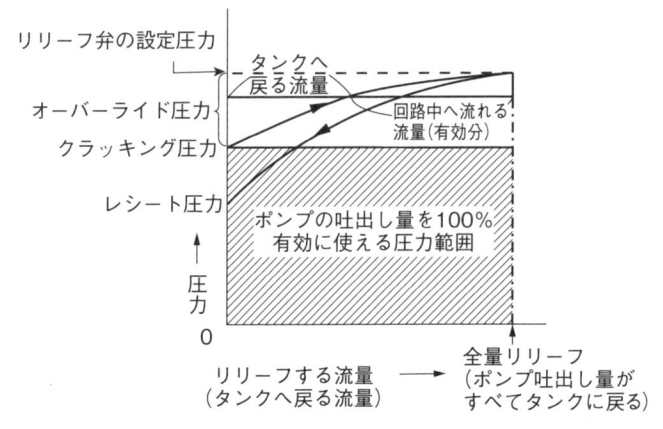

●実用編　油圧回路を構成する機器とその特徴

図5-2 直動形リリーフ弁を付けたときの圧力-リリーフ流量特性

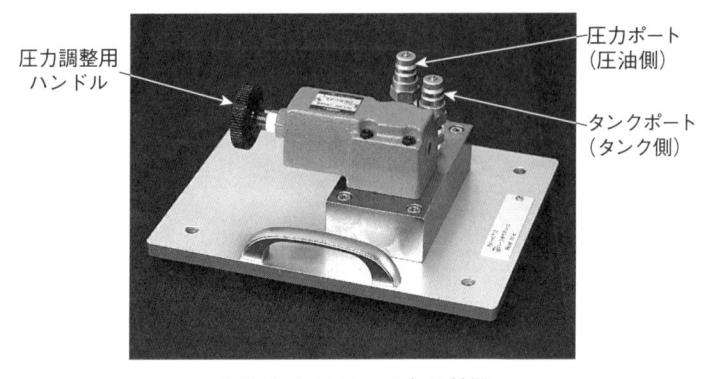

写真5-1 リリーフ弁の外観

ので回路圧力の設定用というよりも、むしろサージ圧力などの異常圧力対策としての安全弁やパイロット作動形リリーフ弁のパイロット弁としてよく使用されています。直動形リリーフ弁の外観を**写真5-1**に示します。

2 パイロット作動形リリーフ弁

　パイロット作動形リリーフ弁を**写真5-2**に示します。圧力制御部（パイロット弁）と流量制御部（主弁）が分離しているので直動形リリーフ

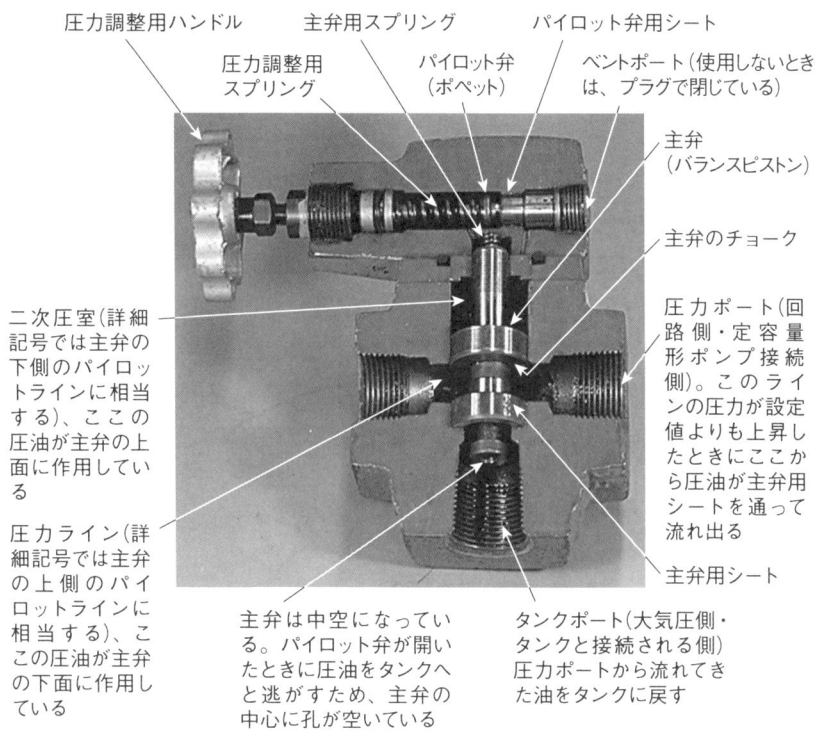

写真 5-2 パイロット作動形リリーフ弁カットモデル（ダイキン工業製）

弁よりリリーフ弁の設定圧力に近い圧力で弁が開いてタンクに圧油を戻し始めます。このため、ポンプの吐出し量を 100％ 有効に回路で使える圧力範囲が、直動形リリーフ弁に比べて広くなります。逆に、回路圧力がリリーフ設定圧力に達してから弁が開いてタンクに圧油を戻すまでの時間は、直動形の方がパイロット作動形より短く応答性がよいので、したがって、直動形リリーフ弁は安全弁として、パイロット作動形リリーフ弁は定容量形ポンプを用いる回路の圧力設定用としてよく使用されます。

パイロット作動形は、主弁（バランスピストン）の圧力バランスによってリリーフ動作を行うので、バランスピストン形リリーフ弁と呼ばれることもあります。後述しますが、パイロット作動形リリーフ弁は、上

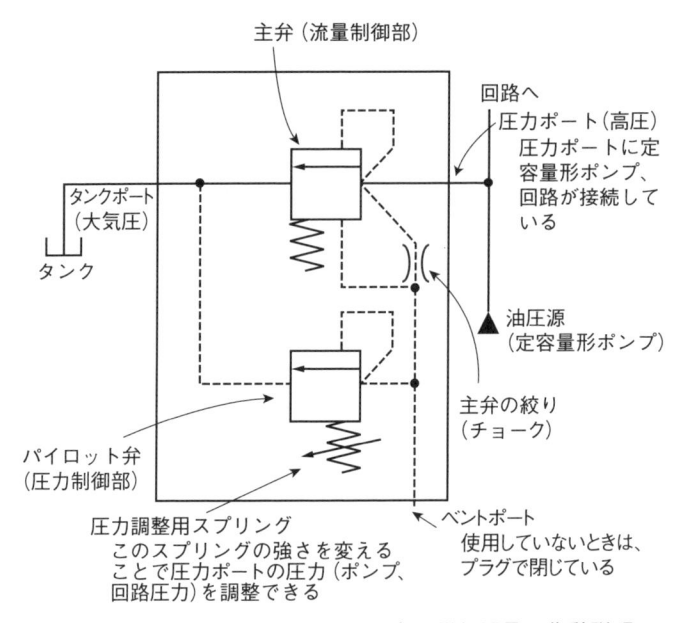

●実用編　油圧回路を構成する機器とその特徴

図 5-3 パイロット作動形リリーフ弁の詳細記号と作動説明

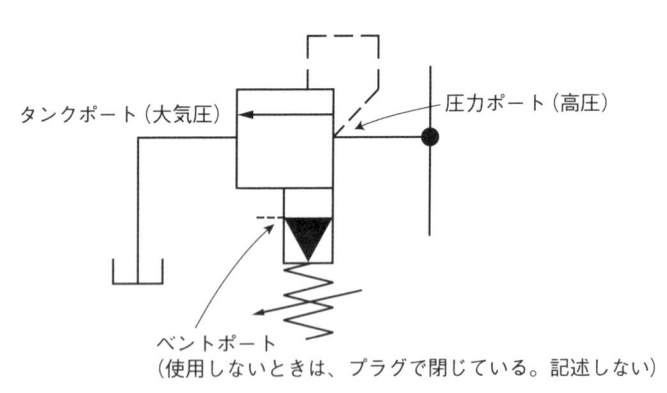

図 5-4 パイロット作動形リリーフ弁の JIS 記号

記以外にも、高圧、大流量の制御やベントポートからの遠隔制御、ベントアンロード制御、圧力多段制御などに利用されることもあります。

図 5-3 は、パイロット作動形リリーフ弁の詳細記号に動作説明を加筆したものです。

図 5-4 にはパイロット作動形リリーフ弁の JIS 記号を示します。

3 パイロット作動形リリーフ弁の動作原理

次に、パイロット作動形リリーフ弁の動作原理について詳しく述べます。図 5-5 は、パイロット作動形リリーフ弁が作動する前の安定した状態を図にしたものです。

この図のように、シリンダなどのアクチュエータが動作して、回路に油が正常に流れている状態では、パイロット作動形リリーフ弁は作動していないので、ポンプから吐き出された圧油は、リリーフ弁の圧力ラインを通ってシリンダ側の油圧回路へと導かれます。このとき、リリーフ弁の二次圧室には主弁のチョークを通じて圧油が導かれているので、二

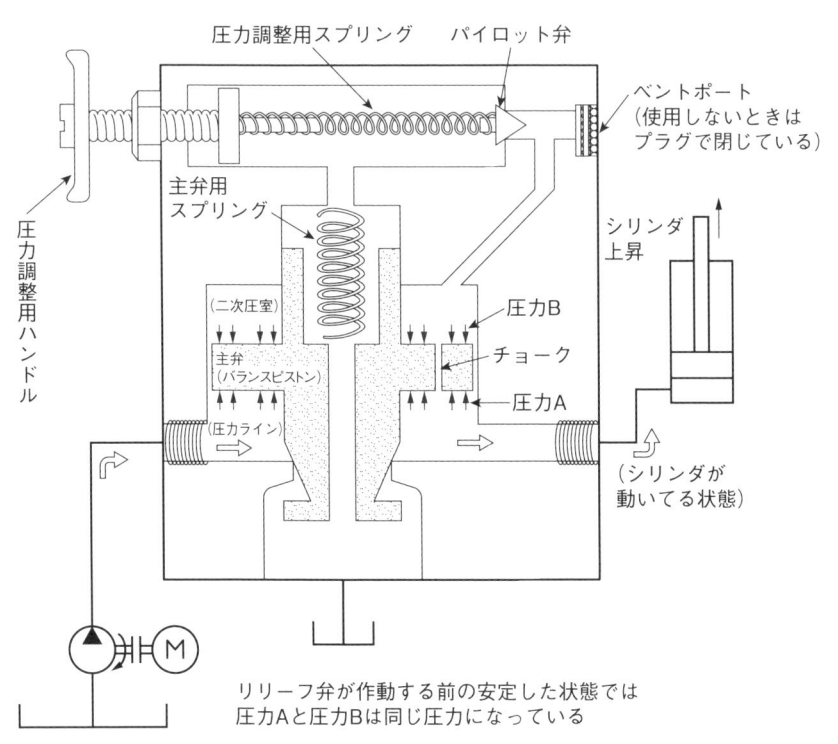

図 5-5 パイロット作動形リリーフ弁（作動前の状態）

リリーフ弁が作動する前の安定した状態では圧力Aと圧力Bは同じ圧力になっている

●実用編　油圧回路を構成する機器とその特徴

次圧室の圧力は圧力ラインの圧力と同じです。

　主弁はバランスピストンになっていて、圧力ラインと二次圧室から受ける受圧面積を同じにしてあります。そのため、圧力ラインと二次圧室から同じ圧力を受けると主弁のピストンにかかる力はバランスしていますが、主弁用スプリングの力の分だけ図の上から押す力が強くなるので主弁は閉じた状態になっています。

　シリンダが上昇端に達して、回路中へ流れる圧油がブロックされると、ポンプの吐出し圧はリリーフ弁の設定圧近くへ上昇します。

　すると、**図5-6**のようにパイロット弁が開き、最初にごくわずかの圧油が主弁の真中の孔を経由してタンクへ流れ出ます。その結果、主弁のピストンの受ける圧力Aの方が圧力Bよりも大きくなります。しか

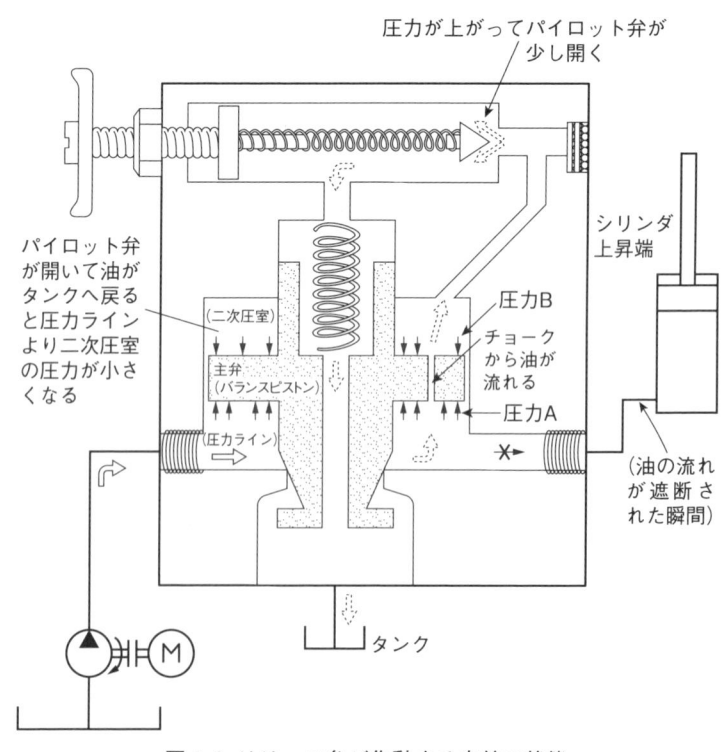

図5-6　リリーフ弁が作動する直前の状態

し、圧力差が主弁用スプリングの力に達していない状態では、主弁は閉じた状態を保持しており、また、この段階ではパイロット弁からタンクへ流れる圧油はごく少量です。この状態はポンプの吐出し量を回路で100％有効に使える圧力範囲であると見なしてさしつかえありません。

実際には、パイロット弁がわずかに開き、ごく少量の油がタンクに流れ始めると、主弁のチョークを経由して圧力ラインから二次圧室へ圧油の流れが起こりますが、チョークで流れが制限されているため圧力ラインと二次圧室に圧力差が生じます。しかし、パイロット弁の開度が小さいので流れる油はごく少量で圧力差も小さく、主弁用スプリングの力に達せず、主弁を押し上げることができないので主弁は閉じたままとなっています。

さらに、図5-7のようにポンプの吐出し圧がリリーフ弁の設定圧に近づいてほとんど設定圧力に達すると、次の順序で余った油がタンクに戻

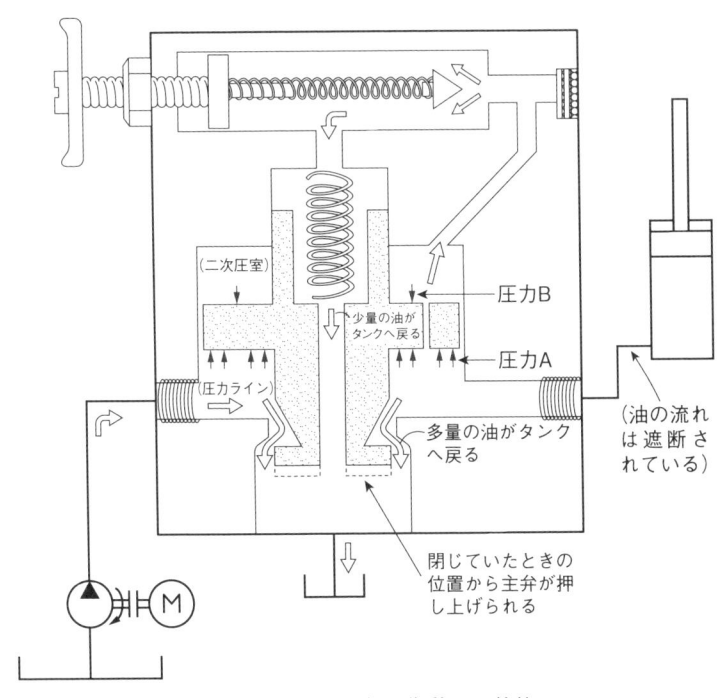

図5-7 リリーフ弁が作動した状態

ってきます。
① パイロット弁の開きが大きくなる。
② パイロット弁を通ってタンクへ流れ出る圧油の量が増す。
③ すると圧力ラインと二次圧室の圧力差が大きくなる。
④ 主弁の両面に受ける圧力バランスが大きくくずれる。
⑤ 圧力Aと圧力Bの圧力差による力が主弁用スプリングの力以上になる。
⑥ 主弁が開いてメイン流量がタンクへ戻る。

このような動作によって、パイロット弁が開いてから主弁が開くまでの圧力範囲分だけ直動形リリーフ弁に比べてポンプの吐出し量を回路で100%有効に使える圧力範囲が広くなります。しかし、パイロット作動形リリーフ弁の作動応答時間は直動形リリーフ弁より遅くなります。

パイロット作動形リリーフ弁の圧力-リリーフ流量特性を**図5-8**に示します。

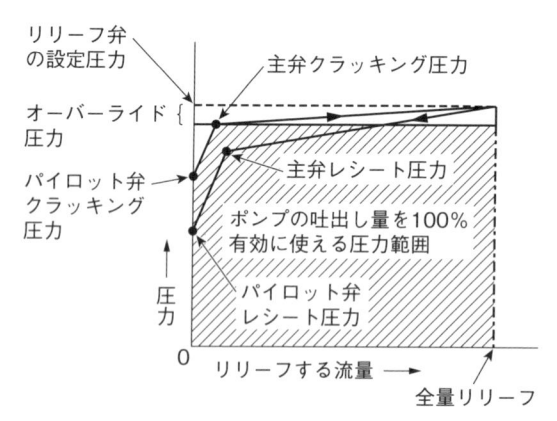

図5-8 パイロット作動形リリーフ弁の圧力-リリーフ流量特性

1. 圧力制御弁
1-2 減圧弁
二次側圧力を制限する

1 減圧弁の機能

減圧弁は、油圧回路の一部を安定した一定の圧力に制御するために使われます。減圧弁の一次側に高い圧力の圧油を与えると、二次側からは、一次側より低い一定の圧力の圧油が供給されます。このとき一次側圧力が変動しても二次側圧力は設定された一定の圧力に保持される構造となっています。

リリーフ弁との違いをモデルで表わしたものが図 5-9 です。

リリーフ弁は、回路が遮断されたときや異常圧力に対して、安全弁的な用途に頻繁に利用される圧力制御弁でした。すなわち、設定された最大圧力を超えるような圧力がリリーフ弁の圧力ポートにかかると、タンクに圧油を戻して流量や圧力を逃がすような構造になっていました。と

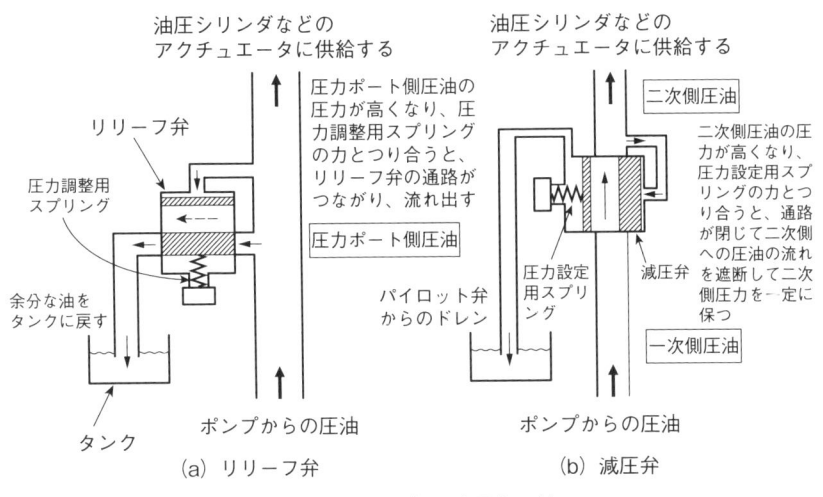

図 5-9 リリーフ弁と減圧弁の違い
(a) リリーフ弁
(b) 減圧弁

ころが、二次側の圧力変動をなくして、圧力を一定にするような機能は持っていません。

そこで、回路の一次側の高い圧力を減圧して、回路の二次側に安定した一定圧力を与えるはたらきをする圧力制御弁が減圧弁です。

減圧弁とリリーフ弁は、構造上よく似ていますが、リリーフ弁は定容量形ポンプの吐出し圧力のような回路圧力の最大値を設定して、その設定値以上に回路圧力が上昇しようとすると、リリーフ弁が開いて圧油をタンクへ戻して回路圧力の上昇を防ぐはたらきをしたのに対し、減圧弁は、回路の二次側に減圧した一定圧力を与えるものです。減圧弁で設定した圧力より高い圧力範囲で一次側圧力が変動しても二次側圧力は常に設定された一定の圧力の圧油が供給されます。

減圧弁は、二次側の圧力をパイロット圧力として主弁に導いているので、この弁の作動は一次側圧力には無関係で二次側圧力のみによって制御されています。

たとえば図5-10のように、減圧弁を複数付けると、圧力の異なる圧油を供給することができるようになります。一次側にはリリーフ弁が付

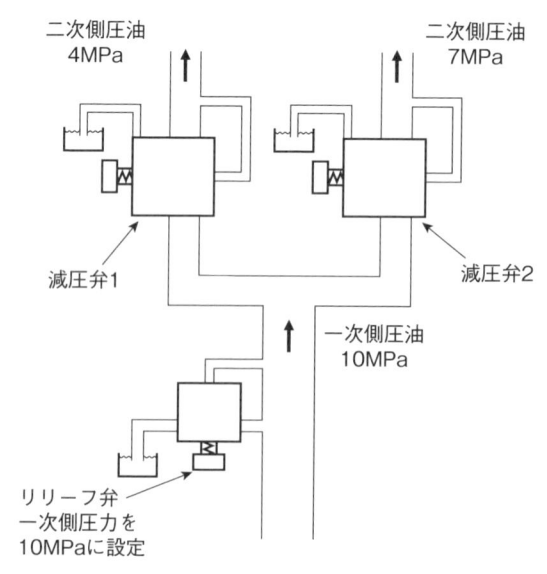

図5-10 減圧弁による複数の二次圧力回路

けてあります。これは、減圧弁が油の流れを遮断したときに一次側の油の行き場所がなくなるのを防ぐためです。一次側の圧力がリリーフ弁の設定圧力を超えたときに、一次側の余分な油はリリーフ弁によってタンクに戻すようにしておくわけです。

写真 5-3 のカットモデル写真を使って、減圧弁の動作を説明します。同じ減圧弁を裏から見た写真が**写真 5-4** です。

このカットモデル写真のように、逆止め弁（チェック弁）付きのもの

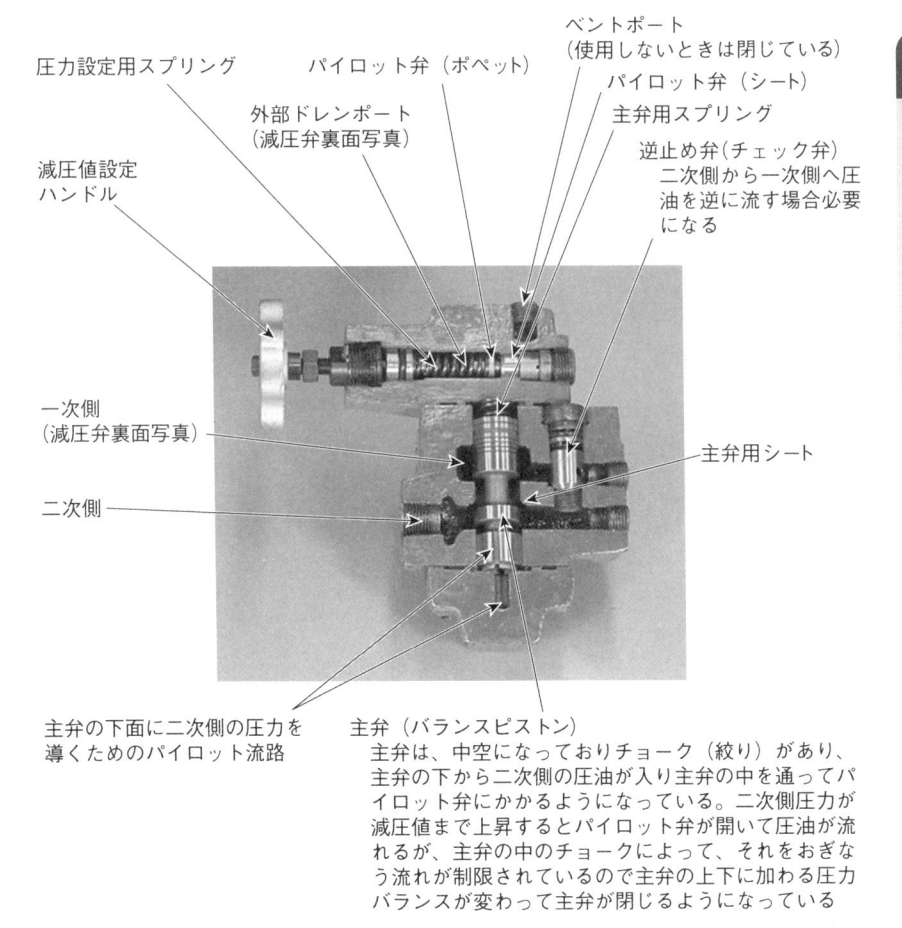

圧力設定用スプリング
パイロット弁（ポペット）
ベントポート（使用しないときは閉じている）
パイロット弁（シート）
外部ドレンポート（減圧弁裏面写真）
主弁用スプリング
減圧値設定ハンドル
逆止め弁（チェック弁）二次側から一次側へ圧油を逆に流す場合必要になる
一次側（減圧弁裏面写真）
主弁用シート
二次側
主弁の下面に二次側の圧力を導くためのパイロット流路
主弁（バランスピストン）
主弁は、中空になっておりチョーク（絞り）があり、主弁の下から二次側の圧油が入り主弁の中を通ってパイロット弁にかかるようになっている。二次側圧力が減圧値まで上昇するとパイロット弁が開いて圧油が流れるが、主弁の中のチョークによって、それをおぎなう流れが制限されているので主弁の上下に加わる圧力バランスが変わって主弁が閉じるようになっている

写真 5-3 減圧弁カットモデル正面写真（ダイキン工業製）

●実用編　油圧回路を構成する機器とその特徴

外部ドレンポート
パイロット弁が開いたときに圧油をタンクへ戻すためのもの
圧油がタンクへ戻らないと減圧しないので必ず確実に配管すること

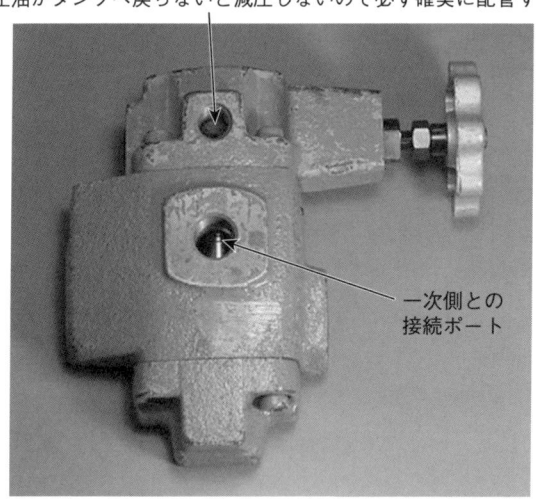

一次側との
接続ポート

写真 5-4　減圧弁カットモデル写真（裏面）

二次側の圧力をパイロットとして主弁に導いている

二次側(低圧)

一次側(高圧)

主弁（バランスピストン）
・二次側圧力が減圧値より低いときは、主弁は開いており一次側と二次側はつながっている
・二次側圧力が減圧値まで上昇すると、パイロット弁が開き圧油がタンクへ戻るので、主弁内部のチョーク(絞り)によって、それをおぎなう流れが制限されているので、主弁の圧力バランスが変わって、主弁を閉じ一次側と二次側は遮断され、二次側圧力は、減圧値に保たれる

圧力設定用スプリング
減圧値設定ハンドルを締めて、このスプリングの強さを強くすると、二次側圧力(減圧値)が上昇する

外部ドレン
パイロット弁が開いたときに、圧油をタンクへ戻すためのもの。確実に必ず配管しなければならない。もし、配管されてなかったり詰まったりして、圧油がタンクへ戻らないと減圧しない

パイロット弁
二次側圧力がパイロットとしてかかっており、パイロット圧が減圧値まで上昇するとパイロット弁は開いて圧油をタンクへ戻す

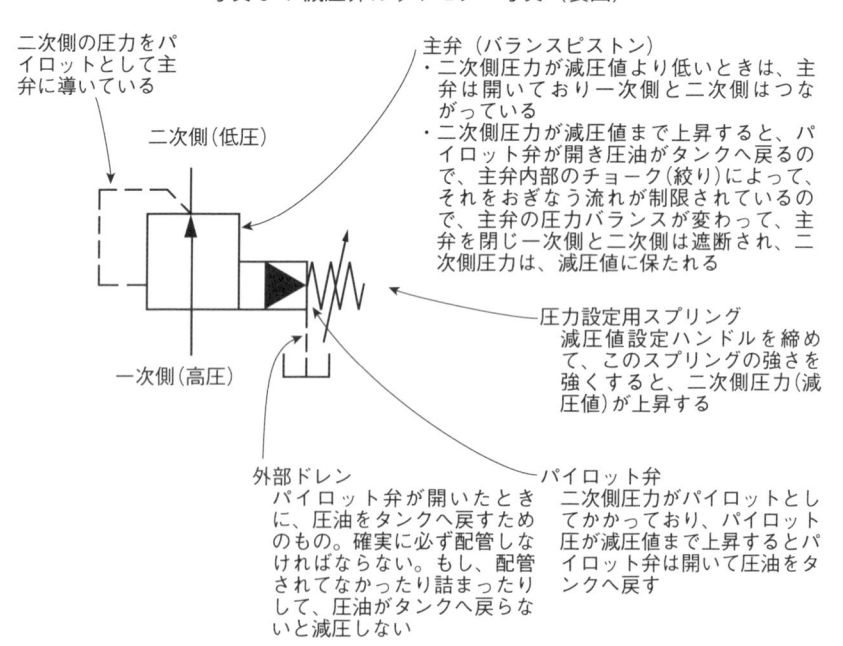

図 5-11　減圧弁の JIS 記号表示を使った動作説明

は二次側から一次側へ圧油を逆に流すことが可能です。図 5-11 に JIS 記号を示します。

2 減圧弁を使った安定した二次圧力の作り方

図 5-12 に減圧弁の構造を示します。

二次側の圧力は減圧値設定ハンドルを回して設定します。設定値の分だけスプリングが縮められ、パイロット弁が外部ドレンとの流路をふさぐ力を調節します。二次側圧力はパイロット圧力として主弁の下側に導かれ、チョークを通って、パイロット弁に作用しています。主弁はバランスピストンで上面と下面の受圧面積を同じになるように作られているので、パイロット弁が閉じていて油が流れていないときは、主弁にかかる圧力は上面と下面で同じになります。

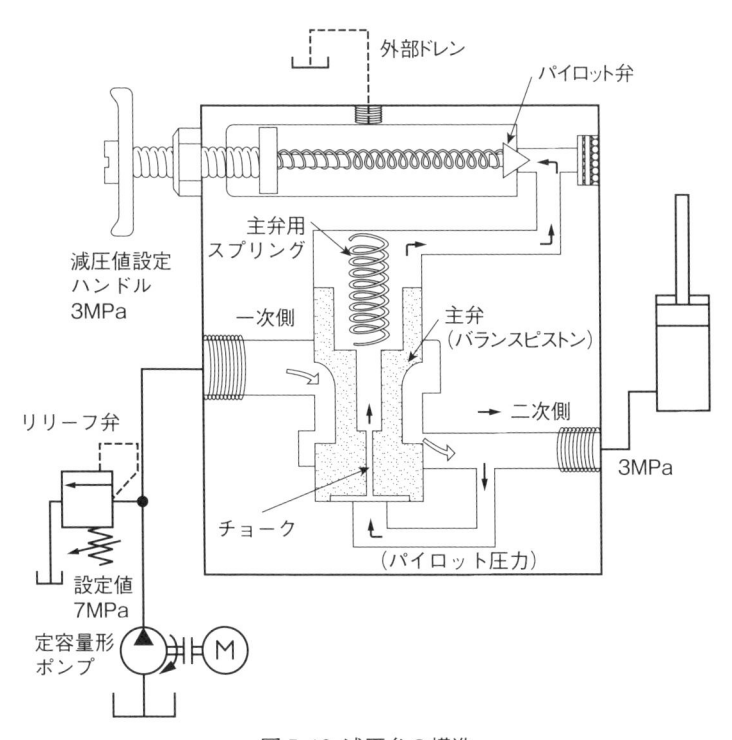

図 5-12 減圧弁の構造

パイロット圧力が設定圧力より低いときは主弁用スプリングの分だけ上から押される力が強くなり、主弁は下側に押し付けられるので、一次側と二次側の流路は開いて、一次側から直接二次側に圧油が流れ出します。

二次側圧力が上昇してパイロット圧力が設定圧力を超えるとパイロット弁が開き外部ドレンから圧油がタンクへ流れ出します。一方、主弁を流れる圧油はチョークを通るので、流れが制限されてチョークの前後で圧力差を生じ、主弁の上面側はドレンに直結するので圧力は低くなり、主弁は上に押し上げられます。その結果、一次側と二次側の流路が遮断され、二次側圧力はそのときの圧力に保持されます。

また、二次側圧力が設定圧力より下がるとパイロット弁が閉じて、主弁の上面と下面の圧力が同じになり、主弁は主弁用スプリングで下に押し下げられるので、一次側と二次側の流路が開いて圧油が流れ始めます。

このように、減圧弁は二次側圧力をパイロット圧力として取り出し、二次側圧力の変動により油の流れを制御しています。

なお、減圧するために余分な圧油はドレンとしてタンクへ戻していますので、確実にドレンをタンクに戻すために、外部ドレンを使った外部配管にする必要があります。外部ドレン配管の内径が細すぎると必要以上に背圧が立ったり、ゴミが詰まったりすると、減圧ができなくなったり、不安定になったりするので注意が必要です。

2. 方向制御弁
2-1 シート形式とスプール形式 — 方向制御弁の原理

　方向制御弁は、管路内の油の開閉や逆流防止、その解除などに使用されるもので、逆止め弁（チェック弁）、パイロット操作逆止め弁、方向切換弁などに分類されます。また、その動作形式によって、シート形式とスプール形式に分けられます。

1 シート形式方向制御弁

　図 5-13 はシート形式の方向制御弁の例です。通常の状態では、IN から入った油がポペットを右から左側に押し付けてシート部を閉じているので油は流れません。ピストンの左側のパイロットラインに IN 側の油圧を導くと、ピストンの受圧面積 b の方がシート部の受圧面積 a より大きいのでポペットを右側へ動かして、IN 側から OUT 側へ油を流すことができます。このように、ポペットを使って弁の開閉を行う方式をシート形式と呼んでいます。シート形式は、ポペットの開閉に油圧を使うので操作力が大きく、シート部の形状が油漏れの生じにくい構造になっているのが特徴です。

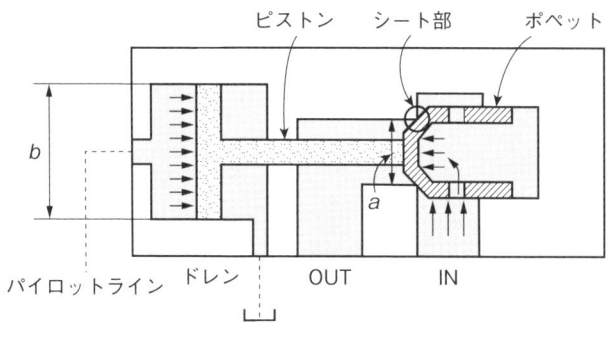

図 5-13 シート形式方向制御弁

●実用編　油圧回路を構成する機器とその特徴

2 スプール形式方向制御弁

シート形式では、弁を開閉するのに大きな操作力が必要になります。この弁を開閉する操作力を小さくするために考えられたのが図 5-14 のスプール方式です。IN から入った油によってスプールの内側に作用する力はスプールの右側、左側とも同じになっています。スプールの両端の①、②はつながっています。通常はタンクラインになっており、スプールにかかる力のバランスは完全にとれているので、スプールを動かすために必要な力は、スプールのしゅう動抵抗に打勝つ程度の小さいものでよいことになります。

このように、スプール形式では弁を開閉するための操作力は小さくてすみますが、スプールがしゅう動するために弁本体とスプールの間にごくわずかなすき間があり、圧力差があると、その部分からわずかに油漏れが生じることになります。

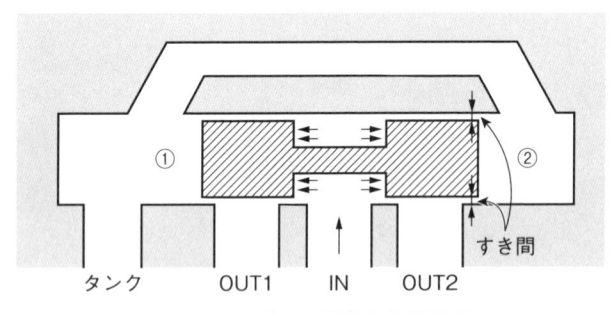

図 5-14　スプール形式方向制御弁

3 スプールのしゅう動部の構造

方向制御弁にかぎらず、スプールが入っている機器ではスプールのしゅう動部に図 5-15 のように円周方向に溝が必ず入っています。

スプールを加圧保持したままにしていたり、長期間使用しないでいたりすると、スプールの自重などでスプールと弁本体の穴の一部が密着して円周に対するすき間が不均一になりスプールにかかる圧力が不平衡に

均一なすき間　溝　スプール　弁本体

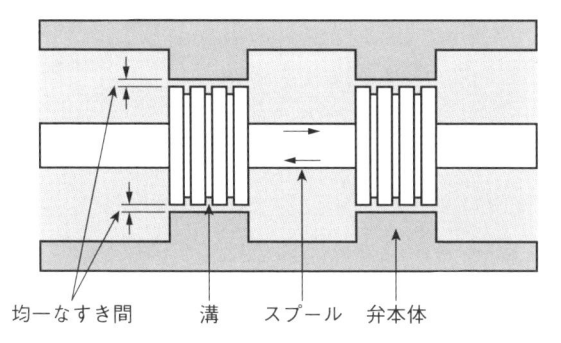

図5-15 スプールのしゅう動部の溝

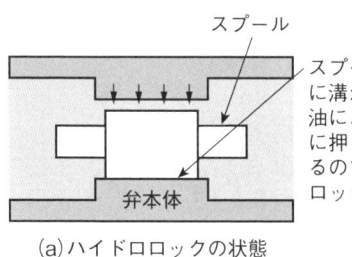

スプール

スプールの円周に溝がないと圧油により弁本体に押し付けられるのでハイドロロックが起きる

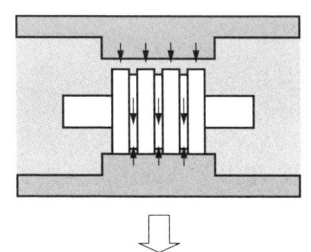

弁本体

(a) ハイドロロックの状態

スプールの円周に溝を通って円周方向に流れ、円周に対して均一に圧力がかかるようになる

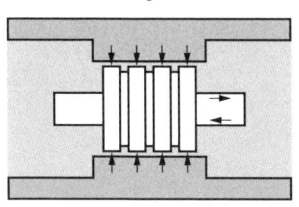

溝を通って円周方向に流れた圧油は、円周に対して均一に圧力をかけるのでスプールが動くようになる

(b) スプールの溝の効果

図5-16 スプールのしゅう動部の溝のはたらき

油圧制御弁

なってスプールが動かなくなることがあります。この現象を流体固着現象（ハイドロロック）といいます。スプールのしゅう動部の溝は、このハイドロロックを防止するためのものです。

スプールと弁本体の穴の一部が密着しても図 5-16 のように、この溝を圧油が通ってスプールの円周に均一に圧力がかかるので円周方向にすき間ができてスプールはスムーズに動くようになります。

2. 方向制御弁 2-2　流れを一方向に限定する　逆止め弁

■ 逆止め弁（チェック弁）の構造と特性

逆止め弁は別名チェック弁と呼ばれ、インラインタイプとアングルタイプがあります。それぞれの構造と特徴について述べましょう。

逆止め弁は一方向の流れを自由に流し、反対方向の流れを防止する弁です。逆流防止のために内部漏れの少ないシート形式が使われています。

図 5-17 のように、インラインタイプは油の流入・流出口が一直線上にあり、アングルタイプは油の流入・流出口が直角になっているものをいいます。基本的な機能は同じですが、インラインタイプは自由流れがポペットの内部を通らなければならないので必要流量を確保するためにポペットの圧油通過穴が大きくあけてあります。その分ポペットの強度がアングルタイプに比べ弱いので、作動頻度の激しい所（シリンダラインなど）ではアングルタイプを用いる方が良いことが多いようです。

アングルタイプはポペットが開けば自由流はそのまま流れます。ポペットにあける圧油通過穴は、逆流した圧油がポペットを押してシート部を閉じるためだけに必要なので小さくなっています。

(a) インラインタイプチェック弁

(b) アングルタイプチェック弁

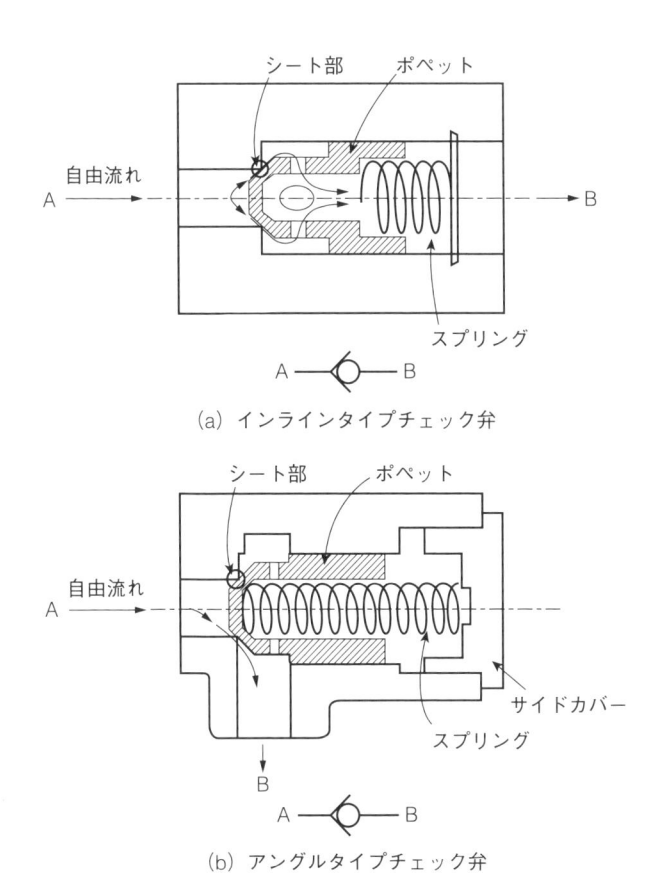

図 5-17 逆止め弁（チェック弁）

　方向 A から B に油を流す自由流れのときの逆止め弁の動作を見てみましょう。ポペットはスプリングで押されているので、A 側の圧油がこのスプリング力以上になったとき、ポペットが開き始め、油が逆止め弁を通過しはじめます。このときの圧力をクラッキング圧力といいます。

　逆止め弁のクラッキング圧力の設定は製品によってまちまちです。低いもので 0.004［MPa］位から高いもので 1［MPa］位まであるので、目的に合ったものを選定して使うことになります。

　写真 5-5 にアングルタイプチェック弁の外観を示します。

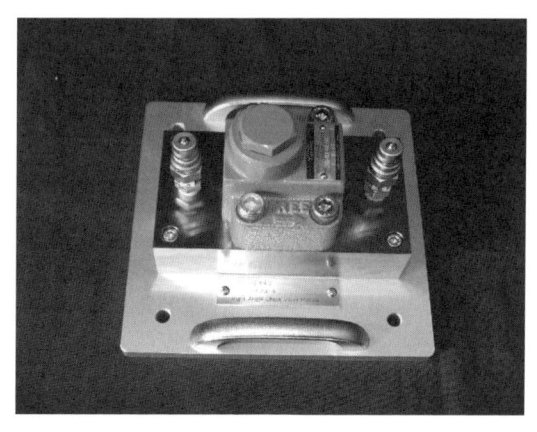

●実用編　油圧回路を構成する機器とその特徴

写真 5-5　アングルタイプチェック弁の外観（新興技術研究所製）

2 逆止め弁を使った安全回路

通常の逆流防止用として使用する逆止め弁は、クラッキング圧力が 0.035〜0.05［MPa］位のものを使用します。クラッキング圧力が極端に低いもの（0.004〜0.02［MPa］位）は、油を A 側から B 側に吸うような自吸弁のはたらきをさせるときなどに使用されます。また、クラッキング圧力が極端に高いもの（0.35〜1［MPa］位）は、それだけの圧力が立っているので、その圧力を切換弁の作動用パイロット圧力などに利用することがあります。

また、クラッキング圧力が高い逆止め弁は、タンクラインに入っているラインフィルタに並列に接続して、フィルタが目詰まりしたときに通過抵抗が高くなってフィルタが破損するのを防ぐ、バイパスの抵抗弁として、フィルタ保護回路にも使用されています（図 5-18）。

逆止め弁は、方向 B から A には油が流れないので B 側の圧力は伝達されず保持されています。

この特性を用いて、図 5-19 のように逆止め弁をポンプ保護用に使用することもあります。

回路中で発生するサージ圧力や、アクチュエータが外部から受ける異常な力によって発生する圧力がポンプ吐出し圧力より高い場合、逆流し

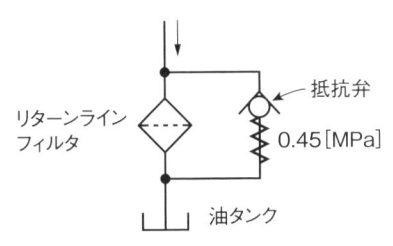

図 5-18 逆止め弁（抵抗弁）を使ったフィルタ保護回路

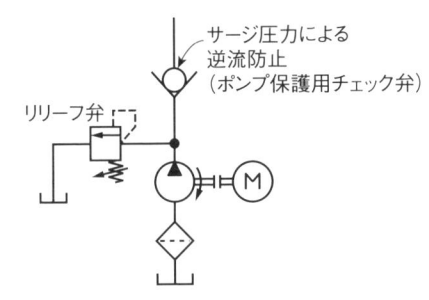

図 5-19 逆止め弁を使ったポンプ保護回路

てポンプを逆回転させる力がかかり、ポンプやモータなどを破壊する恐れがあります。そこで、逆止め弁を入れて流量と圧力の逆流を防止します。

逆止め弁は、これ以外にもシリンダの位置保持やクランプシリンダのクランプ圧力保持などに応用されています。

ちなみに、サージ圧力は、流体の流れを切換弁などで急激に変化させたときに流体の運動エネルギーが圧力エネルギーに変わるために、急激な圧力変動が起こることに起因するものです。正確にはこの急激な圧力変動の最大値をサージ圧力といいます。

3 パイロット操作逆止め弁（パイロットチェック弁）の動作原理

パイロット操作逆止め弁（パイロットチェック弁）は、逆止め弁（チェック弁）に外部パイロット圧力によって逆流方向に逆止め弁を強制的に開くことができるパイロットスプールを付加させた弁です。この弁

●実用編　油圧回路を構成する機器とその特徴

は、シリンダやモータなどの出力軸の位置保持やクランプ機構のクランプ圧力などの圧力保持に使用されます。

シリンダの位置保持やクランプシリンダのクランプ圧力保持にパイロット操作機能のない逆止め弁を使用すると、位置保持や圧力保持はできますが、再度シリンダを動かすために逆流させる必要が出てきても、逆

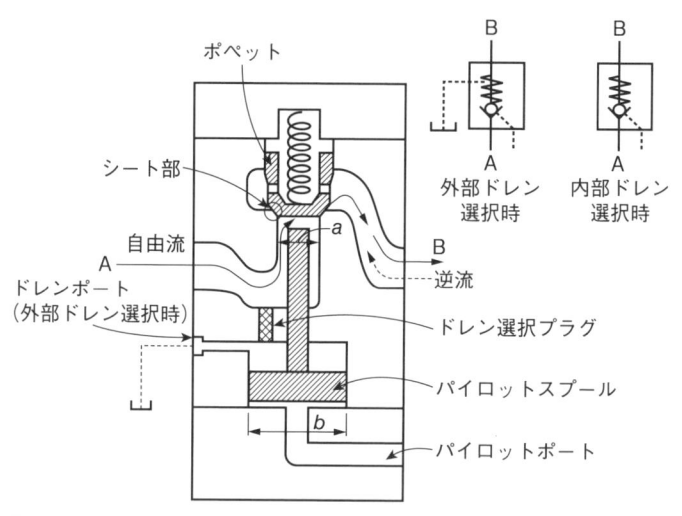

図 5-20 パイロット操作逆止め弁（パイロットチェック弁）の構造

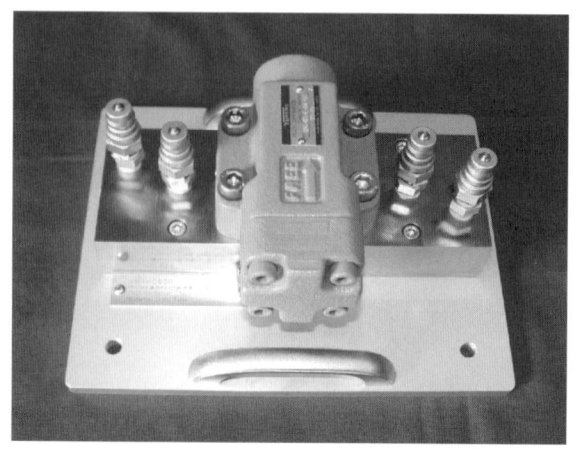

写真 5-6 パイロット操作チェック弁の外観

流できずシリンダを動かせないということになります。

このような用途には、**図 5-20** のような構造のパイロット操作逆止め弁を使用します。**写真 5-6** にその外観を示します。

図中 A から B へ圧油を流すときは、逆止め弁と作動は全く同じですが、B から A に圧油を逆流させるときは、パイロットポートに外部からパイロット圧力をかけ、その圧力でパイロットスプールを動かしてポペットを押し上げてシート部を開き、圧油を B から A へ逆流させます。一般的に、ポペットを上から押してシート部を閉じる圧力の方が、パイロット圧力より大きいので、シート部の受圧面積 a よりパイロッ

自由流れの方向を示す矢印
（この写真は裏面なので、表面の写真では、自由流の方向は逆になる）

逆止め弁（ポペット）

逆止め弁（シート）

自由流　逆流　逆流　自由流

ⓐ

(a) 表面　　(b) 裏面

パイロットスプール（逆止め弁を押し上げて圧油を逆流させる）

パイロットポート（パイロットスプールの下面に外部パイロットを導くためのポート）

外部ドレンポート（パイロットスプールは、しゅう動するのでしゅう動すき間から漏れた油がⓐの部分に溜ると、油は圧縮しないので、パイロットスプールを押し上げようとパイロットポートからパイロット圧がかかっても、パイロットスプールは動かなかったり、完全に上昇しきれなかったりして、作動が不安定になるので、ⓐの部分に漏れる油を専用の配管でタンクへ抜くためのポート）

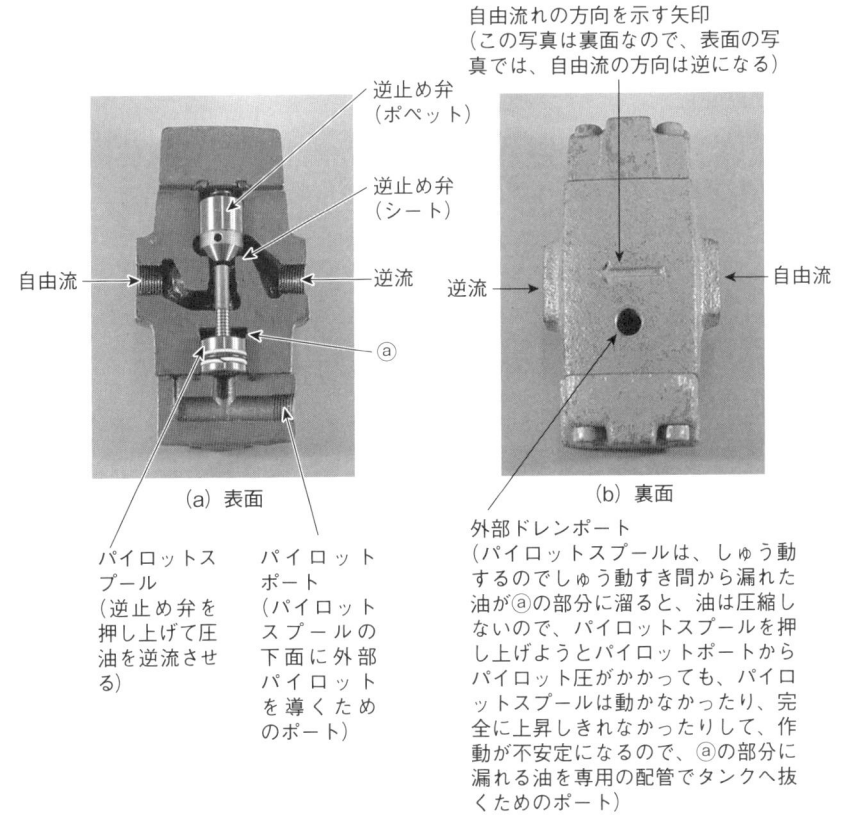

写真 5-7 パイロット操作逆止め弁の構造（ダイキン工業製）

トスプールの受圧面積 b を大きくして、パイロット圧力が低くてもポペットを押し上げられるように設計してあります。この受圧面積の比は、$a:b=1:2～1:5$ 程度のものが多いようです。パイロット圧力はシート部を閉じる圧力の 1/2～1/5 位で逆流が可能ということになります。逆流させるために必要な最低パイロット圧力は製品カタログなどで確認して使用します。

また、図 5-20 の場合、ドレン選択プラグをはずしてドレンポートを閉じることにより内部ドレンを選択することができます。

この選択プラグを装着してドレンポートをタンクに配管すると外部ドレンになります。外部ドレンは専用の配管でタンクへ油を抜く方法ですが、配管コストがかかります。内部ドレンの場合、配管コストはかかりませんが、選択プラグをはずして A ラインに圧油を抜くのでパイロットスプールが作動するときは、必ず A ラインがタンクへつながって背圧が立っていない（パイロットスプール室の圧力より低い）状態でなければなりません。

外部ドレンを使用するか内部ドレンを使用するかは、油圧回路の組み方によって変わってきますが、これについては後述します。

写真 5-7 はパイロット操作逆止め弁のカットモデル写真を使って構造

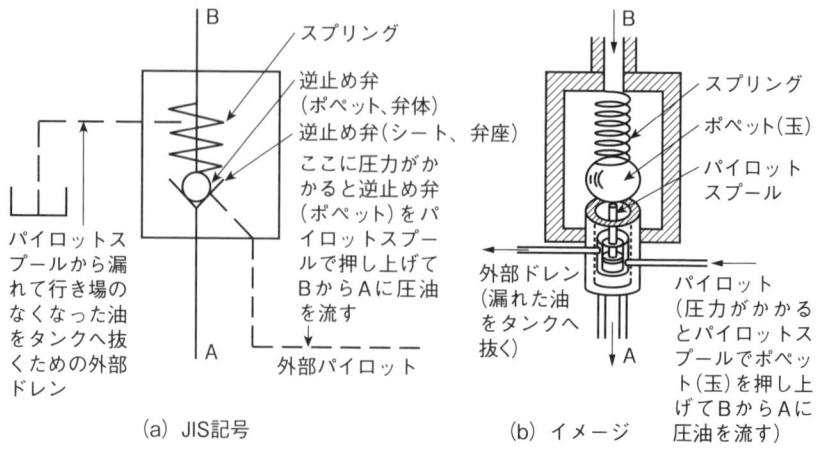

図 5-21 パイロット操作逆止め弁（パイロットチェック弁）の JIS 記号

を解説したものです。

図 5-21 にパイロット操作逆止め弁の JIS 記号とその動作イメージを示します。通常は、B から A には油が流れませんが、外部パイロットに圧力がかかると、逆止め弁（ポペット）をパイロットスプールで押し上げて B から A に圧油を流します。外部ドレンは、パイロットスプールから漏れて行き場のなくなった油をタンクへ抜くための流路です。

2. 方向制御弁
2-3 方向切換弁
流路を切り換える

1 方向切換弁を使ったシリンダの制御方法

方向切換弁は、管路の開閉やアクチュエータの操作を行うために使用されるものです。前述したように方向制御の方法としてはほとんどのものがスプール形式を使っています。この方法は流路が比較的大きくとれ、スプールを動かすための外部操作力が小さくてよいのが特徴です。

ここで、片ロッドの複動シリンダを前進・停止・後退することを考えてみましょう。このためにはシリンダへ油を供給するライン（A または B ポート）と、シリンダから油を排出するライン（B または A ポート）、ポンプから圧油を供給するライン（P ポート）、排出油をタンクへ戻すライン（T ポート）の 4 つの配管が必要となります。

図 5-22 に切換弁の前進、停止、後退の切換え状態を示します。(a) では P → A と B → T に油が流れ、(b) では油の流れが止まっていて、(c) では逆に P → B と A → T に油が流れます。

図 5-23 は、図 5-22 の 3 つの切換え状態を 1 つの弁にまとめたもので、一般に切換え状態のことを位置と呼んでいます。この弁は位置が 3 つあり、それを 1 つの弁にまとめているので 3 位置弁と呼んでいます。

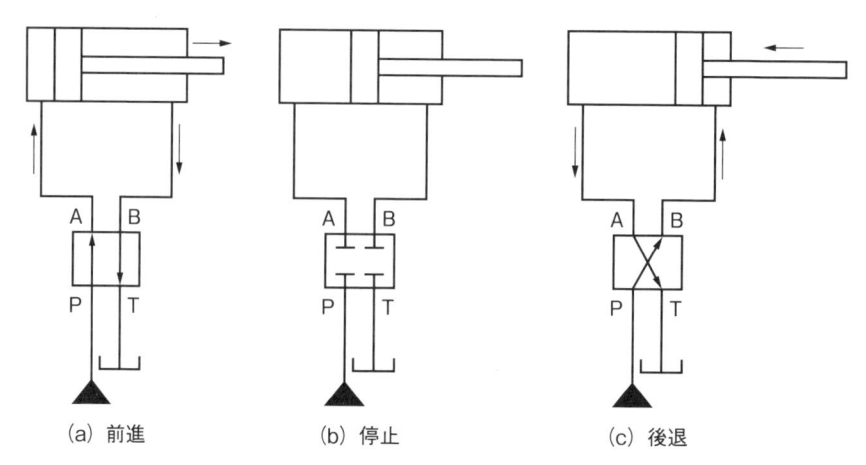

●実用編　油圧回路を構成する機器とその特徴

(a) 前進　　　　　(b) 停止　　　　　(c) 後退

図5-22　シリンダを作動させるための切換え状態

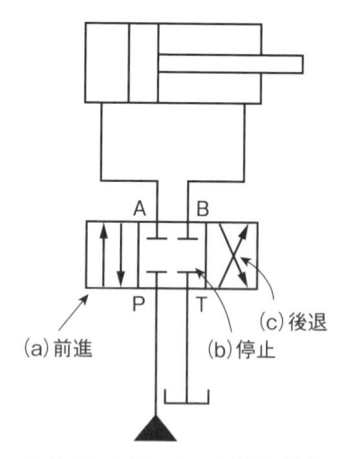

(a)前進　(b)停止　(c)後退

図5-23　4ポート3位置切換弁

　また、油が出入りするポートはA、B、P、Tポートの4つあるので4ポート弁とも呼んでいます。そこで、この切換弁は4ポート3位置切換弁と呼ばれています。**写真5-8**には手動操作方式の4ポート3位置切換弁の外観を示します。これは、レバーを使って位置を手動で切り換えるようになっていますが、ソレノイドを使って切り換える電磁操作方式や油圧の力を使ったパイロット操作方式などもあります。

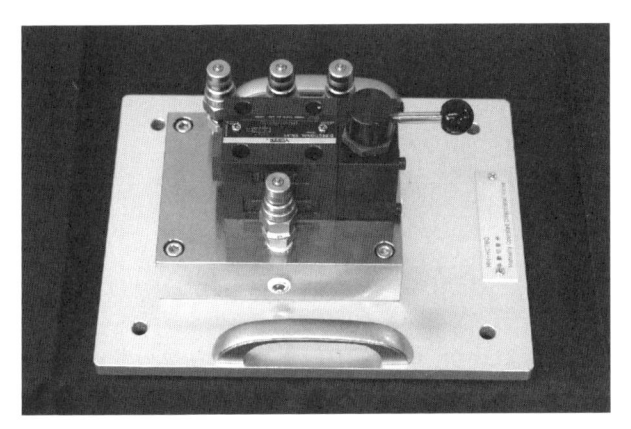

写真5-8 4ポート3位置切換弁（手動操作方式）の外観例

2 スプールの動作による管路切り換えの仕組み

前項で述べた方向切換弁について、具体的にスプールが動作したときの流れが切り換わる仕組みを解説します。

図5-24は、スプール切換部のそれぞれの状態を示したものです。まず停止の状態（a）を見ると、ポートはP、T、A、Bの4つでスプールがすべてのポートをブロックして油が流れない状態を示しています。

次にスプールを右へ押すと前進の状態（b）になります。PポートとAポートがつながり、BポートとTポートがつながって油はP→AとB→Tへ流れます。逆にスプールを左へ押すと後退の状態（c）になりPポートとBポートがつながり、AポートとTポートがつながって油はP→BとA→Tへ流れます。この操作力を与える方法には手動操作方式、機械操作方式、電磁操作方式、パイロット操作方式、電磁パイロット操作方式などがあります。また、電磁操作方式などで操作したスプールを電気を切ったときに自動的に元の位置に戻す復帰方法はスプリングリターン方式が一般的です。

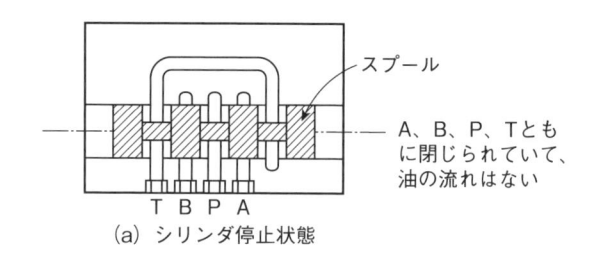

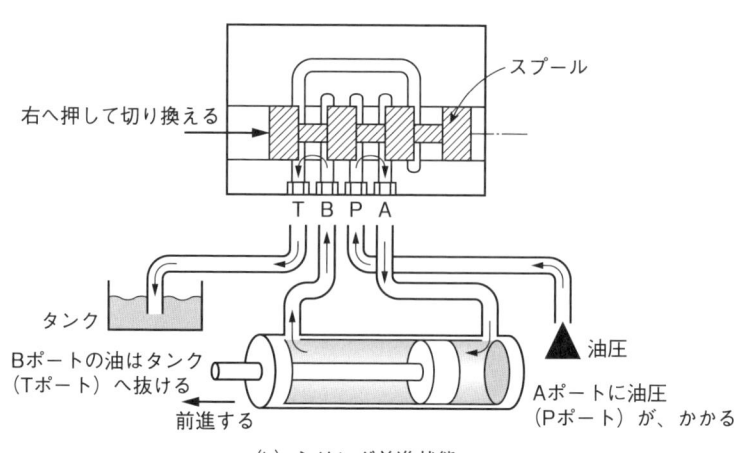

●実用編　油圧回路を構成する機器とその特徴

(a) シリンダ停止状態

スプール

A、B、P、Tともに閉じられていて、油の流れはない

(b) シリンダ前進状態

右へ押して切り換える

スプール

タンク

Bポートの油はタンク（Tポート）へ抜ける

前進する

油圧

Aポートに油圧（Pポート）が、かかる

(c) シリンダ後退状態

スプール

左へ押して切り換える

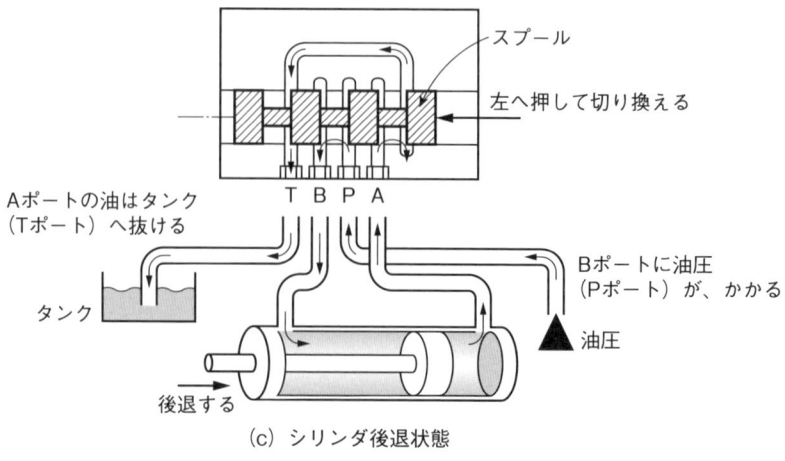

Aポートの油はタンク（Tポート）へ抜ける

タンク

Bポートに油圧（Pポート）が、かかる

油圧

後退する

図5-24　スプール切換部の状態とシリンダの動作

2. 方向制御弁 2-4	電磁力で流路を切り換える **電磁方向切換弁（電磁操作弁）**

1 電磁方向切換弁

　手動操作弁では、油の流れる流路をレバーでスプールを動かして切り換えたのに対し、電磁操作弁では、レバーの代わりに電磁石（ソレノイド）を用いてスプールを動かして方向制御を行います。電気回路と組み合わせて自動制御が簡単にできるので、油圧装置では最も多く使用されている切換弁です。写真5-9は、4ポート3位置電磁切換弁で、スプリングリターン方式になっているものです。

　電磁方向切換弁は非常に種類が多く、切換位置（切換状態のこと）、ポート数（切換弁の油の出入りする接続口数のこと）、スプールの形状、切換方法で分類されます。

　図5-25には、代表的な4ポート・3位置・オールポートブロック・スプリングセンタ・電磁操作弁のJIS記号とその説明を示します。図の

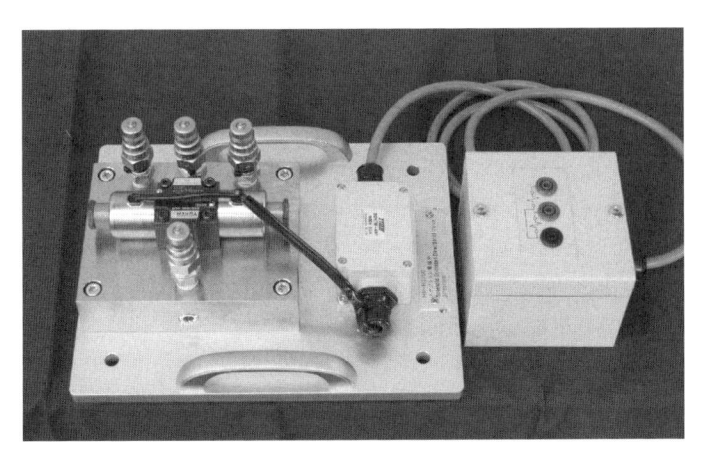

写真5-9　4ポート3位置電磁切換弁（スプリングリターン方式）の例

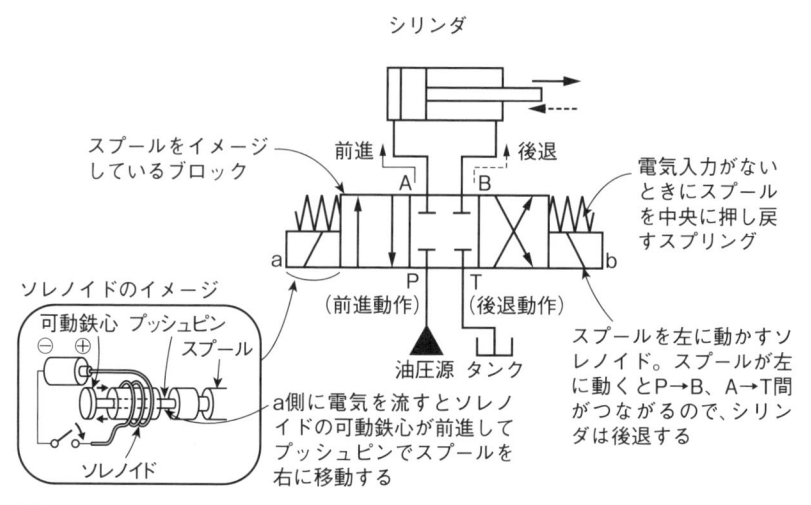

● 実用編　油圧回路を構成する機器とその特徴

図5-25　4ポート・3位置・オールポートブロック・スプリングセンタ・電磁操作弁のJIS記号

　中ほどにあるブロックがスプールで、両端にスプリングと電磁石（ソレノイド）が付いていることを表わしています。スプールは3つの箱に分かれていて、箱の中の線は管路を表わしています。中央の箱はすべてのポートが行き止まりになっているので、油の流れはすべて停止します。左側の箱の管路はストレートで、右側の箱の管路はクロスになっています。

　ここで、a側の電磁石に通電すると、ブロックは右に動いて前進動作と書いてあるブロックが中央位置まで移動します。すると、ストレートの方向に油を流す管路ができるので、PポートがAに、TポートがBに接続されることになります。Aポートに圧油がかかるとシリンダは前進します。電磁石に電気入力がないときにはスプリングの力でスプールは中央に戻されて、すべてのポートは閉じられます。

　一方、b側の電磁石に通電すると、ブロックは左に移動してクロスの管路ができるので、PポートがBに、TポートがAに接続されることになります。Bポートに圧油がかかるとシリンダは後退します。

　この電磁弁は、A、B、P、Tの4ポート、3つの箱を持つ3位置、中央の箱で、全ポートを閉じるオールポートブロック、スプリングで中央

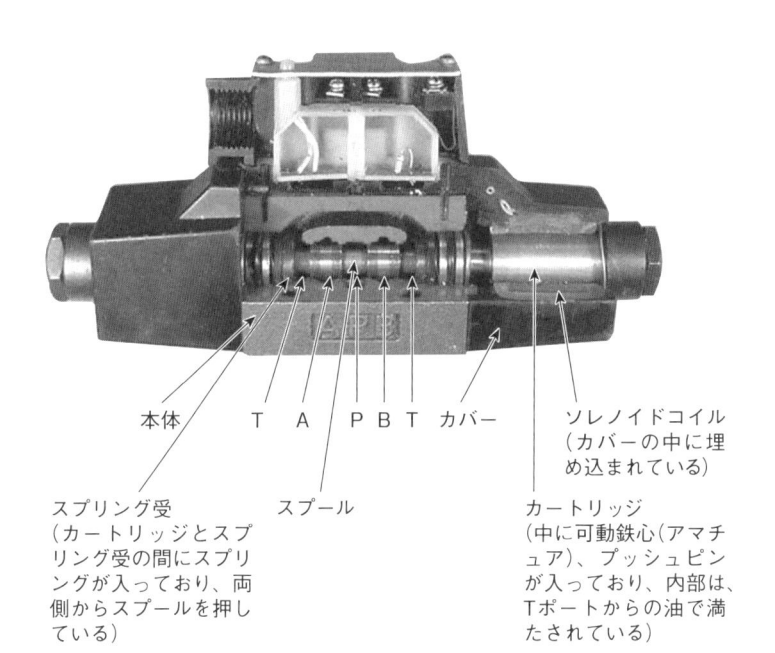

本体　　　T　A　P B T　カバー　　　　ソレノイドコイル
　　　　　　　　　　　　　　　　　　　　（カバーの中に埋
　　　　　　　　　　　　　　　　　　　　め込まれている）

スプリング受　　　　スプール　　　　　　カートリッジ
（カートリッジとスプ　　　　　　　　　　（中に可動鉄心（アマチ
リング受の間にスプ　　　　　　　　　　　ュア）、プッシュピン
リングが入っており、両　　　　　　　　　が入っており、内部は、
側からスプールを押し　　　　　　　　　　Tポートからの油で満
ている）　　　　　　　　　　　　　　　　たされている）

(a) ウェットアマチュア形の構造

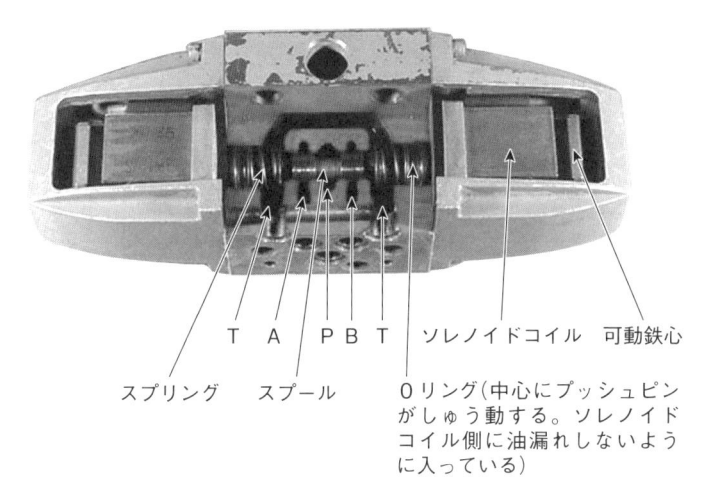

　　　　　　　T　A　P B T　　ソレノイドコイル　可動鉄心

スプリング　スプール　Oリング（中心にプッシュピン
　　　　　　　　　　　がしゅう動する。ソレノイド
　　　　　　　　　　　コイル側に油漏れしないよう
　　　　　　　　　　　に入っている）

(b) ドライアマチュア形の構造

写真 5-10　電磁操作弁のソレノイド構造（ダイキン工業製）

5　油圧制御弁

131

●実用編　油圧回路を構成する機器とその特徴

に戻るスプリングセンタ、電磁石で動作する電磁操作弁の機能を持った弁であることがわかります。

電磁操作弁のソレノイドの構造にはウェットアマチュア形とドライアマチュア形があります。**写真 5-10** にそれぞれの構造を示します。

ウェットアマチュア形は油浸形とも呼ばれ、電磁石の可動鉄心（アマチュア）が油中で作動する弁です。可動部が油中にあって、全体をケースで完全にシールすることができるので油漏れが少ないのが特長です。ドライアマチュア形は開放形とも呼ばれ、大気中で可動鉄心が動作するので応答性はウェットアマチュア形より良いのですが、可動部のOリングによるシール部分から油漏れを起こしやすくなります。

2 スプール形状の違いによる中立位置状態の違い

切換弁の本体の形状は同じでも、スプールの形状を変えることで3位置弁の中立位置の状態（P・T・A・Bポートのつなぎの状態）を換えることができます。このうち、よく利用される4つの中立位置の状態について解説します。

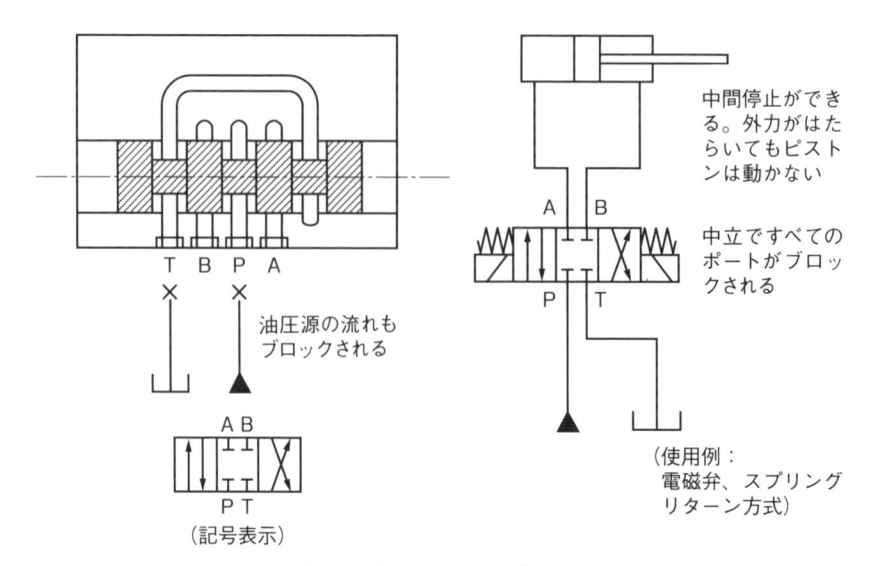

図 5-26　オールポートブロック

図 5-26 は P、T、A、B の 4 つのポートすべてをブロックするのでオールポートブロックといいます。これはシリンダを中間停止するときなどに使用します。A、B ポートがブロックされているので、外力がシリンダにはたらいてもシリンダは動きません。また、P ポートがブロックされていて P ポートは圧力（リリーフ設定圧）が発生しているので、ポンプ圧力を他のシリンダなどに利用することも可能です。

図 5-27 は、P、T、A、B の 4 つのポートすべてがつながるのでオールポートオープンと呼ばれています。A、B ポートが T ポートとつながっているのでシリンダ（アクチュエータ）は、外力で動かすことができます。また、P ポートも T ポートとつながっているのでポンプ圧油はタンク側にアンロードしています。

図 5-28 は A、B、T の 3 つのポートがつながっているので ABT 接続といいます。P ポートのみがブロックされているのでプレッシャポートブロックといわれることもあります。A、B ポートと T ポートがつながっているので、シリンダ（アクチュエータ）は外力で動かすことができます。また、P ポートがブロックされているのでポンプ圧力を他の回路

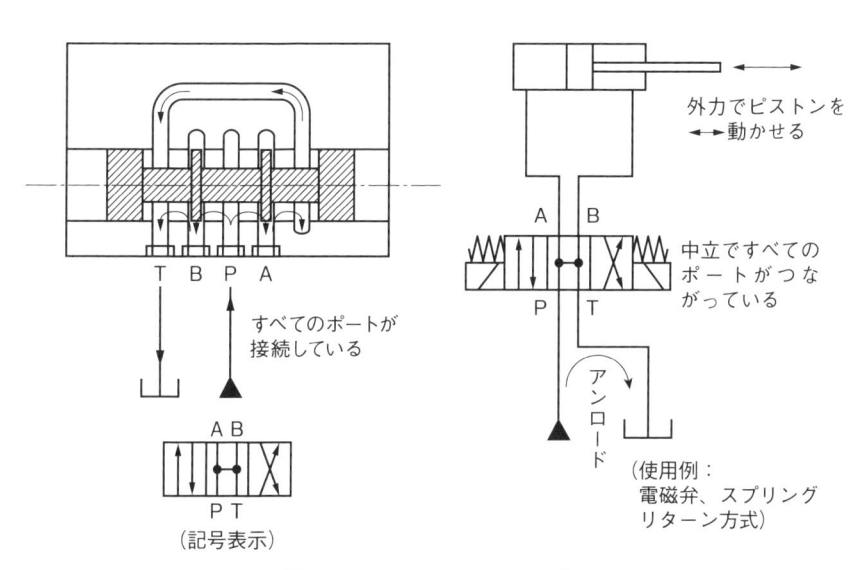

図 5-27 オールポートオープン

●実用編　油圧回路を構成する機器とその特徴

Pポートのみ
ブロックされる

外力でピストンを
動かせる

中立でPポート
のみブロックされる

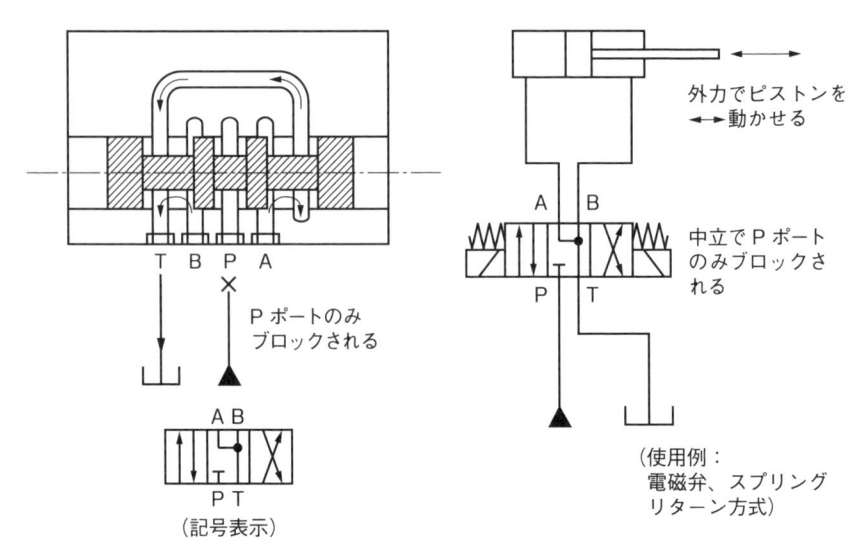

（記号表示）

（使用例：
電磁弁、スプリング
リターン方式）

図 5-28 ABT 接続（プレッシャポートブロック）

A、Bポートがブロックされ P、Tポートが接続されるので、油圧源からの油はタンクに戻される
（アンロード）

中間停止ができる。外力が働いてもピストンは動かない

中立でA、Bポートがブロックされる

アンロード

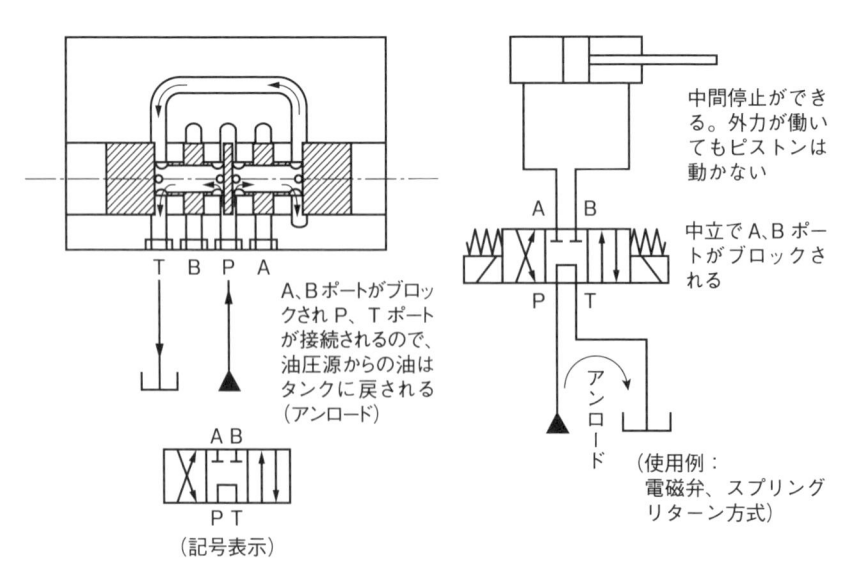

（記号表示）

（使用例：
電磁弁、スプリング
リターン方式）

図 5-29 PT 接続（センターバイパス）

に利用することもできます。

　図 5-29 は、P、T の 2 つのポートがつながっているので PT 接続（センターバイパス）といいます。A、B ポートがブロックされているのでシリンダの油はどこにも逃げないので外力がシリンダにはたらいてもシリンダは動きません。また、P ポートと T ポートがつながっているので、ポンプ圧油はタンク側にアンロードしていて効率が良いのですが、P ポートと T ポートはスプール内部（中空スプール）でつながっていて、同じサイズの他のバルブの半分程度の流量しか流せないので注意が必要です。また、スプールが中空なので切換状態も他のバルブと逆で、右にスプールが動くと P → B、A → T、左にスプールが動くと P → A、B → T になります。記号表示も他のバルブと左右が逆になります。

●実用編　油圧回路を構成する機器とその特徴

3. 流量制御弁
3-1　速度を制御する
一方向絞り弁（スロットル&チェックバルブ）

　流れの断面積を減少させて作動油の通路内に抵抗を持たせて流量を調節する機構を絞りといいます。絞り弁は圧油の流路の断面積を調整する弁です。

　一方向絞り弁（スロットル&チェックバルブ）は、一方向の流れの流量だけを制御して逆方向の流れは自由流れとなるように、可変絞りと逆止め弁を組み合わせたものです。可変絞りは、**写真5-11**の上部にある流量調整ハンドルの回し具合で、絞り量を調整するようになっています。

　図5-30には一方向絞り弁の詳細図を示します。油がINからOUTに流れるときに流量制御される絞り部は、ゆるいテーパか細いV字形の

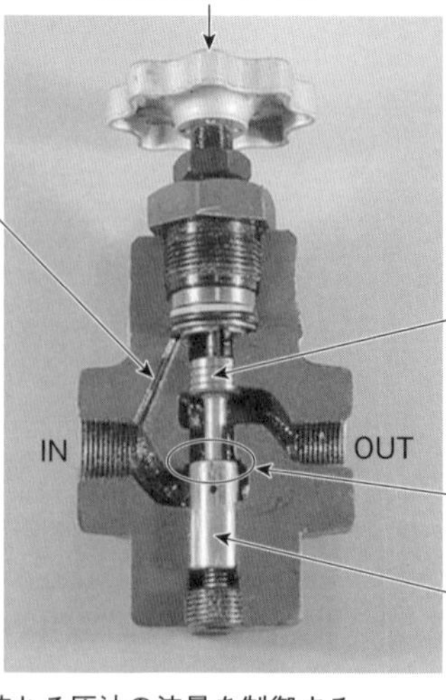

油圧バランス用穴

（圧油をスプールの上面にかけ、逆止め弁の下から押し上げる圧油の力に対抗させ圧力バランスをとることにより、流量調整ハンドルを回す力を軽減する）

流量調整ハンドル

スプール

IN　　　OUT

絞り部

逆止め弁

INからOUTに流れる圧油の流量を制御する
OUTからINに流れる圧油の流量は制御されず、自由流れとなる

写真5-11　一方向絞り弁（スロットル&チェックバルブ）の構造（ダイキン工業製）

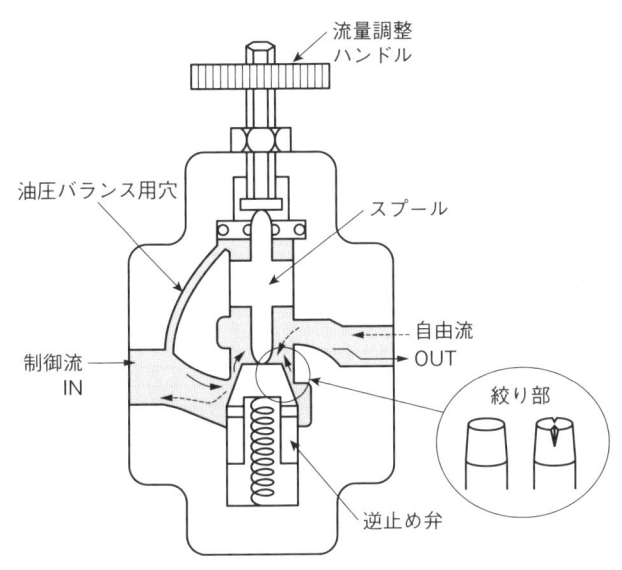

図 5-30 一方向絞り弁（スロットル＆チェックバルブ）

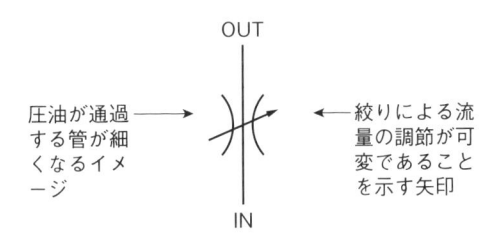

図 5-31 可変絞り弁の JIS 記号

管路を細くすることで流れ出る圧油の流量を制御する構造になっている。INからOUTに流れる圧油の流量もOUTからINに流れる圧油の流量も制御される

溝が切ってあり、微少流量の調整をしやすくしてあります。

　逆に油が OUT から IN に流れるときは、逆止め弁が押し下げられて自由に流れます。また、ハンドルを回しやすくするために、油圧バランス用穴より圧油をスプール上部に導いて、スプールの上下にはたらく力をバランスさせています。

　図 5-31 に可変絞り弁の JIS 記号を示します。単なる可変絞り弁はこ

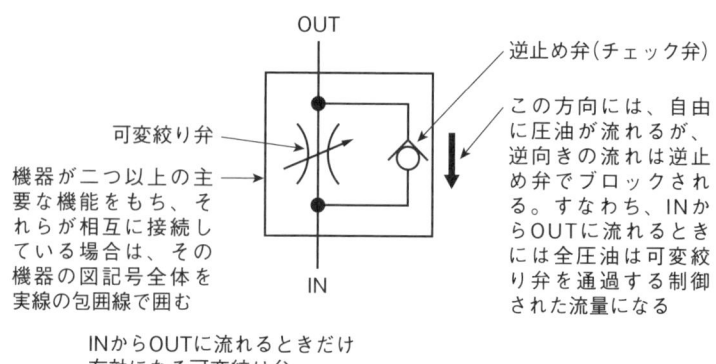

●実用編　油圧回路を構成する機器とその特徴

逆止め弁（チェック弁）

可変絞り弁

機器が二つ以上の主要な機能をもち、それらが相互に接続している場合は、その機器の図記号全体を実線の包囲線で囲む

この方向には、自由に圧油が流れるが、逆向きの流れは逆止め弁でブロックされる。すなわち、INからOUTに流れるときには全圧油は可変絞り弁を通過する制御された流量になる

INからOUTに流れるときだけ有効になる可変絞り弁

図 5-32　一方向絞り弁の JIS 記号

の図のように、OUT 側から IN 側に流れるときも、IN 側から OUT 側に流れるときも同じ絞りが適用されます。図 5-32 の一方向絞り弁の JIS 記号をみると、IN 側から OUT 側に流れるときには逆止め弁が閉じて油を通さなくするので絞り弁の流路だけを通過し、逆に OUT 側から IN 側に流れるときには、逆止め弁が開放になって、自由に油が通過できるように表現されています。

3. 流量制御弁　3-2　圧力差を考慮した流量制御

流量調整弁（フローコントロールバルブ）

■1 流量制御弁の効果と動作原理

一方向絞り弁や一般的な絞り弁の効果は、基礎編で説明した、絞り（オリフィス）を流れる流量の式で算出できます。図 5-33 のようなオリフィスを油が通過するときの流量 (Q) は、絞りの前後の差圧 (P_1-P_2) の平方根に比例するというものでした。すなわち、このような固定した

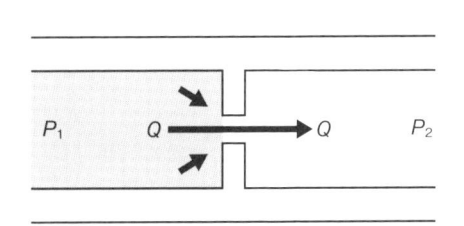

$$Q = C \cdot A \sqrt{\frac{2(P_1-P_2)}{\rho}}$$

Q ：通過流量 [cm³/s]
A ：オリフィスの断面積 [cm²]
ρ ：流体の密度 [kg/cm³]
C ：流量係数（縮流係数とも言う）
P_1：オリフィス入口の圧力 [MPa]
P_2：オリフィス出口の圧力 [MPa]

図5-33 オリフィスを流れる流量の変化

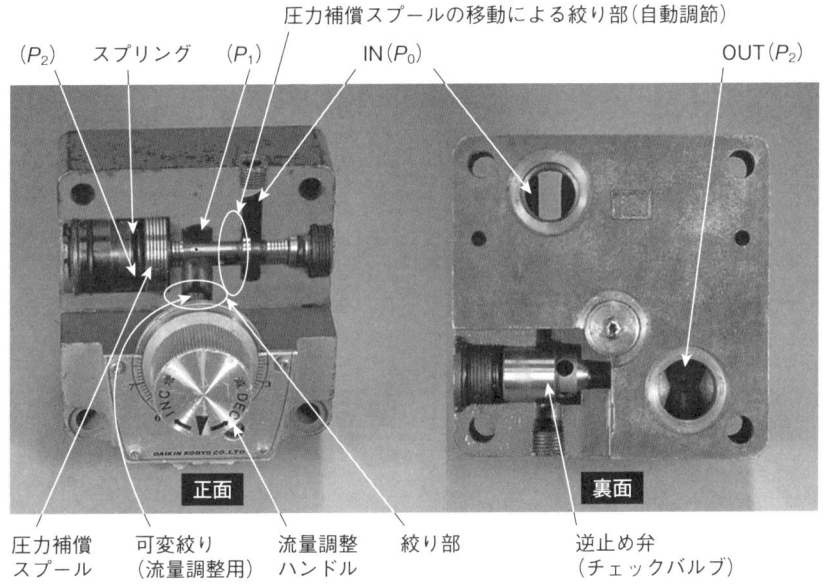

写真 5-12 逆止め弁付流量調整弁の構造（ダイキン工業製）

絞りでシリンダなどのアクチュエータの速度制御をした場合には、負荷の変動などによって絞りの前後の圧力差が変わると、絞りを通過する流量が変化して、アクチュエータの速度が変わってしまうことになります。3-1項で述べた絞り弁は、一度絞り量を設定したらそこで固定されるようになっているので、圧力変化による速度変動が起こります。

このような速度変動を避ける必要がある場合には、差圧補償機構を持つ流量調整弁（フローコントロールバルブ）を使います。**写真 5-12** は

●実用編　油圧回路を構成する機器とその特徴

可変絞りを設定したときより差圧(P_1-P_2)が大きくなると、圧力補償スプールが右へ動いて（図5-37では逆の左へ動く）圧油を減らして差圧(P_1-P_2)を設定値に保つ

可変絞り（流量調整用）

逆止め弁（チェック弁）

流量調整スプール（可変絞り・オリフィス）を設定したときより、差圧(P_1-P_2)が小さくなると圧力補償スプールが左へ動いて（図5-37では、逆の右へ動く）圧油を増して、差圧(P_1-P_2)を設定値に保つ

圧力補償スプール　スプリング

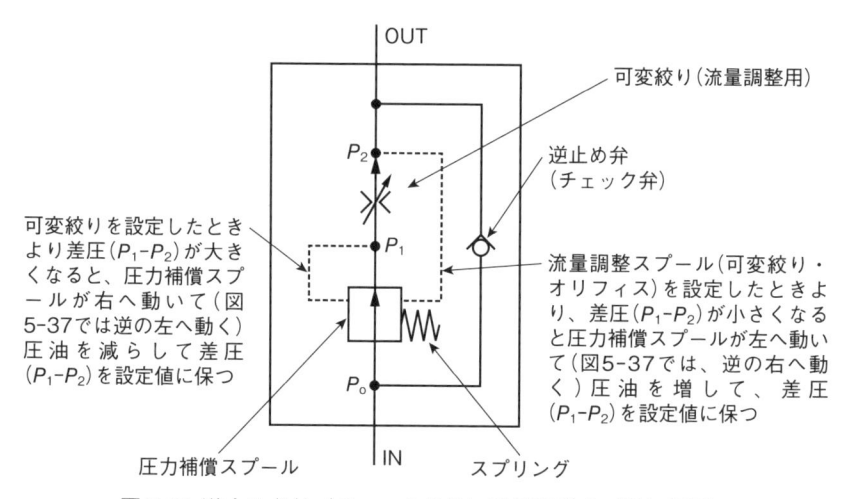

図5-34　逆止め弁付（チェック弁付）流量調整弁（詳細記号）

可変絞り（オリフィス）

圧力補償スプール

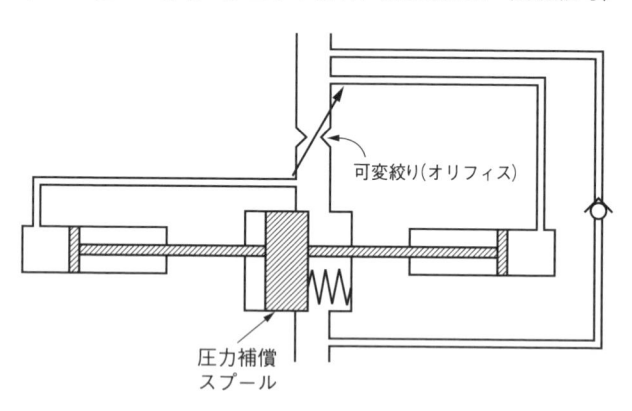

図5-35　流量調整弁のイメージ

逆止め弁付流量調整弁の断面構造です。

　この流量調整弁は、負荷変動によって圧力が変動しても弁内部の絞りの前後の差圧は常に一定に保たれるようになっていて、絞りを通過する流量を一定にすることができるようになっています。その動作を詳細記号を使って説明したものが**図5-34**です。

　流量調整弁では、OUT側の圧力(P_2)が高くなると圧力補償スプールがより開く方向に動いて、圧力(P_1)を高くして、差圧(P_1-P_2)を小さ

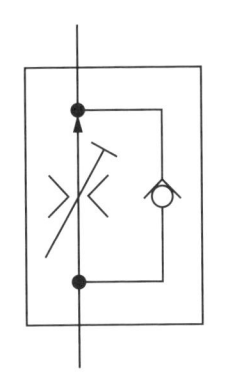

図5-36 逆止め弁付（チェック弁付）
流量調整弁のJIS記号

くするように動作するので流量が一定に保たれます。

したがって、負荷が変動して圧力が変化してもシリンダなどのアクチュエータ速度は一定に保たれることになります。

図5-35に流量調整弁のイメージを、図5-36にJIS記号を示します。

流量調整弁は別名、圧力補償形流量制御弁といわれているように、この弁の前後の圧力差に変動があったときに、この弁内部の絞りの前後の圧力差を一定にする差圧補償機構を持っています。この作用によって、この弁を通過する油の通過流量を常に一定にすることができるようになります。

2 流量調整弁の構造と実際の動作

図5-37に逆止め弁付流量調整弁の構造を示します。

流量制御する油は、INから入って圧力補償オリフィスを抜け、可変絞りを通って、OUTへと流れます。

ここで可変絞りに入る手前の圧力P_1は、小穴を通して圧力補償スプールのA_2とA_3の受圧面積に作用しています。可変絞りを通過した側の圧力P_2は、圧力補償スプールのA_1の受圧面積に作用しています。

そこで、力のバランスを考えてみると、図5-38のようにスプールを右に押す力は、スプリング力Fと圧力P_2が受圧面A_1に作用する力で、

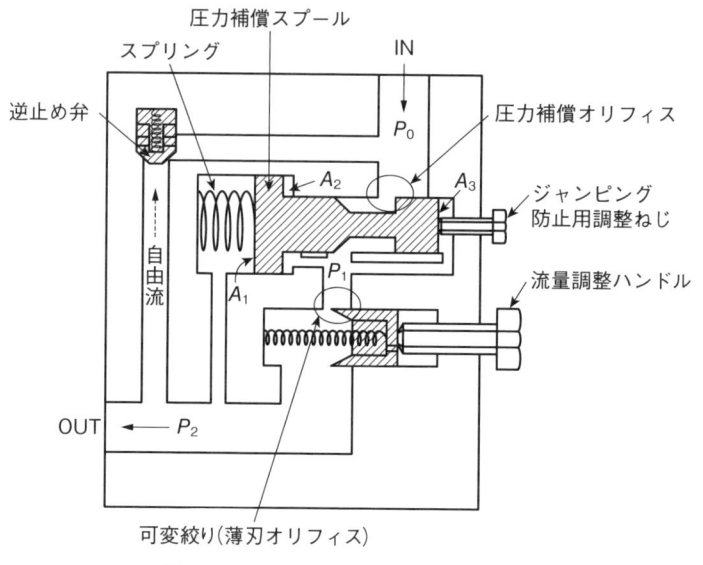

●実用編　油圧回路を構成する機器とその特徴

図5-37　逆止め弁付流量調整弁の構造

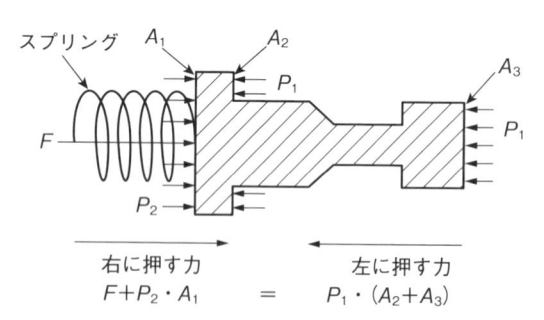

図5-38　圧力補償スプールに作用する力のバランス

$F+P_2 \cdot A_1$ となります。

スプールを左に押す力は、圧力 P_1 が面積 A_2、A_3 に作用する力で $P_1 \cdot (A_2+A_3)$ となります。圧力補償スプールは、ある位置でバランスしているとするとこのスプールの左、右にかかる力が等しくなり、(5.1)式のようになります。

$$F+P_2 \cdot A_1 = P_1 \cdot (A_2+A_3) \qquad \cdots\cdots(5.1)$$

ここで、$A_1=A_2+A_3$ となるようにスプールが設計されていると、

142

$F = A_1 \cdot (P_1 - P_2)$ ですから、

$$P_1 - P_2 = \frac{F}{A_1} \qquad \cdots\cdots\cdots (5.2)$$

となり、可変絞りの前後の差圧 $P_1 - P_2$ は F/A_1 となって、スプリング力 F とスプールの面積 A_1 だけで決まる一定値になります。

よって、圧力補償スプールは常に絞りの前後差圧が F/A_1 になる位置でバランスすることになります。F/A_1 の設定値は機種によって異なりますが、0.2～1.0MPa 程度になるように流量調整弁のメーカーで設計されているのが一般的です。そこで、この弁を使用して良好な圧力補償を得るために、P_0 と P_2 の差圧は最低でも 1MPa を超えるようにしておきます。

つまり、図5-37で流入側圧力 P_0 が上昇すると、P_1 も上昇します。そして $P_1 - P_2$ が F/A_1 より大きくなると、圧力補償スプールは左に動き、結果として圧力補償オリフィスの開度が狭くなって可変絞りの流入量が減り、圧力 P_1 が低くなり $P_1 - P_2$ が F/A_1 に保たれるようになります。

逆に、この弁の流出側圧力 P_2 が上昇して、$P_1 - P_2$ が F/A_1 より小さくなると、圧力補償スプールは右へ動き、結果として圧力補償オリフィスの開度が広くなって可変絞りの流入量が増え、圧力 P_1 が高くなって、$P_1 - P_2$ は F/A_1 に保たれます。

要するに、可変絞りで流量を調整して決定すると、あとは P_0 や P_2 が変化しても $P_1 - P_2 = F/A_1$ になるように、この弁の中で自動的に圧力補償スプールが動くので、可変絞りの差圧は常に F/A_1 になって流量が一定に保たれるのです。

また、図5-37 の逆止め弁付流量調整弁の圧力補償オリフィスの右側に付いているジャンピング防止用調整ネジは、初期のシリンダの飛び出しを防止するためのものです。たとえばオールポートブロックの切換弁がセンタにあって、全く油が流れていない状態では圧力補償スプールはスプリング力のみによって右側に寄せられています。この圧力補償オリフィスが全開の状態で油圧をかけた瞬間には、圧力補償スプールがバラ

ンスするまでの時間遅れの影響で、多量の油が流れてシリンダが飛び出す恐れがあり危険です。そこで、あらかじめ回路で使用する流量近くまで、そのネジを締め込んで圧力補償スプールを左へ移動させ、圧力補償オリフィスを絞っておくことでシリンダの飛び出しを防止することができます。

　この構造図では、可変絞りは薄刃オリフィスになっていて、作動油の温度変化による粘度変化の影響を受けにくい温度補償タイプになっています。

4. 多機能圧力制御弁
4-1 シーケンス弁 — 順序制御に対応した多機能弁

1 シーケンス弁

シーケンス弁は、シリンダなどのアクチュエータの順序動作を電気を使わずに制御する弁です。このシーケンス弁は主弁(スプール)を開閉することにより一次側から二次側へ圧油を流したり、遮断したりしてアクチュエータなどを制御します。

主弁を開閉するために、主弁の一方をスプリングで押し、もう一方に制御弁の外からの油圧(外部パイロット)をかけて対抗させています。外部パイロットによって主弁を押す力よりスプリングが主弁を押す力(スプリング力)の方が大きいと主弁は閉じます。パイロット圧が上昇して外部パイロットによって主弁を押す力がスプリング力より大きくな

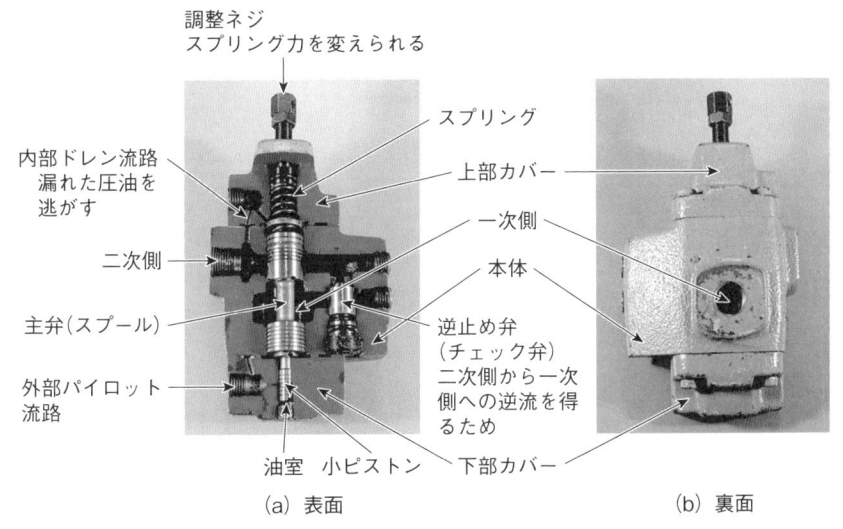

(a) 表面 (b) 裏面

写真5-13 形式4逆止め弁付カウンタバランス弁の構造(ダイキン工業製)

ると主弁は開きます。この主弁が開くときのパイロットの圧力をクラッキング圧力といいます。

このように、シーケンス弁は主弁を介してスプリングと外部パイロットが対抗する直動形になっています。

写真5-13のカットモデル写真を見てわかるように、外部パイロットは直接主弁を押すのでなく小ピストンを介して主弁を押しています。外部パイロットの作用する受圧面積を小さくすることにより、外部パイロットによって主弁を押す力を小さくしているのです。このことにより、対抗するスプリングを小さくすることができます。また、外部パイロットを小ピストンの横から入れて、小ピストンの下に油室をつくり、ダンパの役目をさせていることと、対抗する力を制限していることはチャタリングを防止するためにも役立っています。このため、この弁はハイドロクッション形バルブとも呼ばれています。

2 シーケンス弁の組み替えと分類

写真5-14のように、このシーケンス弁は本体と上部カバー、下部カバーの3つの部分に分けられ、それぞれの組み付け方を替えることによって機能の変更ができるようになっています。

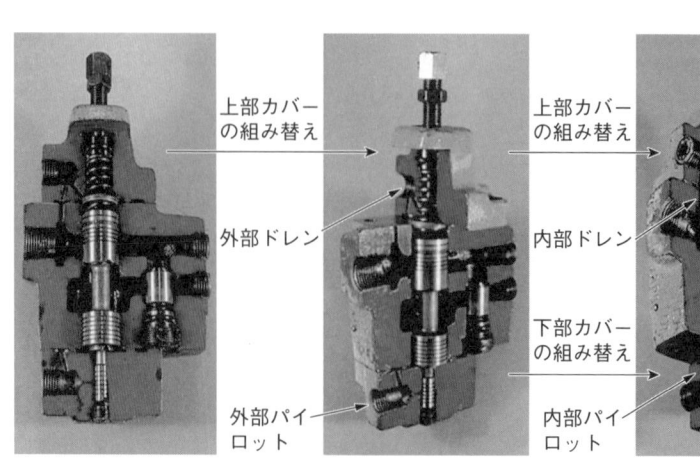

写真5-14 上部カバーと下部カバーの組み替えによる機能の変更

具体的には、下部カバーの組み付ける向きで内部パイロットと外部パイロットの選択ができ、上部カバーの組み付ける向きで外部ドレンと内部ドレンを選択できます。同じシーケンス弁でも、パイロットとドレンの組み合わせによって機能の異なる形式1から形式4までの4形式の弁に分類できます。さらに、逆止め弁付のものと逆止め弁無しのものの2種類があり、それぞれ異なった名称で呼ばれています。

❸ 逆止め弁無しシーケンス弁

逆止め弁無しのシーケンス弁は、上部カバーと下部カバーの組付方によって機能の異なる4種類の弁に分類されます。この分類を**表5-1**に示します。

たとえば、シーケンス弁の形式1のタイプは、一次側をポンプライン、二次側をタンクラインとつなぐと、直動形リリーフ弁のはたらきをします。ただし、主弁が上にスライドして弁が開くのでスライドする分、直動形リリーフ弁に比べて応答性が遅れます。

参考までに直動形リリーフ弁との構造の比較を**図 5-39**に示します。

それぞれの形式の機能については、この後で詳細に解説します。

❹ 逆止め弁付シーケンス弁

逆止め弁付シーケンス弁も上部カバーと下部カバーの組み替えで4種類の異なる機能を持つ弁に変更することができるようになっています。

この組み合わせによって、**表5-2**のように機能の異なる4形式の弁に分類でき、それぞれ名称が異なります。

シリンダの順序作動などの本来のシーケンス弁としてのはたらきには形式2や形式3のタイプがよく使用されます。

形式2の逆止め弁付シーケンス弁のJIS記号による説明を**図5-40**に示します。

❺ シーケンス弁による順序制御の仕組み

電磁弁や電気信号を使うのではなく、油圧機器だけを使って複数のア

●実用編　油圧回路を構成する機器とその特徴

表 5-1 逆止め弁無しシーケンス弁の分類

形式	名称	パイロット圧力	ドレン	構造	JIS記号
1	リリーフ弁	内部	内部		
2	シーケンス弁（内部パイロット）	内部	外部		
3	シーケンス弁（外部パイロット）	外部	外部		
4	アンロード弁	外部	内部		

※JIS記号においては、内部ドレンは表示されないので注意する

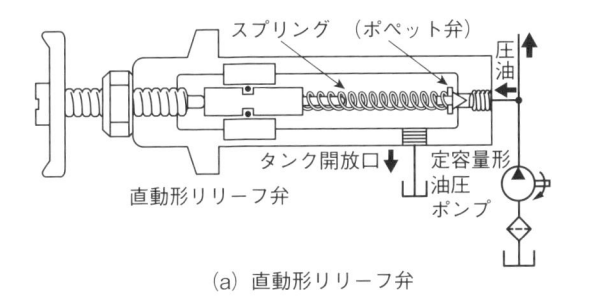

(a) 直動形リリーフ弁

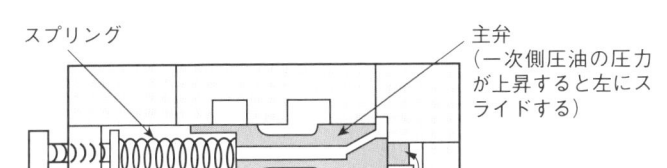

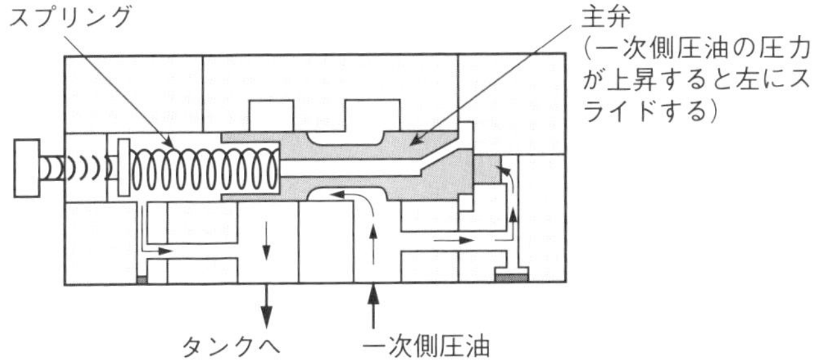

(b) 形式1のシーケンス弁

図5-39 リリーフ弁の構造の比較

クチュエータの順序制御をするにはシーケンス弁を使います。

順序制御に油圧を利用すると動作に必要な信号を電気信号に変換する必要もなく、検出スイッチやコントロールがいらなくなり動作的にもコスト的にも楽になる場合があります。

たとえば、シリンダを動作させると、ピストンが動作しているときの圧力より、ストロークエンドに達したときの圧力が高くなります。このような圧油が流れているときと、止まっているときの圧力の差を利用して順序制御を行う圧力制御弁がシーケンス弁です。

図5-41に逆止め弁無しシーケンス弁の構造図を、図5-42には逆止め弁付シーケンス弁の構造図を示します。逆止め弁のないものは一次側から二次側に圧油を流せますが、逆流する（二次側から一次側に流す）ことはできません。逆止め弁付のシーケンス弁は、逆流ができるのでシリンダを往復運動させるときなどに使用されます。

●実用編　油圧回路を構成する機器とその特徴

表5-2 逆止め弁付シーケンス弁の分類

形式	名称	パイロット圧力	ドレン	構造	JIS記号
1	カウンタバランス弁	内部	内部		
2	逆止め弁付シーケンス弁（内部パイロット）	内部	外部		
3	逆止め弁付シーケンス弁（外部パイロット）	外部	外部		
4	カウンタバランス弁	外部	内部		

図中のラベル:

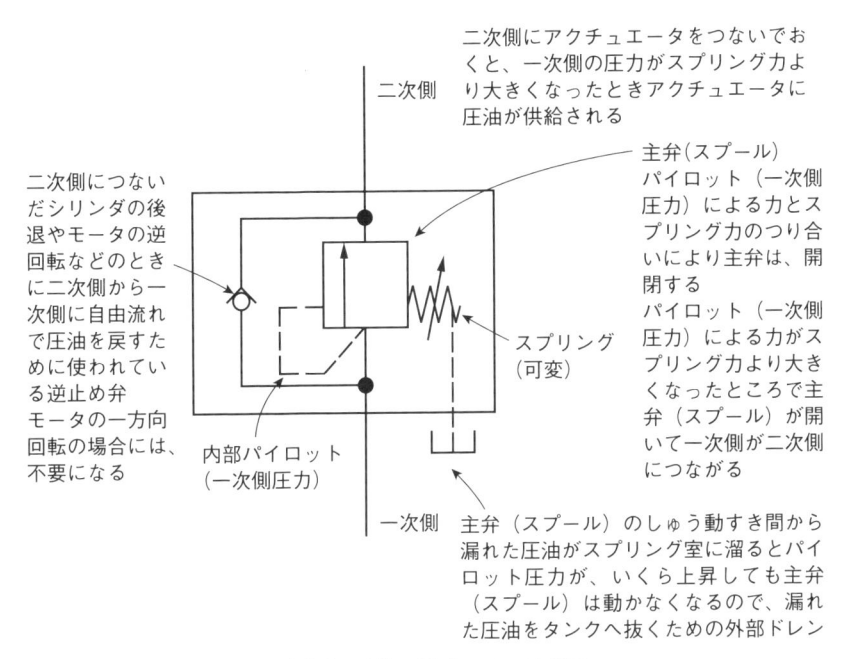

- 二次側
- 二次側につないだシリンダの後退やモータの逆回転などのときに二次側から一次側に自由流れで圧油を戻すために使われている逆止め弁 モータの一方向回転の場合には、不要になる
- 二次側にアクチュエータをつないでおくと、一次側の圧力がスプリング力より大きくなったときアクチュエータに圧油が供給される
- 主弁（スプール）パイロット（一次側圧力）による力とスプリング力のつり合いにより主弁は、開閉する パイロット（一次側圧力）による力がスプリング力より大きくなったところで主弁（スプール）が開いて一次側が二次側につながる
- スプリング（可変）
- 内部パイロット（一次側圧力）
- 一次側
- 主弁（スプール）のしゅう動すき間から漏れた圧油がスプリング室に溜るとパイロット圧力が、いくら上昇しても主弁（スプール）は動かなくなるので、漏れた圧油をタンクへ抜くための外部ドレン

図 5-40 シーケンス弁（逆止め付）、形式 2 の JIS 記号

　シーケンス弁ではシリンダの動作を検出する信号として油の圧力を用います。この圧力をパイロット圧力といいます。パイロット圧力の取り方には内部パイロットと外部パイロットがあります。内部パイロットは、そのシリンダを制御している制御弁の中の圧油を使ってパイロット圧力を取り出すことをいいます。

　図 5-41 や図 5-42 のパイロットは内部パイロットで、一次側圧力を下部カバーのパイロット圧流路を通じて、小ピストンの下面に与えています。

　一方、外部パイロットは制御弁の外から圧力を取ることをいいます。図 5-41 と図 5-42 の形から、下部カバーを 180°回して組み付け直し、外部配管をつなぐと外部パイロットになります。

　このパイロット圧力を小ピストンの下面にかけ、これと主弁の上にあるスプリングと対抗させることにより主弁を閉じたり開いたりさせま

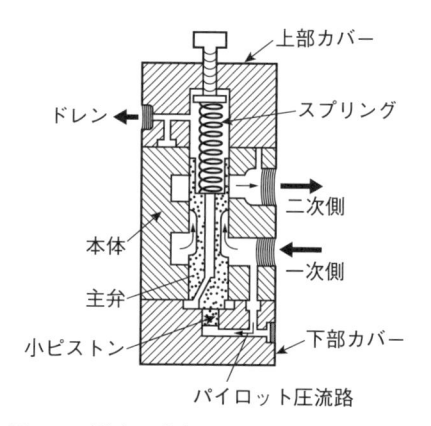

●実用編　油圧回路を構成する機器とその特徴

図5-41　逆止め弁無しシーケンス弁の構造

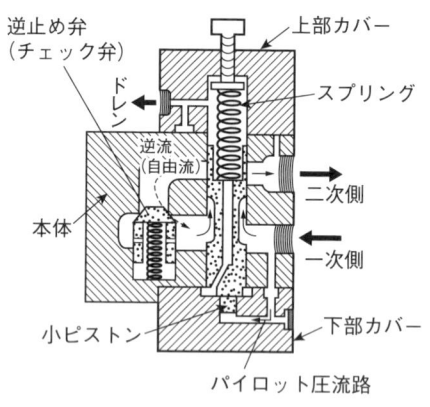

図5-42　逆止め弁付シーケンス弁の構造

す。

　スプリングで設定した圧力値よりパイロット圧が低いときは、主弁はスプリングによって押し下げられていて、一次側と二次側の流路は閉じた状態になっています。

　パイロット圧が設定値に達して、パイロット圧による力がスプリングの力より大きくなった状態を考えてみます。主弁はパイロット圧により小ピストンを通して押し上げられ、一次側から二次側へ圧油が流れます。つまり、パイロット圧力が設定値に達するか達しないかで、一次側

から二次側へ圧油を流すか流さないかを制御できることになります。

6 内部ドレンと外部ドレンのどちらを選ぶか

バルブ内に漏れた油（ドレン）を逃がす方法には、内部ドレンと外部ドレンがあります。状況に応じていずれかを適切に選定する必要があります。

前述したように、シーケンス弁は主弁を上からスプリングで押していて、それに対抗して主弁を下からパイロット圧が押し上げて、スプリングとパイロット圧のつり合いによって主弁が動くことで一次側と二次側の流路を開いたり閉じたりしています。

ここで、主弁は上下にしゅう動しますが、しゅう動すき間から圧油がスプリング室に漏れると、主弁の動きが不安定になって、最悪の場合、主弁は押し上がらずに一次側と二次側の流路が閉じたままになることもあります。

これを防ぐために、漏れた油をタンクへ逃がす必要があります。このドレンを逃がす方法に外部ドレンと内部ドレンの2つの方法があります。

外部ドレンは、専用の配管をこの弁につないで確実にタンクへ抜く方法です。ドレン量に対して配管径が細いと必要以上に背圧が立ってドレンが抜けなくなるので注意が必要です。

図5-43は、シーケンス弁の上部カバー部を外部ドレンにして、外部ドレンポートから漏れた油を抜くような構造にしたものです。

内部ドレンはバルブの内部にタンクへつながるラインがある場合、そこからドレンを抜く方法です。

この場合もそのラインがタンクにつながっていて絶対に圧力がかからないことが重要で、そのラインを流れる油の量が多くなっても必要以上に背圧が高くならないよう注意します。内部ドレンは、外部ドレンと比べて専用の配管やその配管の取付スペースの必要がなく経済的です。図5-41や図5-42は外部ドレンになっていますが、この上部カバーを180°回してドレンラインと二次側をつなぐと内部ドレンになります。

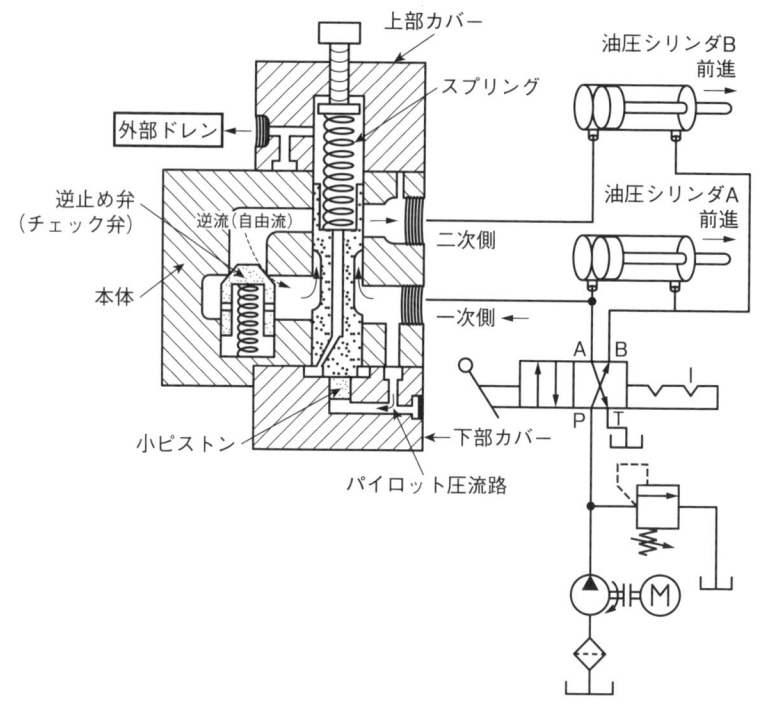

●実用編　油圧回路を構成する機器とその特徴

図5-43　逆止め弁付シーケンス弁の外部ドレンを利用した例

　ただし、二次側がタンクとつながっていて、圧力が立たないことがわかっているときに限って利用することができます。
　たとえば、**図5-44**の例は、誤りです。内部ドレンを二次側（油圧シリンダBのキャップ側）に抜いていて、タンクラインに抜いていないので、スプリング室に漏れた油を抜くことができません。また、もし、シリンダBが前進中、負荷などにより、油圧シリンダBのキャップ側ラインに高い圧力が立つと、圧油がスプリング室に逆流して、シーケンス弁の主弁が閉じてしまいます。
　この内部ドレンか外部ドレンかを選択する考え方は、シーケンス弁だけに限らず、その他の制御弁すべてに適用できるものです。

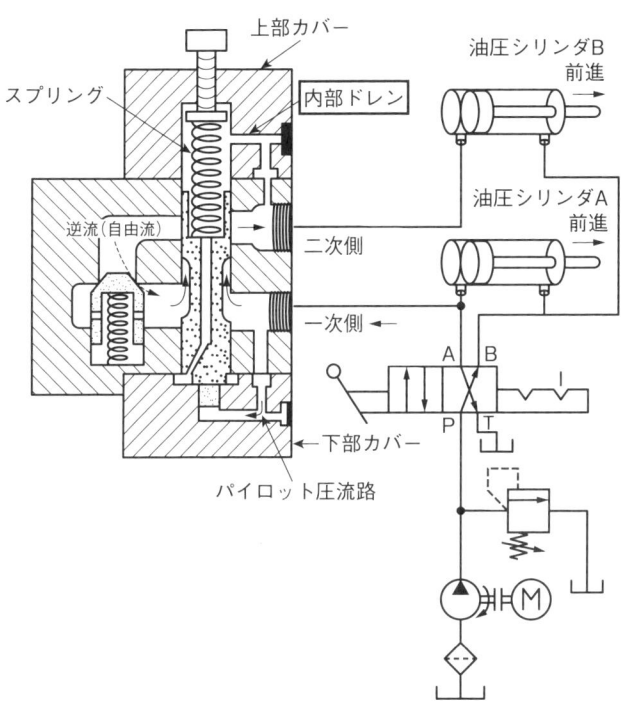

図5-44 逆止め弁付シーケンス弁の内部ドレンに変更した例（誤り）

● 実用編　油圧回路を構成する機器とその特徴

6章

油圧の動特性

　油圧シリンダを手動式の方向切換弁を使って往復運動させる実験から、シリンダの速度と各部の圧力を測定して、油圧回路の動的な特性を解析します。

●実用編　油圧回路を構成する機器とその特徴

6.1 油圧シリンダの動特性の実験

　ここでは油圧シリンダを往復動作させる実験を行って、その動特性の実験結果（各状態での各部の圧力、シリンダ前進・後退のストローク時間）とシリンダサイズより、シリンダ流入量、流出量を求める方法について解説します。

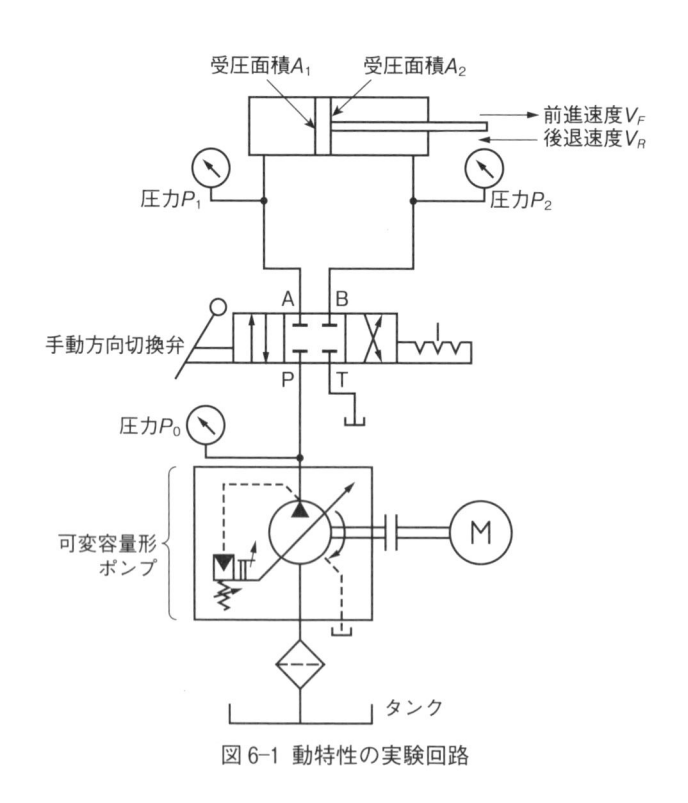

図6-1 動特性の実験回路

●キーワード
シリンダの動特性、圧力損失、シリンダ作動圧、背圧

実験の油圧回路は、**図6-1**の通りとして各機器を接続します。油圧ポンプは可変容量形のものを使用します。実験データとしては、P_0、P_1、P_2の各圧力とシリンダがストロークエンドまで達する工程時間（ストローク時間）を測定します。

ポンプの設定圧力、すなわちフルカットオフ圧力は6MPaとし、ポンプの吐出し量はピストンが押し側（前進側）のストローク時間が約7秒になるように設定しました。

実験に用いたシリンダのサイズは以下の通りです。

シリンダ内径 D　　　　：ϕ6.3cm
ストローク L　　　　：60cm
押し（前進）側受圧面積 A_1：31.1cm^2
引き（後退）側受圧面積 A_2：21.2cm^2

この装置の実験結果を**表6-1**、**表6-2**に示します。

表6-1 各動作状態におけるP_0、P_1、P_2の測定結果

状態 測定点	前進中 (押出)	前進端 (停止)	後退中 (引込)	後退端 (停止)
P_0	1.53MPa	6.0MPa	3.67MPa	6.0MPa
P_1	0.33MPa	6.0MPa	1.33MPa	0
P_2	0.38MPa	0	2.4MPa	6.0MPa

表6-2 ストロークにかかった行程時間

測定回数	1回目	2回目	3回目	平均値
前進行程時間	6.98秒	6.94秒	6.95秒	6.96秒
後退行程時間	4.97秒	4.94秒	4.95秒	4.95秒

この実験結果より前進・後退時のシリンダへの流入量とシリンダからの流出量を求めてみます。

まず、表6-2のストロークLが60cmのシリンダのストローク時間の平均より速度を求めます。前進速度V_F、後退速度V_Rとすると次のよう

●実用編　油圧回路を構成する機器とその特徴

になります。

$$V_F = \frac{60\text{cm}}{6.96\text{sec}} = 8.62\text{cm/sec}$$

$$V_R = \frac{60\text{cm}}{4.95\text{sec}} = 12.12\text{cm/sec}$$

流量 $Q[\text{cm}^3/\text{sec}]$ とシリンダ速度 $V[\text{cm/sec}]$、シリンダの受圧面積 $A[\text{cm}^2]$ とすると

$$Q = A \times V$$

という関係があります。

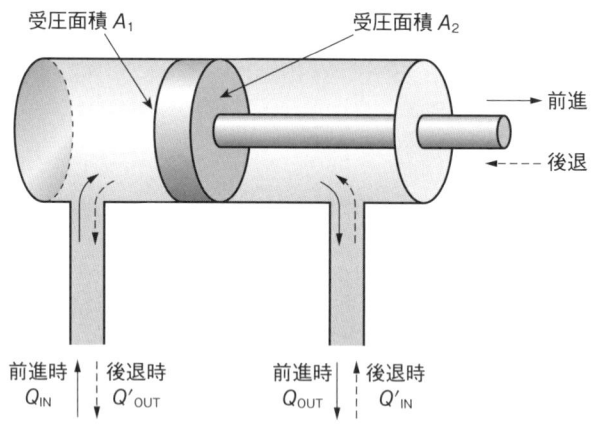

図6-2 シリンダの動作時の流量

シリンダが動いているときの状態は**図6-2**のようになっています。シリンダが前進するときの流入量 Q_{IN} とそのときの流出量 Q_{OUT} は次のようになります。

　　流入量 $Q_{\text{IN}} = A_1 \times V_F = 31.1\text{cm}^2 \times 8.62\text{cm/sec} ≒ 16.08\ \ell/\text{min}$
　　流出量 $Q_{\text{OUT}} = A_2 \times V_F = 21.2\text{cm}^2 \times 8.62\text{cm/sec} ≒ 10.96\ \ell/\text{min}$

一方、シリンダが後退するときには同様にして、次のようになります。

　　流量 $Q'_{\text{IN}} = A_2 \times V_R = 21.2\text{cm}^2 \times 12.12\text{cm/sec} ≒ 15.42\ \ell/\text{min}$

流出 $Q'_{OUT} = A_1 \times V_R = 31.1\text{cm}^2 \times 12.12\text{cm/sec} \fallingdotseq 22.62\ \ell/\text{min}$

※ $1\ \ell = 1000\text{cm}^3 \qquad 1\text{sec} = 1/60\text{min}$

上記の計算の結果をまとめたものが**表6-3**です。

表6-3 シリンダ前進時・後退時の速度と流入・流出量

	シリンダ前進時	シリンダ後退時
速度	V_F=8.62cm/sec	V_R=12.12cm/sec
流入量	Q_{IN}=16.08 ℓ/min	Q'_{IN}=15.42 ℓ/min
流出量	Q_{OUT}=10.96 ℓ/min	Q'_{OUT}=22.62 ℓ/min

実験装置の外観を**写真6-1**に示します。

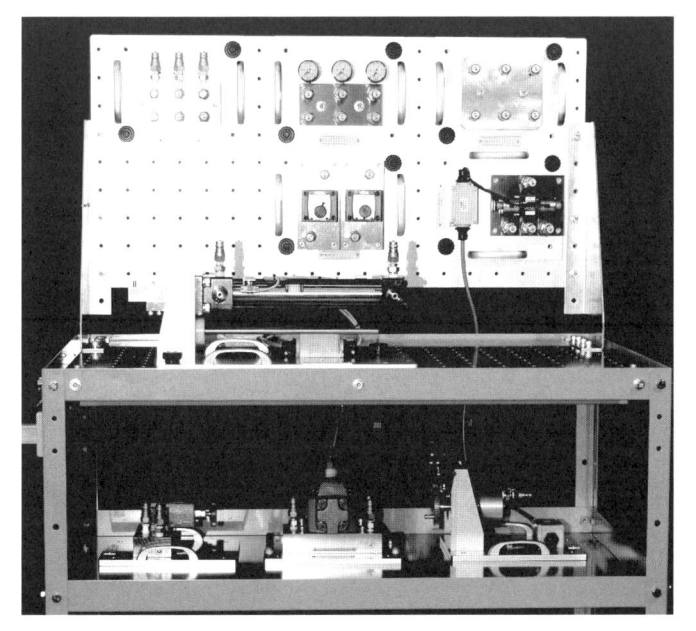

写真6-1 油圧実験装置全体（新興技術研究所製MM3000シリーズ）

●実用編　油圧回路を構成する機器とその特徴

6.2 シリンダの速度と各部圧力の関係

　油圧シリンダの動特性の実験結果をもとにして、シリンダ前進速度と後退速度の違いや、ポンプ圧力とシリンダ各部圧力との関係について考察してみます。

　先の実験結果を使って、データの比較検討を行うことにします。

　まず、速度を比較してみると、前進時 8.62cm/sec、後退時 12.12cm/sec と、後退時の方が速くなっています。これは、前進時も後退時もポンプからの吐出し量はほぼ同じだとすると、片ロッドのシリンダの場合、前進端に到達するための必要体積より、ピストンロッドの分だけ後退端に到達するための必要体積が小さくなっているため、後退時の方が速くなるからです。図 6-2 では、前進時は、受圧面積 A_1 ×ストローク L の体積の油が必要で、後退時は A_2 ×ストローク L の体積の油が必要となっています。

　次に流出量をみると、前進時に流出する油の量は A_2 ×ストローク L で、後退時に流出する油の量は A_1 ×ストローク L となり、さらに後退速度の方が前進速度より速くなるので、単位時間当たりの流出量はシリンダが後退するときの方が大きくなります。このときの流出量は、ポンプの吐出し流量（シリンダ流入量）よりかなり多くなっています。

　この装置の回路流量の最大値はシリンダ後退時の流出量になるわけです。回路の配管径を選定するときに、配管に流れる最大流量を安易にポンプの吐出し流量と考えて小さい径の配管を選定してしまうと、本来の最大流量を流すことができなくなってしまうことがあるので注意が必要です。

　次に、流入量を前進時と後退時で比較すると、後退時の方がわずかに 0.66 ℓ/min だけ少なくなっています。

　この原因はポンプにあります。表 6-1 の各圧力を見ると、前進中のポンプ圧力 P_0 が 1.53MPa に対して、後退中のポンプ圧力 P_0 は、3.67MPa

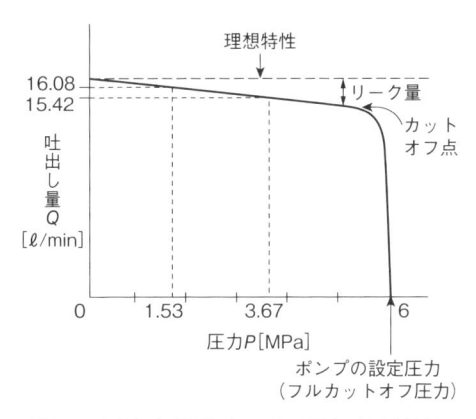

図6-3 可変容量形ポンプの圧力-流量特性

になっています。ポンプの圧力-吐出し量の関係が**図6-3**のようになっているとすると、前進中より後退中の方がポンプ圧力が高いので、ポンプ内部でのリーク量も後退中の方が多くなり、その分後退時のポンプの吐出し量そのものが減ったと考えられます。

つまり、前進時と後退時の流入量の差の 0.66 ℓ/min は、ポンプ内部のリーク量だと考えられます。

それではなぜ、前進中と後退中ではポンプ圧力が違うのでしょうか。

まず、前進端と後退端ではシリンダは動きようがないので、回路中には油の流れはありません。そこで、ポンプは設定圧力 6MPa まで達して、フルカットオフ状態となり、回路中への吐き出しはゼロとなって、わずかに外部ドレンポートからタンクへ吐き出しているだけです。

もし、このポンプが可変容量形でなく定容量形であれば、ポンプ圧力はリリーフ弁の設定圧力（6MPa）となり、**図6-4**のリリーフ弁の特性からわかるようにポンプの吐出し量はすべてリリーフ弁を通ってタンクに流れる全量リリーフ状態になります。また、前進端では P_0 と P_1、後退端では P_0 と P_2 は、配管でつながって油が流れていないのでパスカルの原理が成り立ち、同じ圧力（6MPa）になります。

一方、前進端での圧力 P_2 と後退端での圧力 P_1 はタンクにつながっているので、大気圧力で 0 MPa になります。

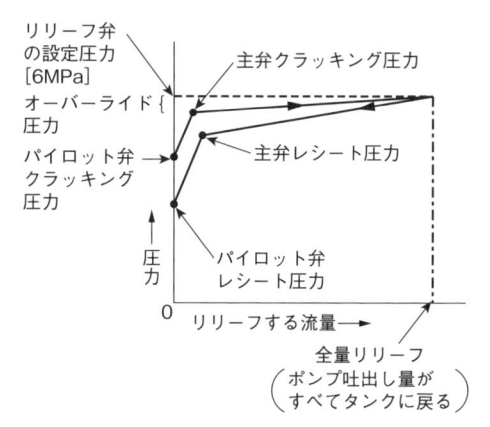

●実用編　油圧回路を構成する機器とその特徴

図6-4 パイロット作動形リリーフ弁の圧力-リリーフ流量特性

次に前進中と後退中ですが、これはシリンダが動いていて油が回路中を流れているのでパスカルの原理は成り立たなくなり、回路中の圧力は一定ではなくなります。すなわち、前進中における P_0 と P_1、後退中における P_0 と P_2 は配管でつながっているものの、油が流れているので同じ圧力にはならないのです。

6.3 シリンダ動作中の圧力変化

油圧シリンダの動特性の実験結果をもとにして、シリンダが動いているときの圧力変化について解説します。

実際にシリンダを動かす圧力を作動圧力といいます。この実験の場合、作動圧力は前進中が P_1、後退中が P_2 になります。

実験の結果は、
　　前進中：ポンプ圧力 P_0 = 1.53MPa で、作動圧力 P_1 = 0.33MPa
　　後退中：ポンプ圧力 P_0 = 3.67MPa で、作動圧力 P_2 = 2.4MPa
となっていて、前進中も後退中もポンプ圧力の方が作動圧力よりもかな

り高くなっているのがわかります。この差は、ポンプからシリンダ流入口までの供給側回路抵抗（圧力損失）分で、実際の動作に必要なポンプ圧力は、作動圧力だけでなく、この分の圧力をプラスして考えなければなりません。

今回の実験では、特に配管が油圧ホースで、接続部にワンタッチカプラを使用して接続部の配管径はかなり小さくなっており、かなりの圧力損失が考えられます。

理論計算などでは、ポンプ圧力と作動圧力は配管でつながれている場合、同圧力と考えて計算することが多いのですが、実際には油が流れると回路抵抗が発生し、その結果、圧力損失が大きく影響するので注意が必要です。

それにしても、シリンダが前進しているときの作動圧力 $P_1 = 0.33\text{MPa}$ と後退中の作動圧力 $P_2 = 2.4\text{MPa}$ の差がかなり大きく違っているのを不思議に思われるのではないでしょうか。

この点について、もう少し掘り下げて説明します。

作動圧力は、負荷抵抗に見合う分の圧力と背圧とピストン抵抗（ピストンパッキンやロッドパッキンなどによるしゅう動抵抗）の和よりも大きくなければ動作しません。

シリンダに何も付けていない無負荷状態では負荷抵抗は0で、背圧とピストン抵抗のみになります。

図 6-5 のように、前進中の背圧は $P_2 = 0.38\text{MPa}$ となります。

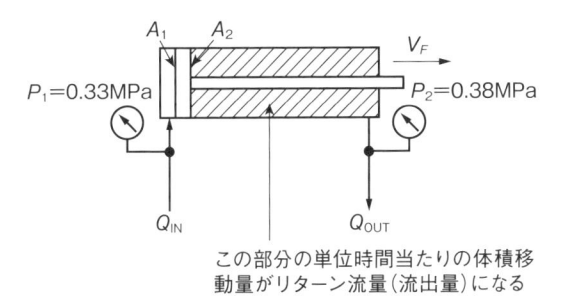

図 6-5 前進中の作動圧力と背圧

●実用編　油圧回路を構成する機器とその特徴

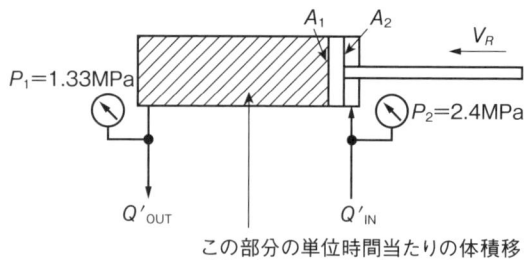

図 6-6 後退中の作動圧力と背圧

ここで作動圧力 $P_1=0.33$MPa で、背圧 P_2 の方が大きいのですが、受圧面積の違いにより $A_1 > A_2$ なので力を計算すると、

押す力 = 作動圧力 × 受圧面積 = $P_1 × A_1$ = 0.33MPa × 3110mm²
　　　= 1026.3N

背圧の力 = 背圧 × 受圧面積 = $P_2 × A_2$ = 0.38MPa × 2120mm²
　　　　= 805.6N

となり、押す力が背圧の力よりも大きいので前進します。

図 6-6 のように後退中は、

作動圧力　$P_2 = 2.4$MPa

背圧　　　$P_1 = 1.33$MPa

で、作動圧力 P_2 がかなり大きくなりますが、これも受圧面積から力を計算してみると、

戻す力 = 作動圧力 × 受圧面積 = $P_2 × A_2$ = 2.4MPa × 2120mm²
　　　= 5088N

背圧の力 = 背圧 × 受圧面積 = $P_1 × A_1$ = 1.33MPa × 3110mm²
　　　　= 4136.3N

となり、シリンダは後退します。

また、前進中の背圧 $P_2=0.38$MPa と、後退中の背圧 $P_1=1.33$MPa に違いがあります。

背圧とは、シリンダからタンクまでに油を戻すときのリターン側回路抵抗（圧力損失）分に相当する圧力のことです。

図 6-5（前進中）、図 6-6（後退中）の斜線部分より前進中のリターン

流量 $Q_{OUT} = 10.96\,\ell/\text{min}$、後退中のリターン流量 $Q'_{OUT} = 22.62\,\ell/\text{min}$ となるので、同じ回路であれば、後退中の背圧の方が前進中の背圧より大きくなります。

そこで、前に疑問点で出した、なぜ前進中と後退中ではポンプ圧力が違うかというと、その背圧の違いによるといえます。つまり、背圧が大きくなるとそれを満足するために作動圧力が大きくなり、さらに同様にポンプ圧力が大きくなるのです。

クランプなどのようにシリンダを静止させて使用するときには、背圧は考えなくてもよいので問題になりませんが、エレベータやリフタなどを動かしているシリンダを、出力やスピードを重視して使用する場合には、重要な検討要素になってきます。

特に回路抵抗（圧力損失）を考慮に入れておかなければ、要求された出力（圧力）やスピード（流量）が得られなくなることになります。

●応用編

7章

油圧システム構築の定石

　油圧システムの構築に当たって留意すべきことは機器選定に油圧機器の性能やはたらきをよく知っておくことはもちろん、液体の圧力や特性を踏まえた回路設計が大切です。本編では、よく間違いを起こしやすい油圧回路の具体的な事例を挙げて動作と原因を解説するとともに、その改善策を示します。正しいリリーフ弁の使い方や速度制御方法など現場で役立つポイントを紹介します。

●応用編

1. リリーフ弁

定石1-1 定容量形ポンプの安全回路の使い方
（リリーフ弁による最大圧力制御）

定容量形ポンプを使用する際は、不用意に油圧回路に直接接続して使用すると大変危険です。ここでは、なぜ危険なのか、その原因を探り、対策を立てます。

（1） 定容量形ポンプの誤った使い方

定容量形ポンプでは、油を吐き出す側の回路が遮断されたとしても一

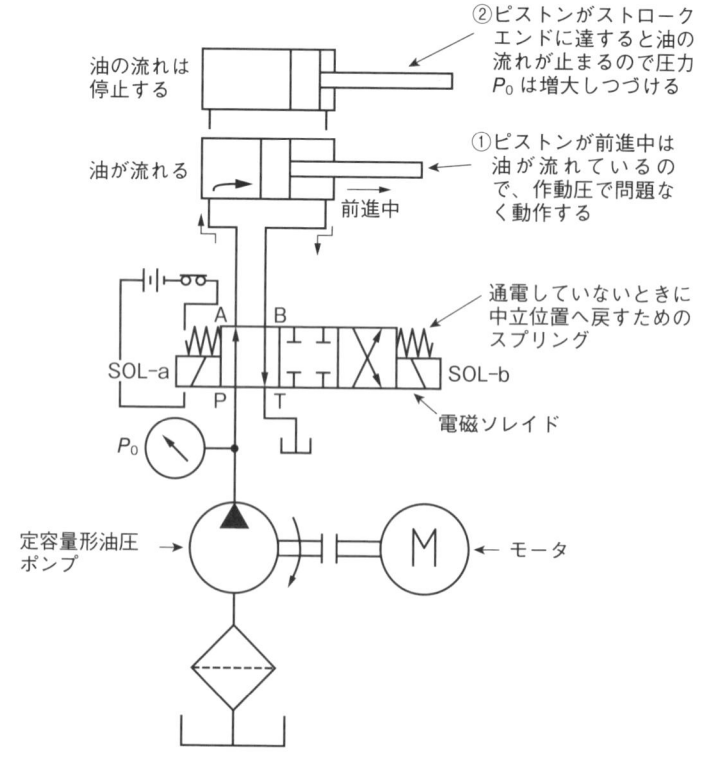

図中ラベル：
- 油の流れは停止する
- ②ピストンがストロークエンドに達すると油の流れが止まるので圧力P_0は増大しつづける
- 油が流れる
- 前進中
- ①ピストンが前進中は油が流れているので、作動圧で問題なく動作する
- SOL-a / SOL-b
- 通電していないときに中立位置へ戻すためのスプリング
- 電磁ソレノイド
- P_0
- 定容量形油圧ポンプ
- モータ

図1 定容量形ポンプの誤った使用例

定の吐出し量を確保しようとして圧力が上昇し続けるので危険です。そこで、一定の圧力以上に上がらないように安全回路を設けるようにします。

いま、**図1**の油圧回路を考えてみましょう。油圧ポンプには定容量形を使い、ソレノイドSOL-aに通電すると油圧シリンダは前進し、SOL-bに通電すると後退します。ソレノイドバルブに通電していないときは中立位置で停止し、油圧回路はブロックされるようになっています。同図①のようにシリンダが前進しているときや、シリンダが後退しているときにはポンプの油が回路中を流れており、吐出し圧力 P_0 はシリンダを動かすために必要な分だけの圧力（作動圧）にシリンダへの圧油供給側配管抵抗による圧力損失分を加算した圧力で動作します。シリンダが動いているときは油が動くので、回路圧力は低い状態で動作するのです。

しかし、同図②のようにシリンダが前進端や後退端で停止しているときや、**図2**のように切換弁の中立位置でポートがブロックされてシリンダが停止しているときは、油が回路中を流れることができなくなりま

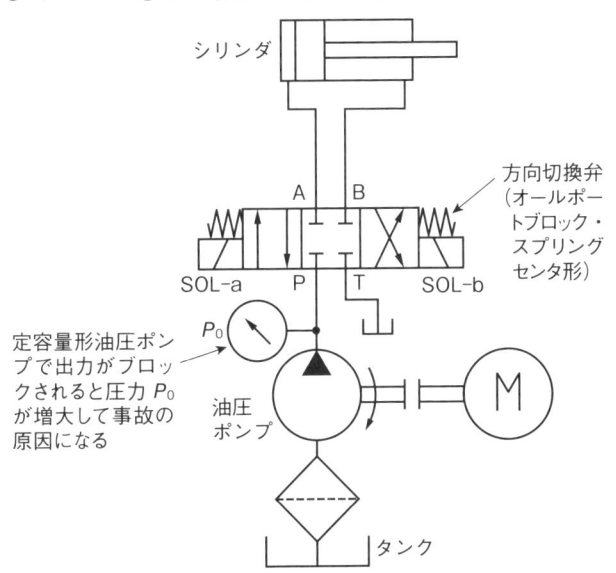

図2　方向切換弁の中立位置で油の流れがブロックされた場合

●応用編

す。
　一方、定容量形ポンプは圧力が高くなっても一定の流量を吐き出しつづけようとするので、ポンプが止まらない限りポンプ吐出し圧力 P_0 は上がりつづけて、配管や機器の弱い部分から油が漏れたり破裂することになりかねません。
　このような異常圧力を逃がすための装置が、圧力制御弁のひとつであるリリーフ弁です。定容量形ポンプをこのような油の流れが止まるようなところに使用するときには通常、リリーフ弁を使用しなければなりません。また、油の流れが停止しないような回路であっても、安全のためにリリーフ弁を入れておくのが一般的です。

（2）　リリーフ弁による対策

　図3は、定容量形ポンプの出力側に直動形リリーフ弁を付けて圧力が

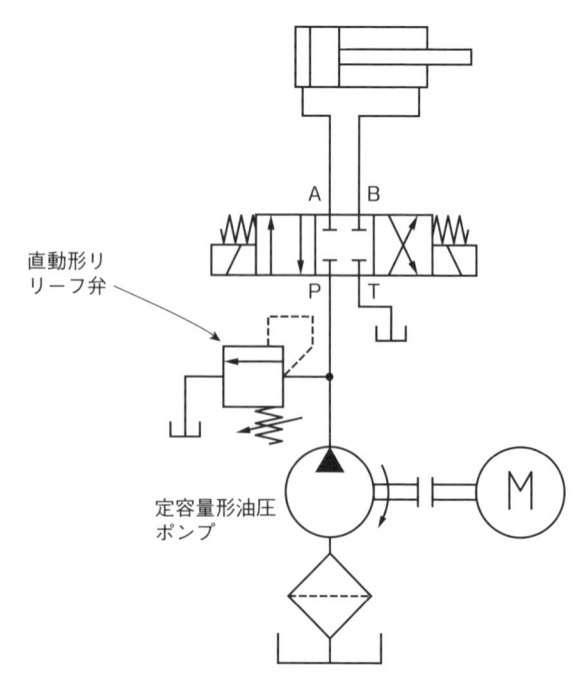

図3　直動形リリーフ弁を付けた安全回路

設定以上に上がると、余分な油をタンクに逃がすように図2の回路を改良した例です。

図中のPポートにかかっている圧力が、直動形リリーフ弁の設定圧力になると余分な油がリリーフ弁から油タンクに流れ出ます。このように、油圧回路の中で油の逃げ場所がなくなるようなところにリリーフ弁を付けるようにすることが重要です。リリーフ弁には大きく分けて直動形リリーフ弁とパイロット作動形リリーフ弁があります。

パイロット作動形リリーフ弁は、ポンプの吐出し量を100%有効に使える圧力範囲が、直動形に比べて広くなっているので、一般回路の圧力設定用としてよく使用されています。

1. リリーフ弁

定石1-2 リリーフ圧力を遠隔から操作する（ベントポートを使った遠隔制御）

パイロット作動形リリーフ弁のベントポートを利用することにより、遠隔制御、ベントアンロード制御、圧力多段制御ができます。ここでは、遠隔制御について述べます。

油圧プレスなどで回路の圧力を頻繁に変えなければならないような装置では、一般には油圧回路のパイロット作動形リリーフ弁の圧力調整用ハンドルを操作して、そのつど設定圧力を変更しなければなりません。

このようなときにリモートコントロール弁を使うと遠隔で圧力調整ができるようになります。図1のように、パイロット作動形リリーフ弁のベントポートから長い配管を引き出して作業員のいる操作盤などまで導き、小型の直動形リリーフ弁を接続します。すると、この直動形リリーフ弁で回路圧力が遠隔制御できるようになります。このように配管した小型の直動形リリーフ弁はリモートコントロール弁と呼ばれます。

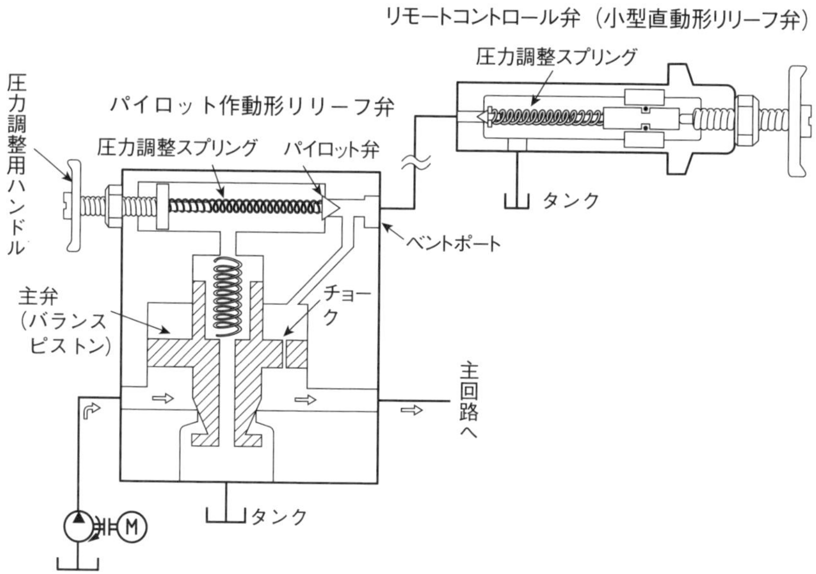

●応用編

図1 遠隔制御の構成図

　この場合、パイロット作動形リリーフ弁のパイロット弁（圧力制御部）の役目をリモートコントロール弁（直動形リリーフ弁）が行うことになります。

　たとえば、**図2**のJIS記号で表示したように、パイロット作動形リリーフ弁の設定圧力P_1を10MPaに設定すると、リモートコントロール弁では、0〜10MPaの範囲でリモート操作ができます。

　遠隔制御を行っていないときには、主回路圧力が上昇して設定圧力P_1に近づくと、パイロット作動形リリーフ弁のパイロット弁が開いてタンクへ圧油を逃がします。遠隔制御を行うときには、そのパイロット弁の代わりにリモートコントロール弁が先に開き、圧油を逃がして主回路の圧力を調整します。

　リモートコントロール弁の圧力設定をパイロット作動形リリーフ弁の設定圧力P_1より高くすると、パイロット作動形リリーフ弁のパイロット弁が先に開くことになり、リモートコントロール弁の意味はなくなります。

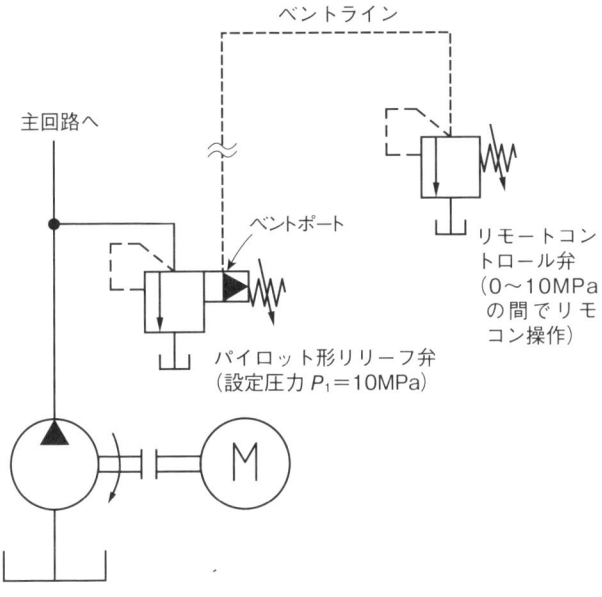

図2 JIS 記号表示

　リモートコントロール弁で主回路圧力を遠隔制御しているときでも、リモートコントロール弁が開いてタンクへ逃げる圧油はチョークを通過したわずかな量で、図1の主弁の上からかかる圧力を小さくする役割をしています。主弁の上下の圧力バランスが崩れることによって、主弁が上に移動して、メインのリリーフ流量はパイロット作動形リリーフ弁の主弁からタンクへ開放されます。

●応用編

1. リリーフ弁　定石1-3
無負荷時の損失を最小限にする（ベントアンロード制御）

パイロット作動形リリーフ弁のベントポートを利用することにより、遠隔制御、ベントアンロード制御、圧力多段制御ができます。ここでは、ベントアンロード制御について述べます。

定容量形ポンプとリリーフ弁を組み合わせた**図1**のような油圧回路の場合、主回路へポンプ圧力を供給する必要がない無負荷時には、ほとんどすべてのポンプ吐出し流量はリリーフ弁を経由して直接タンクへ戻ります。このときリリーフ弁は、設定圧力に達した高い圧力の状態で主弁を開いて圧油をタンクへ戻すので、動力損失が大きくなり、大きな無駄となります。

そこで、図1のようにパイロット作動形リリーフ弁を付けて、そのベントポートを利用することにより無負荷時のみリリーフ弁の設定圧力 P_1 に関係ない低い圧力の油をタンクへ戻すようにすれば、動力損失を

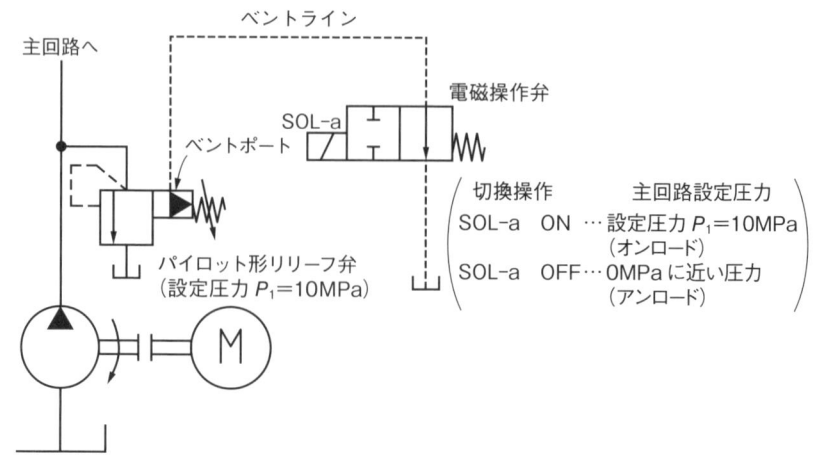

```
切換操作            主回路設定圧力
SOL-a  ON  … 設定圧力 P₁=10MPa
                  （オンロード）
SOL-a  OFF … 0MPaに近い圧力
                  （アンロード）
```

図1 パイロット作動形リリーフ弁のベントアンロード制御

最小限にすることができます。このような制御をベントアンロード制御といいます。これによって、主回路の圧力も小さくなるのでタンク油温の上昇も抑えることができます。

同図のベントアンロード制御は、無負荷時、ベントラインの電磁操作弁 SOL-a を OFF にして、パイロット作動形リリーフ弁のベントポートからタンクへ少量の圧油を抜く（アンロードする）ことで、パイロット作動形リリーフ弁の主弁の上下の圧力バランスを崩して主弁が開き、メイン流量がタンクへ戻るようにします。このリリーフ弁の主弁が開く圧力は設定圧力 P_1 に関係なく、ほぼ0MPaに近い圧力になります。

また、主回路へポンプ圧力が必要な場合（オンロード時）は、ベントラインの電磁操作弁の SOL-a を ON すると、ベントポートからタンクへ抜けていた圧油が遮断されるので、通常のパイロット作動形リリーフ弁と同じ動作になります。すなわち、主回路に圧油を供給し、回路圧力が設定圧力 P_1 まで上昇したときに、通常のリリーフ弁の作動でタンクへ圧油を戻すようになります。

アンロードする直前の回路圧力が高圧の場合、ベントアンロード制御でベントラインの電磁弁を OFF にして、ベントポートの圧力を急激に抜くと、かなりのショックが出ます。

その場合、ベントラインに可変絞りを入れて調整し、ベントポートの圧力が抜ける時間を長くすることによりショックを軽減することができます。ただし、この絞りを絞りすぎるとベントラインの背圧が増して、アンロードしても回路圧力が0Mpa近くにならず、高い圧力にとどまってしまうことがあるので注意が必要です。

●応用編

1. リリーフ弁
定石1-4
設定圧力を3段階に切り換える（ベントポートを使った圧力多段制御）

パイロット作動形リリーフ弁のベントポートを利用することにより、遠隔制御、ベントアンロード制御、圧力多段制御ができます。ここでは、圧力多段制御について述べます。

油圧プレスなどで油圧シリンダなどのアクチュエータの出力を段階的に変える必要があるとき、ベントポートを使った圧力多段回路がよく利用されます。

図1の装置は、主回路の設定圧力を3段階に切り換える構造になっています。パイロット作動形リリーフ弁の設定圧力P_1を一番高い圧力に設定し、ベントライン上の小型直動形リリーフ弁の設定圧力P_2を中圧、P_3を低圧にそれぞれ設定すると、ベントライン上の電磁操作弁を切り換えることによって主回路設定圧力をP_1、P_2、P_3に切り換えることができます。

また、図1では、設定圧力を3段階に切り換えていますが、ベントラインにさらに電磁弁などを追加して分岐し、小型直動形リリーフ弁を接続すると、変化させる設定圧力の段階を4段、5段…と増やすことができます。

これまでに述べたパイロット作動形リリーフ弁のベントポートを遠隔制御、ベントアンロード制御、圧力多段回路に利用するいずれの場合でも、ベントポートに接続する機器（制御弁や配管など）は、すべてなるべく小さくしておく必要があります。

前述したように、パイロット作動形リリーフ弁は圧力制御（パイロット部）と流量制御部（主弁）とに分かれており、ベントポートの利用は、圧力制御部の制御であり、この部分の圧力変化を俊敏に流量制御部へ伝えなければなりません。これはベントポートに接続する機器の容積

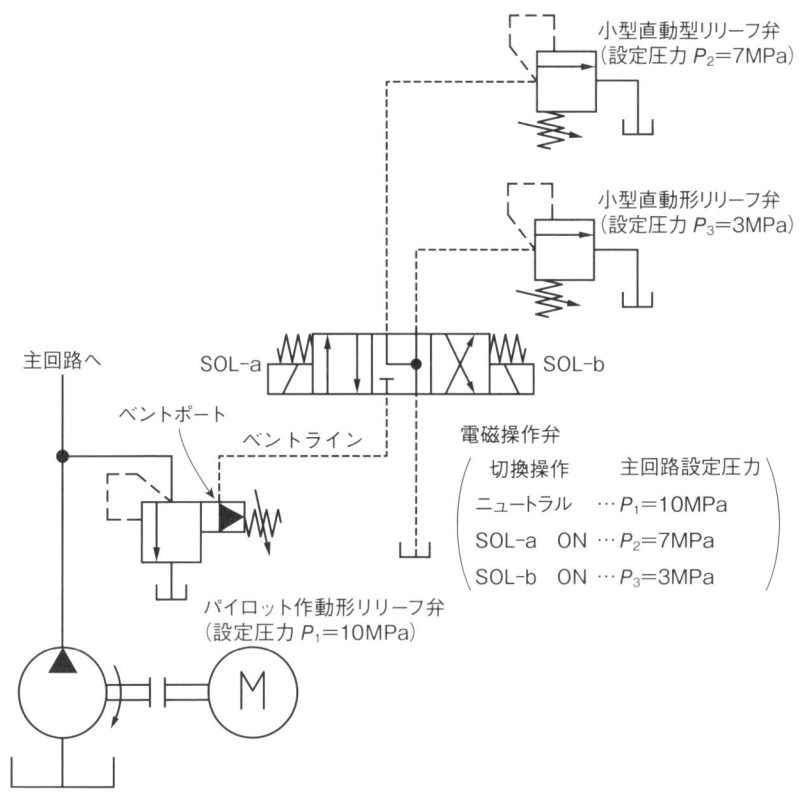

図1 パイロット作動形リリーフ弁のベントポートを利用した圧力多段制御

が大きくなればなるほどこの伝達速度が遅れ、応答性が悪くなるからです。

●応用編

2. 速度制御	フルパワーで動作する速度制御方法（メータイン制御）
定石 2-1	

流量制御弁には一方向絞り弁と流量調整弁があります。この流量制御弁を用いたアクチュエータの速度制御方式にはメータイン制御、メータアウト制御、ブリードオフ制御の3つがあります。ここでは、メータイン制御の特徴と問題点を解説します。

流量制御弁をシリンダの流入側に入れ、シリンダに流れ込む油を絞って速度制御する方法をメータイン制御といいます。

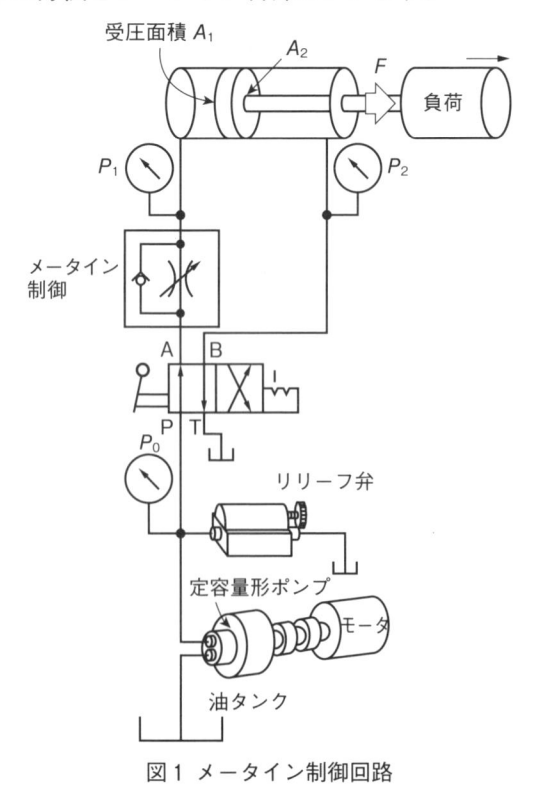

図1 メータイン制御回路

図1は、定容量形ポンプとリリーフ弁の回路に接続されたシリンダをメータイン制御する例です。シリンダへの流入量を制限するので、ポンプ吐出し量の一部はシリンダに流れることができず、余分な流量は、リリーフ弁を通ってタンクへ戻ります。このときのポンプの吐出し圧力P_0は、図2のパイロット作動形リリーフ弁の圧力-リリーフ流量特性曲線でいう主弁クラッキング圧力からリリーフ弁設定圧力の間（オーバライド圧力）になります。

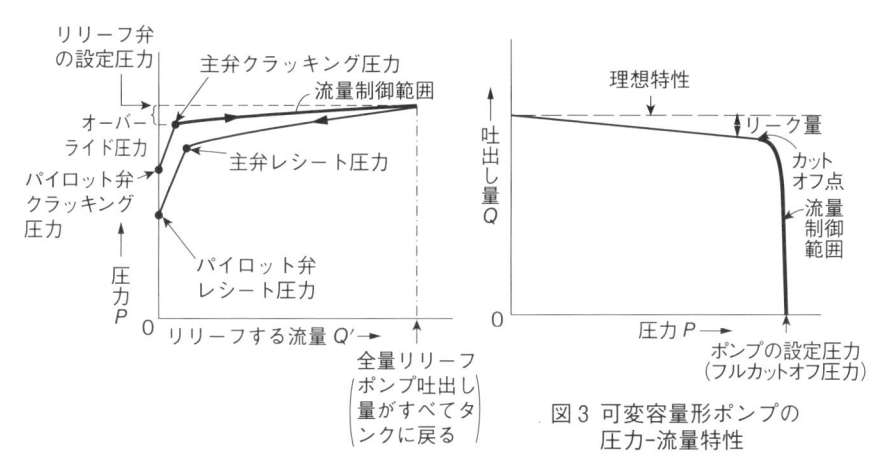

図2 パイロット作動形リリーフ弁の
　　　圧力-リリーフ流量特性

図3 可変容量形ポンプの
　　　圧力-流量特性

　可変容量形ポンプを使った回路の場合も、ポンプの吐出し量は絞られるので図3の可変容量形ポンプの圧力-流量特性よりポンプの吐出し圧力P_0は、カットオフ点からポンプの設定圧力の間で、ほぼポンプの設定圧力になります。

　また、絞りの後のシリンダ流入側の圧力P_1は、ポンプの吐出し圧力P_0に関係なく負荷を動かすのに必要な力Fに見合う分の圧力が発生します。シリンダのキャップ側受圧面積をA_1、ヘッド側受圧面積をA_2とし、油の流れによる圧力損失を無視すると、圧力P_2はタンクにつながっているので大気圧となり、圧力P_1は$P_1 = F/A_1$となります。

●応用編

2. 速度制御
定石 2-2
背圧によって負の負荷による暴走を抑える（メータイン制御の改善）

メータイン制御の場合、ロッドが引っ張られる負の負荷はシリンダの流出側がタンクとつながっていて背圧が立たないので、圧力 P_2 は大気圧になり、自走したり自重落下してしまうことになるので危険です。

メータイン制御で負の負荷を制御したいときは、シリンダの流出側に背圧を持たせるためにカウンタバランス弁を併用します。

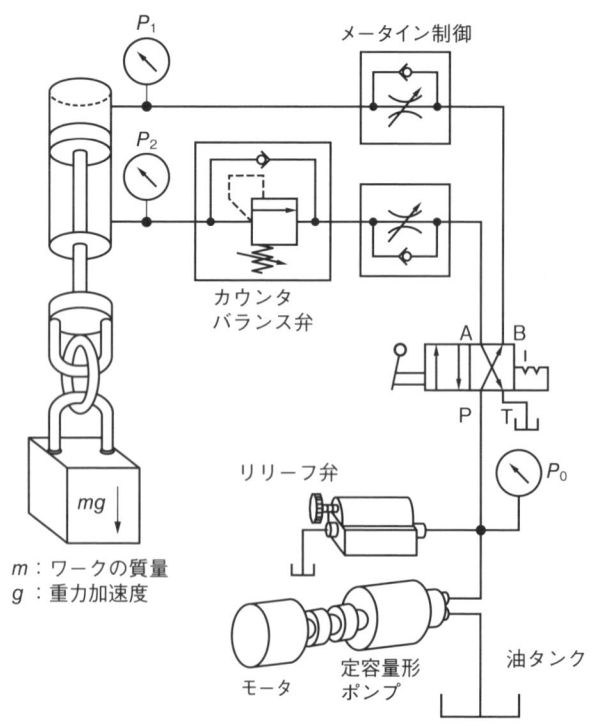

図1 メータイン制御回路の改善
（カウンタバランス弁で下降時に背圧を立たせる回路）

プレス機械などでは、重い金型を付けるのでシリンダロッドが座屈しないようにシリンダを下向きに使い、加工時にはフルパワーを使いたいので、このメータイン制御とカウンタバランス弁を併用した図1のような回路がよく使用されます。

2. 速度制御

定石 2-3　激しい負荷変動に対応する速度制御（メータアウト制御）

メータアウト制御についての特徴と問題点を解説します。

図1のように、流量制御弁をシリンダの流出側に入れて出て行く油を絞って速度制御する方法がメータアウト制御です。

その結果、ポンプの吐出し流量が絞られて、余分な油はリリーフ弁を通ってタンクへ戻るのでポンプの吐出し圧力 P_0 は、ほぼポンプの設定圧力になります。油の流れによる圧力損失を無視すると、シリンダの流入側の圧力 P_1 はポンプの吐出し圧力 P_0 と同じ、ほぼリリーフ弁の設定圧力となります。

負荷を動かすのに必要な力を F、シリンダキャップ側受圧面積を A_1、ヘッド側の受圧面積を A_2、流出側圧力を P_2 とすると、力のつり合いにより(1)式が成り立ちます。

$$P_1 A_1 = F + P_2 A_2, \quad P_{2(\max)} = \frac{P_1 A_1 - F}{A_2}, \quad P_1 = P_0 \quad \cdots\cdots(1)$$

これより、(2)式のような関係になります。

$$P_{2(\max)} = \frac{P_0 A_1 - F}{A_2} \quad \cdots\cdots(2)$$

すなわち、流出側圧力 P_2（背圧）は、負荷が大きくなると小さくなり、負荷が小さくなると大きくなります。また、シリンダの受圧面積の

●応用編

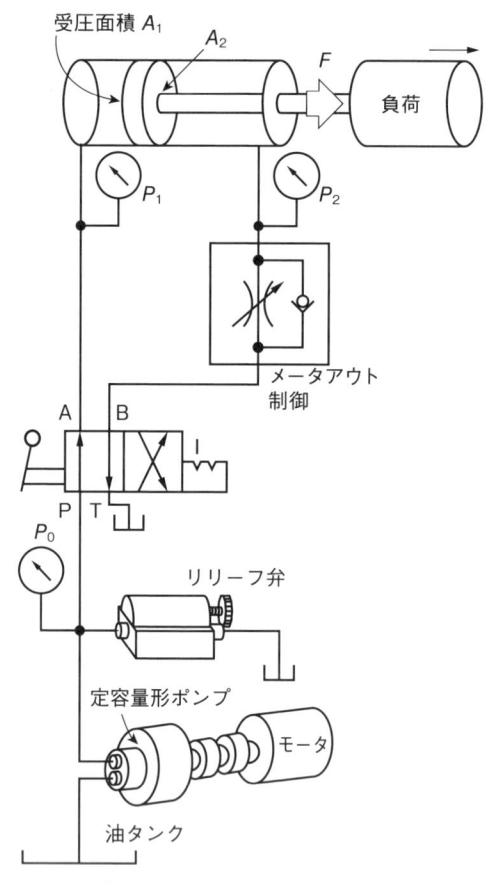

図1 メータアウト制御回路の例

比 A_1/A_2 が大きくなると、P_2 は大きくなります。

このように、流入側に P_0（リリーフ設定圧力）、流出側に背圧 P_2 が発生するので、正の負荷、負の負荷、正から負に反転するような負荷、負荷変動の激しいときなどに使用でき、安定した速度制御ができます。

ただし、A_1/A_2 の比が大きくなったり、シリンダが外部負荷によって引張られるような場合（負の方向の負荷）には、背圧 P_2 が予想外に大きくなることがあるので注意します。

2. 速度制御

定石 2-4 負の方向の負荷による増圧を防止する（メータアウト制御の改善）

メータアウト制御では負の方向の負荷によって背圧が増圧されることがあります。この増圧が発生するメカニズムと増圧を抑制する方法を解説します。

　負の方向の負荷や片ロッドシリンダの受圧面積の比が大きい場合など、使用条件によっては背圧がリリーフ弁の設定圧力より高くなる、いわゆる増圧を起こす場合があるので、シリンダや配管の耐圧には注意しなければなりません。

　特にシリンダを垂直に使用して重い負荷を上下させるときの下降側で増圧が起きやすくなります。図1は、シリンダを上向きに使ったときとシリンダを下向きに使用したときの背圧 P_2 を求めたものです。ワーク

①シリンダ上向きに使用したとき

$$mg + P_1 A_2 = P_2 A_1$$
$$P_{2(\max)} = \frac{mg}{A_1} + P_1 \frac{A_2}{A_1}$$

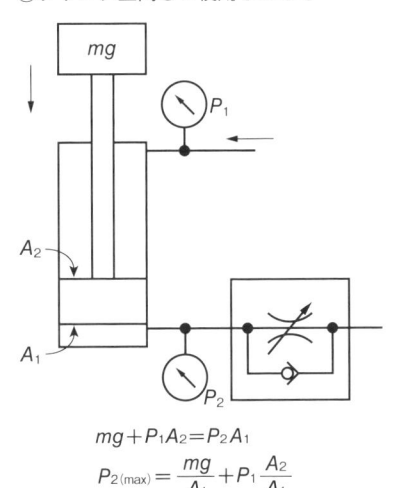

②シリンダ下向きに使用したとき

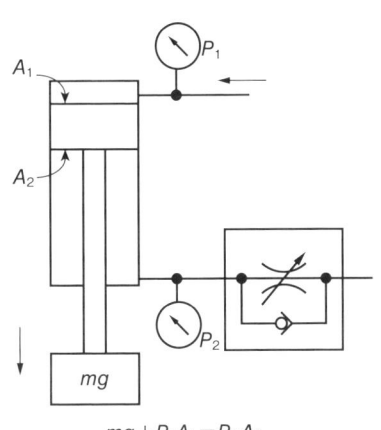

$$mg + P_1 A_1 = P_2 A_2$$
$$P_{2(\max)} = \frac{mg}{A_2} + P_1 \frac{A_1}{A_2}$$

図1　シリンダを垂直に使用したときの増圧

●応用編

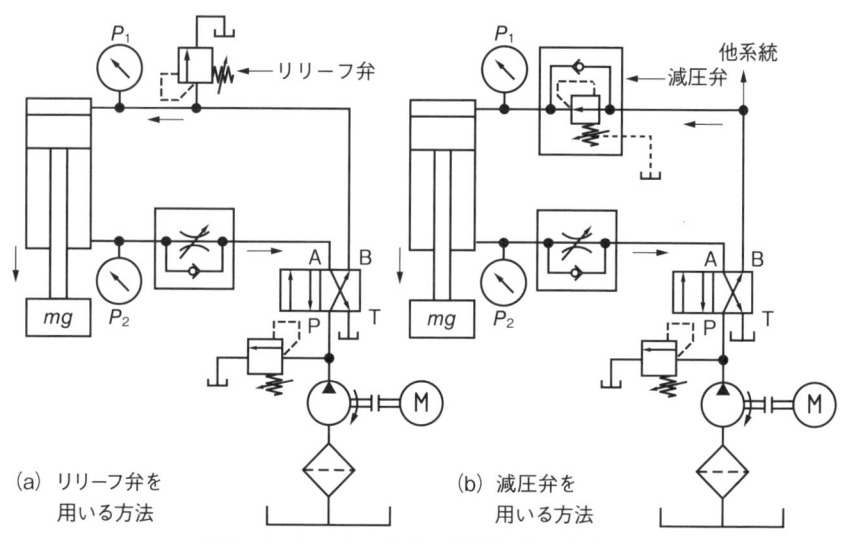

図2 メータアウト制御の増圧を防止する方法
(a) リリーフ弁を用いる方法
(b) 減圧弁を用いる方法

の質量 m、重力加速度 g、シリンダのキャップ側受圧面積 A_1、ヘッド側受圧面積 A_2 とすると、力のつり合いより背圧 P_2 が求められます。

①の場合

$$P_2(\max) = \frac{mg}{A_1} + P_1\frac{A_2}{A_1}$$

②の場合

$$P_2(\max) = \frac{mg}{A_2} + P_1\frac{A_1}{A_2}$$

受圧面積 $A_1 > A_2$ なので、ワーク質量やシリンダ径が同じなら、背圧 P_2 は同図②のケースの方が①より大きくなり、②の方がより増圧しやすくなることがわかります。

P_2 がシリンダや配管の定格圧力や耐圧を越えて増圧するのを防止するには、**図2**（a）のようにシリンダ流入側に低圧設定のリリーフ弁を入れて、P_1 を低圧に押さえるようにします。もし、P_1 ラインの圧力を他系統に使用していて、リリーフ弁によって回路全体の圧力が低下しては困る場合には、同図（b）のようにシリンダ流入側に減圧弁を入れて圧力 P_1 を一定値に下げて背圧 P_2 を減らすようにします。

3. 動力損失の改善

定石 3-1

動力損失が少ない速度制御方法（ブリードオフ制御）

ブリードオフ制御についての特徴と問題点の対策を紹介します。

　図1のように、シリンダへ流入する油の一部を流量制御弁を通してタンクへ戻し、このタンクへ戻る油を絞って速度制御する方法をブリードオフ制御といいます。

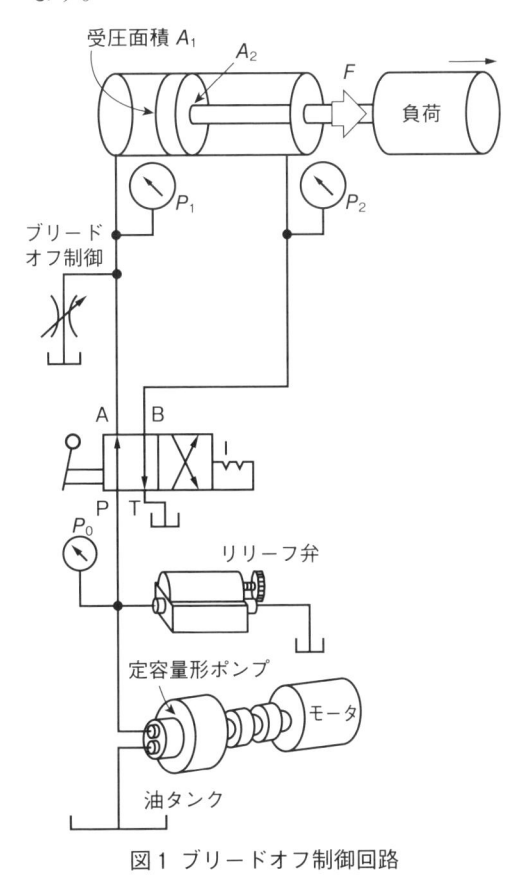

図1　ブリードオフ制御回路

●応用編

　この回路では、ポンプ吐出し圧力 P_0 は、シリンダ流入側圧力 P_1 と同じになり、負荷を動かすのに必要な力 F に見合う分の圧力になってメータイン制御やメータアウト制御のように、P_0 がリリーフ弁設定圧力まで上がることなく動力損失が少なく効率的です。油の流れによる圧力損失を無視すると、この回路の圧力は、$P_0 = P_1 = F/A_1$ となります。

　シリンダの流出側がタンクとつながっているので圧力 P_2 は大気圧に等しく、メータイン制御と同様に正の方向の負荷しか制御できないので、負の方向の負荷を制御したいときは背圧 P_2 を発生させるためのカウンタバランス弁の併用が必要になります。

　このブリードオフ制御はポンプ吐出し圧力 P_0 が負荷によって決まるので、負荷が変動するとポンプ吐出し圧力 P_0 も変動します。定容量形ポンプの圧力−流量特性からわかるように、P_0 が高くなるとポンプ内部のリークが増えて吐出し量が減ってきます。

　このことが流量制御に直接影響してくるので正確な流量制御ができず、特に負荷変動が激しいときやシリンダへの流入量が少ないときはその影響が大きくなります。

　また、前に述べた流量調整弁（フローコントロールバルブ）などの圧力補償機構を持つ弁を使用して流量制御する場合は、負荷によって発生するポンプ吐出し圧力 P_0 が弁の最低作動圧力差以上ないと圧力補償できないので、そのときにはフリードオフ制御は使用できないことになります。

4. 停止位置保持回路
定石 4-1
移動中のシリンダの中間停止

油圧の特徴的な制御として、シリンダの中間停止回路がよく利用されますが、制御弁の特徴をよく理解していないと機器選定や回路設計に誤りが出てきます。ここではよく起こしやすい誤った回路例を紹介し、その理由を明らかにします。

図1は、片ロッドシリンダをスプール形のソレノイドバルブを使って往復運動させているものです。往復の途中であってもピタリと停止するように、オールポートブロックの切換弁を使っています。

ソレノイド1に通電すると、Aポートから圧油がシリンダのキャップ側に供給されるのでシリンダが前進します。ソレノイド2に通電すると、Bポートに圧油が供給されるので、シリンダは後退します。どちら

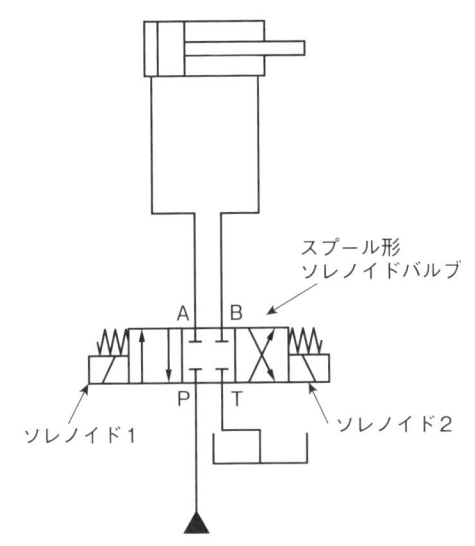

図1 シリンダの中間停止回路

●応用編

にも通電しないと、スプリングでバルブは中間のオールポートブロックの位置に戻るので、AポートとBポートの両方がブロックされ、油にはほとんど圧縮性がないので、シリンダはその場で停止します。

外部から力がかかっても、シリンダやバルブから油が漏れない限り、その位置に停止します。

短時間の停止ならばこれでよいのですが、ポンプを駆動したままで長時間停止していると、バルブ内部の油漏れによってじわじわと停止位置が移動してしまう現象が起こるので注意が必要です。

前に述べたように、スプールはしゅう動するので約 $5\mu m$〜$30\mu m$ 程度ではありますが、ほんのわずかな隙間があり、スプール弁内部の圧力差によって、PポートからA・Bポートへ、A・BポートからTポートへ油漏れが生じます。これを内部リークといいます。

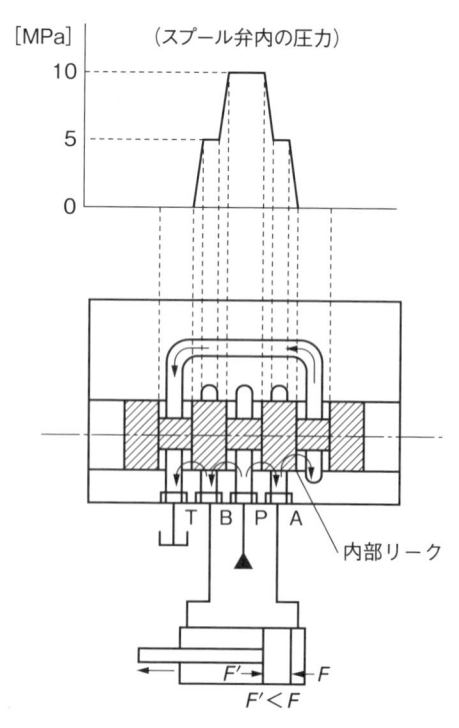

図2 オールポートブロック時のスプール形式の内部リーク

その結果、Pポートに圧力をかけたまま、長時間が経過すると、図2のようにPポートの圧力が高圧（10MPa）とすると、A、Bポートはそれより低く（PポートとTポートの中間にあるので5MPa程度）に変化してしまいます。

　こうして、A、Bポートともほぼ同圧力に変化するので、片ロッドのシリンダでは受圧面積の違いにより、ピストンをシリンダキャップ側から押す力が大きくなり、微小な油漏れによって、じわじわとシリンダが前進することになり、確実なシリンダの位置保持ができなくなることがあります。

4. 停止位置保持回路
定石 4-2 スプール弁の内部リークを考慮した中間停止回路の改善

オールポートブロックの切換弁で長時間でシリンダを中間停止した場合に位置保持ができなくなるという問題点についての改善例を紹介します。

　シリンダの中間停止にスプール形式のオールポートブロックの切換弁を使用したときには、長時間停止するときなどには油漏れによって停止位置が変わってしまう現象が起こってしまいます。そこで、中間停止時の油漏れを防ぐために、シート形式の逆止め弁を使うことにしてみます。

　逆止め弁にはパイロット操作ができるものとできないものがありますが、シリンダの出入口の油は前進と後退では流れが逆になるので、双方向に流せるパイロット操作逆止め弁を使用します。

　図1のように、シリンダの位置保持はパイロット操作逆止め弁で確実にシリンダラインの油をブロックします。方向切換弁は、中立状態（停止状態）で、パイロット圧力が残らないようABT接続かオールポート

●応用編

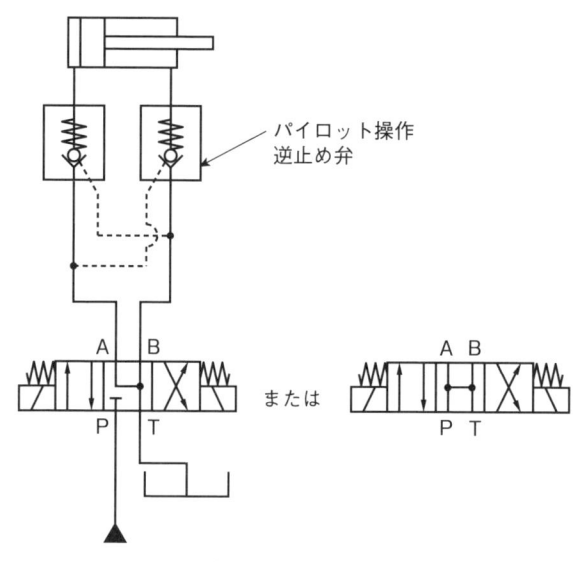

図1 中間停止回路の改善例

オープンを使用します。

　また、ABT接続は、PポートがブロックされていますがPポートからリークしてもA、BポートともTポートとつながっており、そのままタンクラインに逃げるのでシリンダ側には影響しません。オールポートオープンはもともとP、T、A、Bの4つのポートがつながっていて、油はすべてタンクに流れるので同じくシリンダ側には影響を与えないことになります。

4. 停止位置保持回路

定石4-3　パイロット操作逆止め弁を使った重力負荷のある中間停止回路

重力負荷のかかった垂直方向のシリンダを中間停止位置で保持する場合、パイロット操作逆止め弁を用います。

パイロット操作逆止め弁は自由流・逆流の両方の流れに対応するので、シリンダの位置保持やクランプシリンダの圧力保持に使われることがよくあります。

図1は、内部ドレン形のパイロット操作逆止め弁を使って垂直方向のシリンダの位置保持をする回路です。方向切換弁は3位置弁として中立状態ではすべてのポートがブロックされるオールポートブロックタイプを使用して中間停止位置を保持させるようにしています。

この作動状況を詳細に見てみましょう。シリンダが上昇中に切換弁を中立状態にして油の流れを止めると、ワークの自重によって圧力が発生します。この圧力により逆流しようとする圧油は、パイロットチェック弁のポペットを閉じる方向に作用するので、ポペットは完全に閉じてシリンダは位置保持されるので問題ありません。

ところが、シリンダが下降しているときにはパイロットラインにはポンプ圧力がかかっているので、中間停止しようとして切換弁が中立状態に切り換わって、オールポートブロックされると、ポンプ圧力が残ったままポートがブロックされ、チェック弁のポペットが開いたままの状態になってしまいます。そこで、チェック弁は開いたままになります。

切換弁はオールポートブロックの位置になっていますが、スプールのわずかなすき間からパイロットチェック弁を通過した圧油がわずかずつタンクに漏れて、シリンダはじわじわと下降することになります。

さらに切換弁のスプールのすき間から圧油が漏れていくと、徐々にパイロット圧力も減少していきます。パイロットスプールがポペットを押

● 応用編

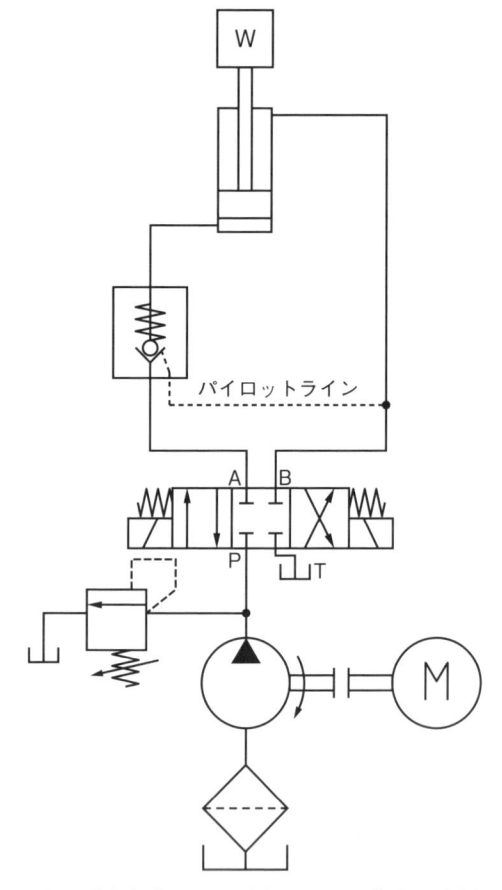

図1 重力負荷のある場合の誤った停止回路例

上げることができなくなるまでパイロット圧力が減少すると、ポペットが閉じてシリンダの下降も止まります。

このような使い方は誤りではありませんが、下降中の中間停止では、バルブが中立位置になった後も、残圧とスプールの油漏れによってしばらくの間、じわじわとした下降を続けることになります。

厳しい停止条件の場合には、このような動作が問題となることがあるので注意します。

4. 停止位置保持回路

定石 4-4 重力負荷のある下降途中の中間停止精度の改善

定石 4-3 では、重力負荷のかかった垂直方向のシリンダの中間停止位置保持回路とその問題点を示しました。ここではパイロット操作逆止め弁と方向切換弁の正しい組み合わせを使った改善例を紹介します。

定石 4-3 では、切換弁として、中立状態がオールポートブロックタイプを利用したので、シリンダ下降時に中立位置に切り換える直前のパイロット圧力がそのまま残ってしまいました。

このままの回路では、下降途中の停止動作に不具合を生じてしまうので、切換弁を中立状態に切り換えたときにパイロットチェック弁のパイロットラインに圧力が立たないようにします。

この改善には、オールポートブロックタイプの方向切換弁の代わりに、プレッシャポートブロックタイプかオールポートオープンタイプの方向切換弁を使用します。

図1は、切換弁をプレッシャポートブロック（ABT接続）に変更したものです。

この切換弁は中立状態で、シリンダライン（A、B）とタンクライン（T）がつながっているので、下降時に中間停止したときに外部パイロット圧力が大気圧に等しくなって、パイロット圧力は立たないので、バルブが切り換わったときのシリンダ位置を保持することになります。

同図右側にある、すべてのポート（P、T、A、B、）がつながっているオールポートオープンタイプを使用しても同様にうまくいきます。

●応用編

パイロットライン

または

オールポート
オープンタイプ

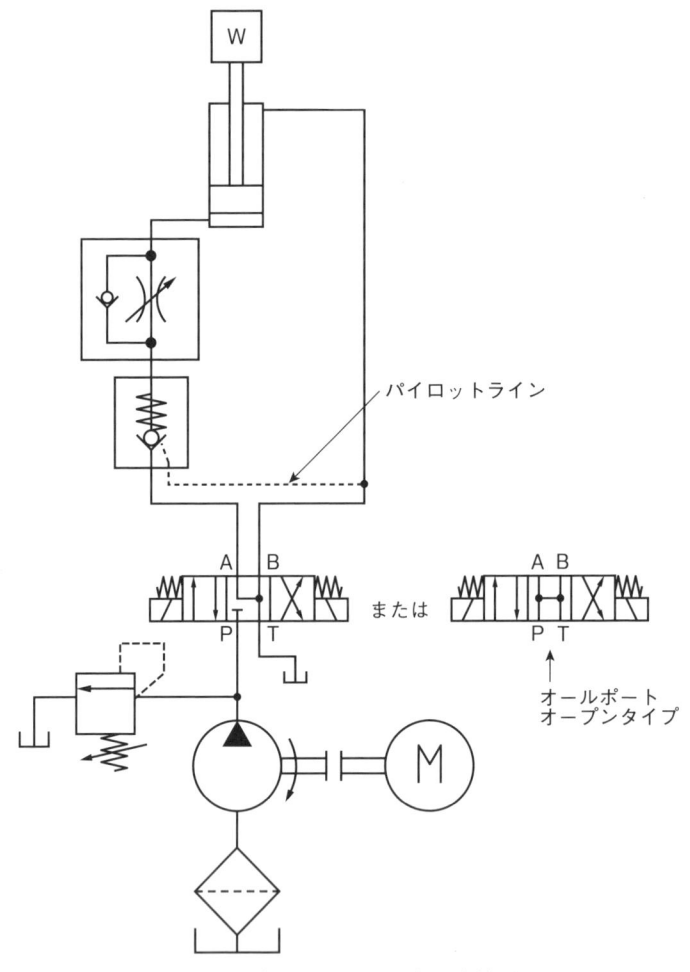

図1 下降動作時の不具合の改善例

5. 重量物下降

定石 5-1　メータアウト制御を使った重いものを下降するときのノッキング現象の改善

油圧シリンダで重量物を垂直に上げ降ろしをする際、中間停止位置保持を考慮してパイロット操作逆止め弁（パイロットチェック弁）を用いるとき、使い方によっては下降のときにシリンダがノッキングを起こして作動が不安定になることがあります。

　シリンダでワークを上昇下降するケースで特にワーク W が重いときには下降の際に、いわゆるノッキングを起こして動作が不安定になる場合があります。

　図1の回路は、シリンダを中間停止するようにパイロット操作逆止め弁が下降側に入っています。

　ソレノイド2に通電して、Bポートからシリンダのヘッド側に圧油が供給されると、パイロット圧力がかかりパイロット操作逆止め弁のポペットが開きます。

　逆止め弁が開くと、シリンダのキャップ側ライン（タンクライン）は背圧がほとんど立たないので自重落下状態になり、ワークの重さで押し下げられて急降下を始めます。すると、シリンダのヘッド側ライン（ポンプ圧力ライン）はシリンダピストンに引っ張られて負圧になり、パイロット圧力が立たなくなるので、パイロットチェック弁が閉じて、シリンダの下降は止まります。

　そうするとまたシリンダのヘッド側ラインの圧力が上昇し、パイロット圧力も上昇してパイロット操作逆止め弁のポペットが開き、シリンダが急下降するということを繰り返します。

　油圧シリンダを用いた重量物の下降時のシリンダのノッキング対策として、図2のようにシリンダと内部ドレンタイプのパイロットチェック弁の間にメータアウトの流量制御弁（またはカウンタバランス弁）を入

●応用編

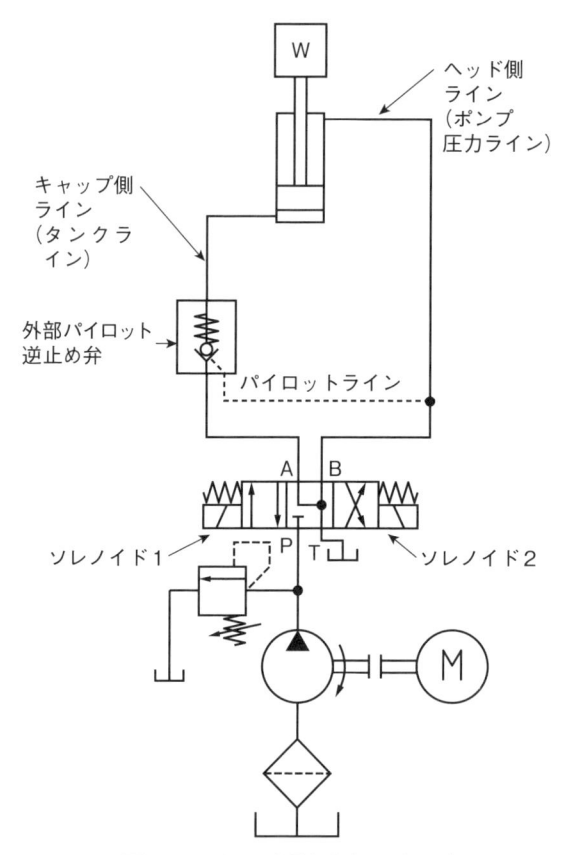

図1 ノッキング現象を起こす回路

れるようにします。

この回路変更により、シリンダのタンクラインに背圧が立つようになり、パイロットチェック弁は、正常に作動します。

また、流量制御弁のメータアウト制御を使用する場合、シリンダの使用する向きや荷重の重量によっては、背圧がシリンダや配管の耐圧を超えて増圧することがあるので注意が必要です。

この増圧対策については、定石2-4を参照して下さい。

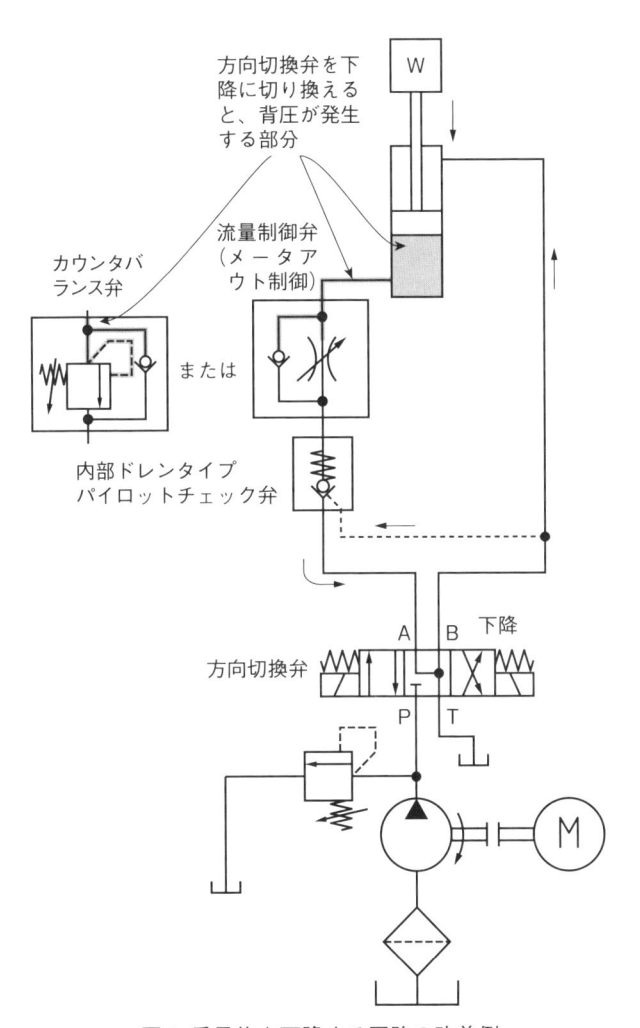

図2 重量物を下降する回路の改善例

●応用編

5. 重量物下降	外部ドレン形パイロットチェック弁を使った重いものを下降するときのノッキング現象の改善
定石 5-2	

定石 5-1 項で問題点を述べた油圧シリンダを使用して、垂直に上げ降ろしをする回路の改善例を紹介します。

図1は、自重落下防止のために、定石 5-1 の例とは逆に、パイロット

内部ドレンタイプ
パイロットチェック弁

または

カウンタバランス弁　流量制御弁
　　　　　　　　　（メータアウト制御）

方向切換弁

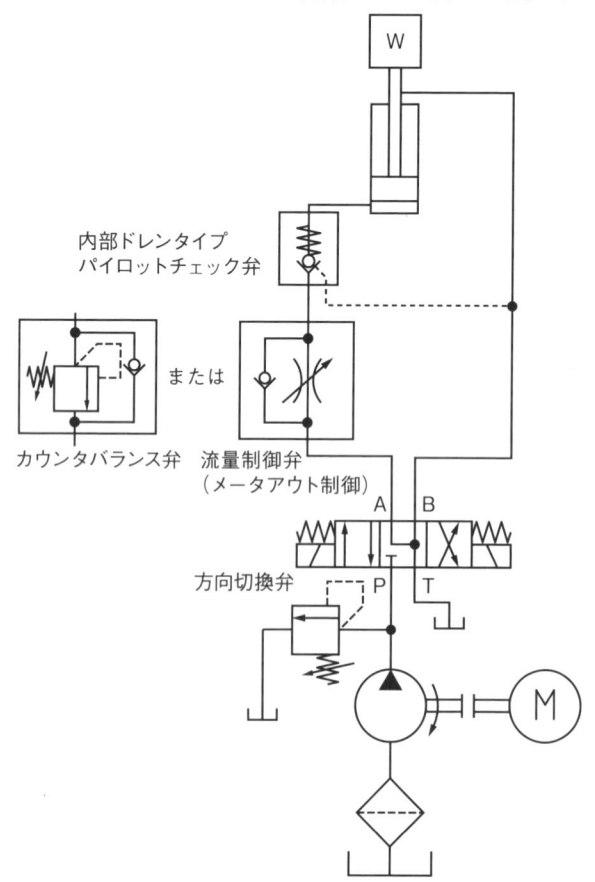

図1 重量物を下降する誤った回路（2）

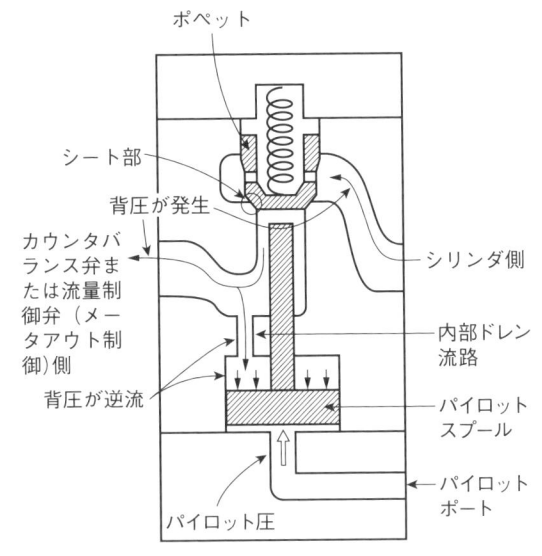

図2 背圧の影響を受ける内部ドレンタイプのパイロットチェック弁

操作逆止め弁と方向切換弁の間にメータアウトの流量制御弁を入れたものです。この場合にも、シリンダの下降の際にシリンダがノッキングを起こして作動が不安定になる場合があります。この流量制御弁の代わりにカウンタバランス弁を入れても同じ動作になります。

方向切換弁を切り換えて、シリンダを下降させたとき、パイロット圧がパイロットチェック弁のパイロットスプールにかかって、ポペットがパイロットスプールに押されて開き、シリンダが下降し始めます。

すると、自重落下防止のために入れた流量制御弁（またはカウンタバランス弁）とシリンダの間に背圧が発生します。そして、図2のように、内部ドレンタイプのパイロットチェック弁は、内部ドレン流路を背圧が逆流してパイロットスプールを押し戻すので、ポペットの開きが不安定になって、シリンダがノッキングを起こすのです。

油圧シリンダとメータアウトの流量制御弁（またはカウンタバランス弁）の間にどうしてもパイロットチェック弁を入れたい場合には、図3のように、外部ドレンタイプのパイロットチェック弁を使うようにしま

●応用編

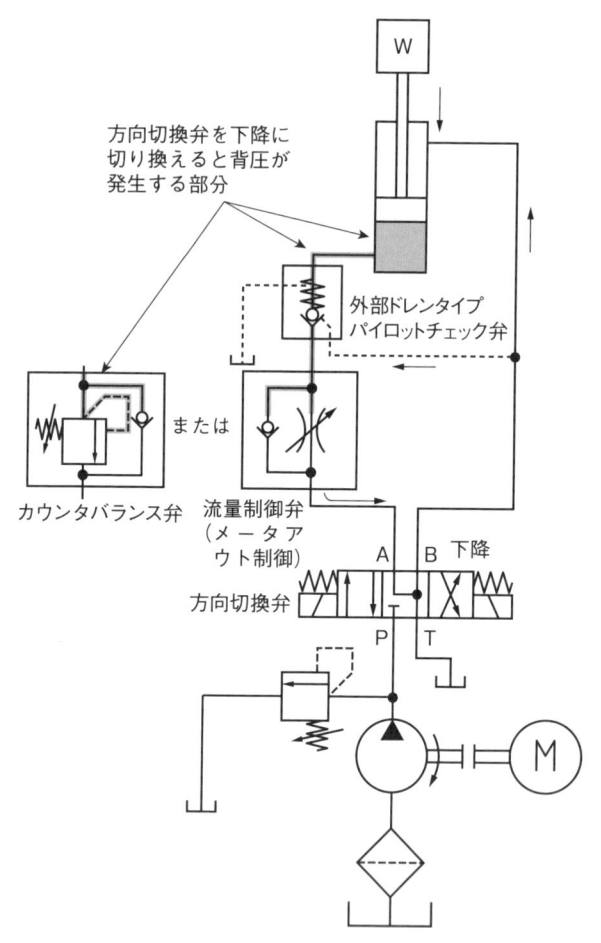

図3 重量物を下降する回路の改善例（2）

す。

　外部ドレンタイプのパイロットチェック弁は、背圧の影響をまったく受けずに作動しますから、油圧シリンダと流量制御弁（またはカウンタバランス弁）の間に入れることができます。当然、外部ドレンタイプのパイロットチェック弁は、メータアウトの流量制御弁（またはカウンタバランス弁）と方向切換弁の間に入れても使用できます。

6. 大きな負荷の制御

定石6-1　急発進・急停止のショックを緩和する切換弁の作動時間の調整

慣性エネルギーを持った大きな負荷を制御する場合などに起こる、大流量の油の流れを急激に切り換えるときのショックを緩和する方法として、切換弁の作動時間を調整する方法があります。

油圧シリンダで動かす負荷が大きくなると作動圧とシリンダ径が大きくなるので、圧力と流量がともに大きくなります。また、負荷を動かすときの慣性力も大きくなって無視できなくなります。

このような慣性エネルギーを持った大流量の油の流れを急激に切り換えると、サージ圧力とそれにともなうショックを発生します。一般的によく使用される電磁切換弁の切換時間は100分の数秒とかなり速いので、負荷が大きくなるとどうしてもサージ圧力やショックが発生してしまいます。

これを軽減するためには、切換時間を調整してゆっくり切り換える方法などをとるとともに、回路的にも加速・減速を考えなければなりません。

また、油は非圧縮性流体といわれていますが、実際には高圧になると若干ではありますが圧縮性を表わし、高圧になればなるほど圧縮量は増します。大容量の高圧シリンダを加圧状態から一気に開放すると、圧縮されていた油が急激に元に戻って衝撃的なショックが起きることがあります。機器の保全や安全のため、このような加圧状態からの急激な開放は避けなければなりません。

このように、電磁切換弁の非常に速い切換時間が原因で、サージ圧力やそれにともなうショックが出てしまう場合には、電磁パイロットタイプの切換弁を使用する方法をとることがあります。

図1に電磁パイロット切換弁の構造を示します。パイロット弁が電磁

●応用編

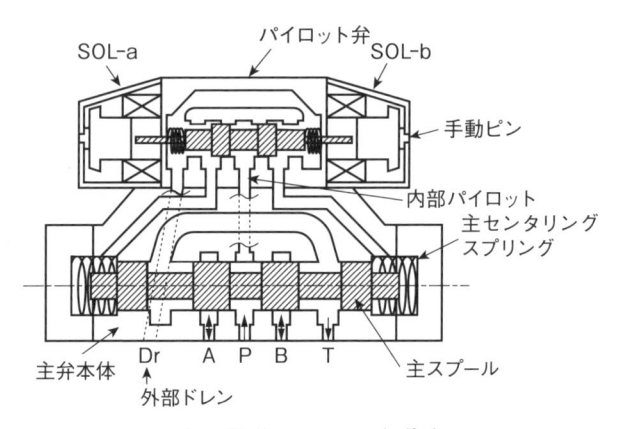

図1 電磁パイロット切換弁

JIS 記号

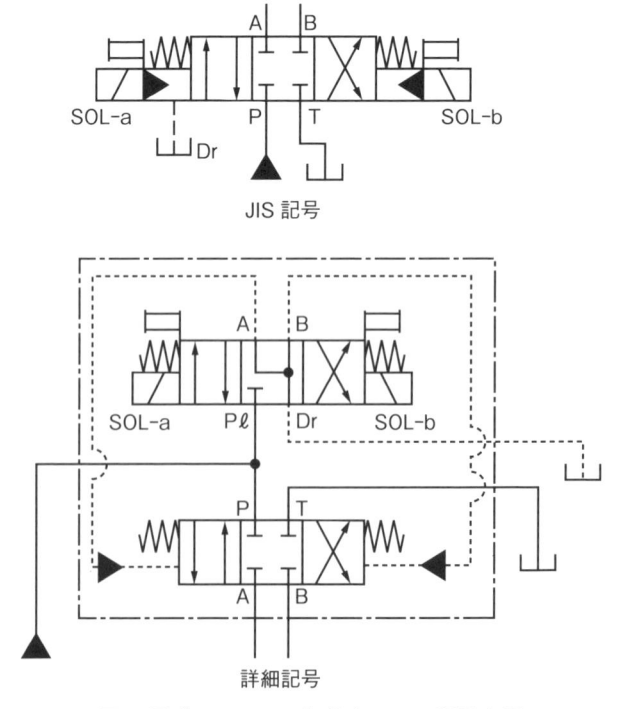

詳細記号

図2 電磁パイロット切換弁の JIS 記号表示

弁になっていて、パイロット弁で制御した圧油によって主弁の主スプールを切り換える方法をとっています。その分、切り換えの時間を長くすることができます。また、直接電磁切換弁のソレノイドで切り換えるよりもかなり大きな切換力が得られます。

図2には、電磁パイロット切換弁のJIS記号と詳細記号を示します。

電磁切換弁が100分の数秒の切換時間であったのに対して電磁パイロット弁を用いると、切換時間は10分の数秒程度に遅くできます。負荷によっては、これでサージ圧力を低くしたりショックを軽減できる場合もありますが、それでも負荷が重くなると対応できなくなります。

その対策として図3のようにパイロット弁と主弁の間にA、Bポート絞り弁とPポート減圧弁を入れることによりさらに切換時間を稼ぐようにします。

A、Bポート絞り弁は、主弁から抜ける側のパイロットを絞る（主ス

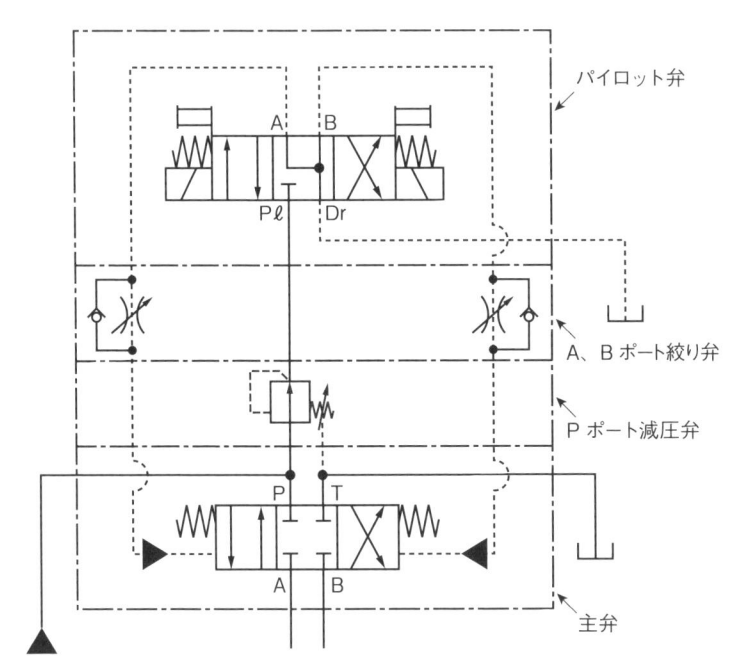

図3 電磁パイロット切換弁の作動時間調整回路

●応用編

プールから見てメータアウト制御に相当する）ことにより主スプールの切換時間を調整します。Pポート減圧弁はA、Bポート絞り弁の切換時間調整をより効果的にするために入れるものです。

このA、Bポート絞り弁とPポート減圧弁は、電磁パイロット切換弁の標準仕様ではなく、オプションで追加されるので切換時間調整目的で電磁パイロット切換弁を導入するときは忘れないように注意が必要です。

6. 大きな負荷の制御
定石6-2　急発進・急停止のショックを緩和する二速制御回路

大きな負荷を制御するときの慣性による切換時のショックを緩和する方法として、シリンダの移動スピードを調整する加減速回路を用いた方法があります。

大きい負荷の場合、急発進急停止はサージ圧力やショックの発生の原因になるので避けなければなりません。**図1**は二速制御回路と呼ばれているもので、小容量側から弁を開いてシリンダに圧油を供給し始め、ある程度進んでから大容量側の弁も開いて加速します。停止時は、その逆に大容量側を閉じて減速してから小容量側を閉じて停止します。

シリンダ前進時の動作順序は**表1**のようになります。加減速の度合いとタイミングは、各絞り弁の開き具合と各LS（リミットスイッチ）の距離を調整することにより電気シーケンス制御で行われます。

このように、一般の電磁切換弁や電磁パイロット切換弁を使用する場合は複数の切換弁を使って低速・高速や低速・中速・高速と発進し、停止は逆に、高速・中速・低速としてから停止します。このように段階的に加速・減速をして、サージ圧力やショックの発生を軽減する方法がと

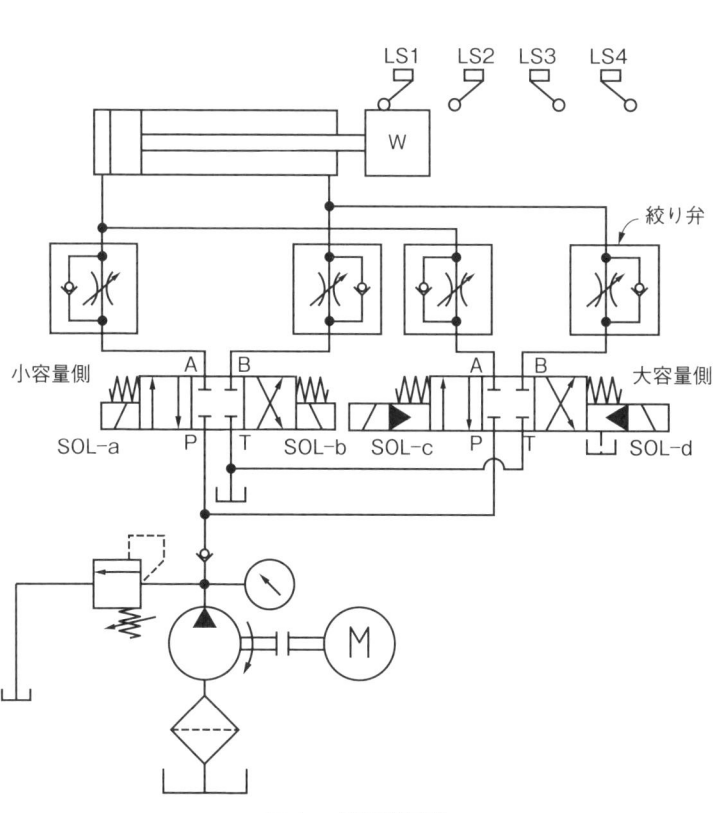

図1 二速制御回路

表1 二速制御回路によるシリンダ前進時の動作順序

1.	LS1	ON	→	SOL-a	ON	低速前進
2.	LS2	ON	→	SOL-c	ON	高速前進
3.	LS3	ON	→	SOL-c	OFF	低速前進
4.	LS4	ON	→	SOL-a	OFF	停止

られます。

　ただし、段階的に制御するのでどうしてもショックなどを完全にとることはむずかしく、連続的ななめらかな加減速制御を行うには、切換時にスプールなどの開閉の度合い（過渡位置）とそのタイミングを制御できる電磁比例弁や電気・油圧サーボ弁を用いた制御などが利用されます。

●応用編

6. 大きな負荷の制御	圧抜き回路を使った加圧後の圧油の急開放によるショックを緩和する方法
定石 6-3	

大きな負荷を制御するときに、高圧に加圧された圧油の急開放によるショックを緩和する方法を紹介します。

　図1は、シリンダでプレスする装置のうち、高圧になる加工圧力を発生する側に圧抜き回路を付加したものです。

　主切換弁の SOL-a が ON すると、シリンダが下降してプレス加工が始まり回路圧力が上昇します。回路圧力が圧力スイッチの高圧側（Hi側）に設定した値に達すると、その信号で主切換弁の SOL-a を OFF

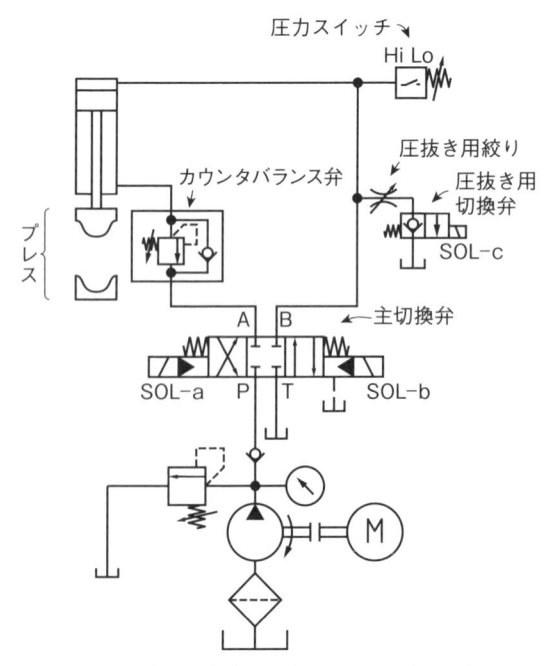

図1 圧抜き（デコンプレッション）回路

して中立位置にするとともに、圧抜き用切換弁のSOL-cをONして開きます。圧抜き用切換弁からは、圧抜き用絞りがすでに調整してあるのでゆっくりと圧抜きができます。

圧力スイッチの低圧側（Lo側）に設定した値まで回路圧力が降下すると、その信号で主切換弁のSOL-bをONしてシリンダをショックなく上昇させることができます。

この図は、油圧プレスの例ですが、このプレスのように加工時、高圧をかけるような場合は油の圧縮性を考慮してショックを発生させないように圧抜き回路などを用いて加圧後の圧油の急開放を避けなければなりません。

7. リフト制御

定石 7-1　重負荷リフトの一方向絞り弁を使った速度制御

リフトの速度制御を例にして、一方向絞り弁を使った速度制御の特徴を解説します。

図1のように人を上に運ぶリフト機構を制御するモデルを使って、一方向絞り弁を用いたシリンダの上昇速度 V を制御する回路を考えてみます。

簡単にするため、機構やシリンダの摩擦は無視できるものとし、リフト本体の重さを無視して人間の重さのみがシリンダに掛かっているものとして、シリンダが上昇するときの特性について解説します。

実際には、この回路のままでシリンダを下降させると落下してしまうのでカウンタバランス弁などで背圧を維持する必要があることはいうまでもありません。

いま、リフトに1人（61.2kg）が乗って上昇するとき、シリンダが押

●応用編

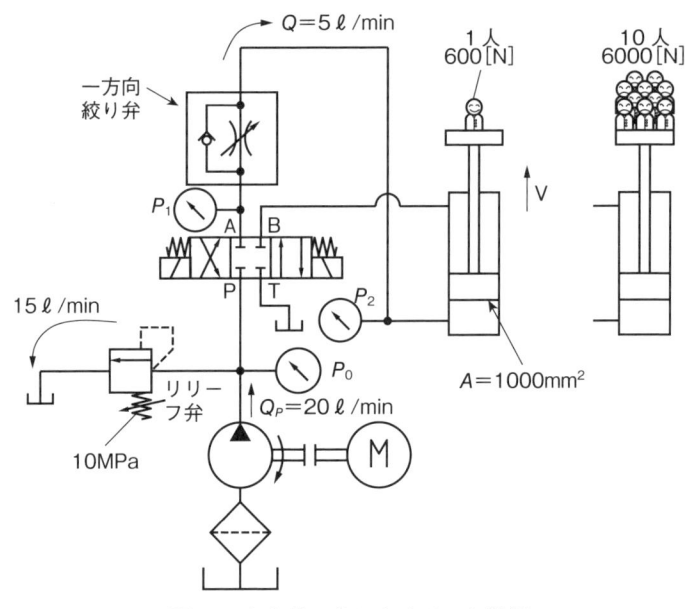

図1 一方向絞り弁によるリフト制御

し上げるのに必要な力が600[N]、定容量形ポンプの吐出し量を$Q_P=20\,\ell/\text{min}$、リリーフ弁の設定圧力10MPa、シリンダの受圧面積$A=1000\text{mm}^2$であったとして、一方向絞り弁を調整してシリンダへの流入量$Q=5\,\ell/\text{min}$に固定したとします。

この状態で、リフトに乗る人数が変わって負荷が大きくなるとどうなるでしょうか。

図2のような絞り（オリフィス）を通過する流量$Q[\text{cm}^3/\text{s}]$の式は、オリフィス入口側の圧力$P_1[\text{MPa}]$、オリフィス出口側の圧力$P_2[\text{MPa}]$として、基礎編の「流量の制御と速度制御」で述べたとおり、(1)式のようになっています。

$$Q = C \cdot A \sqrt{\frac{2(P_1 - P_2)}{\rho}} \qquad \cdots\cdots\cdots (1)$$

このなかで、流量係数Cと流体の密度$\rho[\text{kg/cm}^3]$は作動油が決まれば一定です。オリフィスの断面積$A[\text{cm}^2]$も一方向絞り弁の調整ハ

210

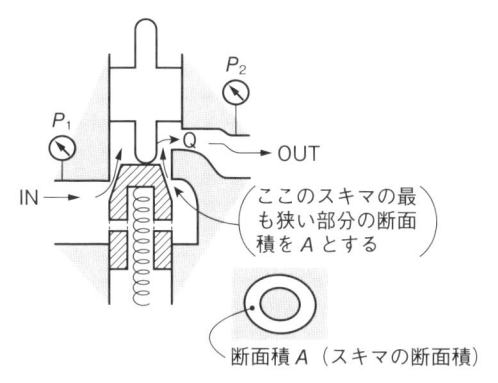

図2 絞り（オリフィス）の構造

ンドルが固定されているので一定です。定数 $K = C \cdot A \sqrt{2/\rho}$ と置くとこの式は(2)式のように表現できます。

$$Q = K\sqrt{(P_1 - P_2)} \qquad \cdots\cdots\cdots(2)$$

定容量形ポンプの吐出し量は 20 ℓ/min ですが、シリンダ流入量は一方向絞り弁で 5 ℓ/min に絞られているので、残りの 15 ℓ/min はリリーフ弁からタンクへ戻されていることになります。リリーフ弁が作動しているということは、ポンプ圧力 P_0 はリリーフ弁の設定圧力 10MPa 近くになっていることになります。

一方向絞り弁の一次側圧力 P_1 は、リフト上昇中、P_0 と配管などでつながっているだけなので、若干の圧力損失はあるものの、ほぼ P_1 と P_0 は同じになります。

一方向絞り弁の二次側圧力 P_2 は、シリンダ作動圧力になるので、シリンダを押し上げる力を F とすると、$P_2 = F/A$ となります。シリンダの摩擦やリフト自体の重さを無視して人間の重さのみとすると、人間1人の質量 61.2kg では、力 F は 600[N] となります。

$A = 1000 \text{mm}^2$ ですから、P_2 は次のようになります。

$$P_2 = \frac{600}{1000} = 0.6[\text{MPa}]$$

シリンダ流入量 Q は、(2) 式に $P_1 = 10$[MPa]、$P_2 = 0.6$[MPa] を代入して、次のようになります。

●応用編

表1 一方向絞り弁によるリフト回路の各値

人間	F[N]	$P_0=$[MPa]	P_1[MPa]	P_2[MPa]	Q[ℓ/min]
1人	600	10	10	0.6	$K\sqrt{9.4} ≒ 5\,ℓ/min$
10人	6000	10	10	6.0	$K\sqrt{4} ≒ 3.26\,ℓ/min$
15人	9000	10	10	9.0	$K\sqrt{1} ≒ 1.63\,ℓ/min$

$$Q = K\sqrt{9.4} ≒ 5\,ℓ/\mathrm{min}$$

ここでリフトに乗る人数が1人から、10人と15人に増えたときを考えると、**表1**のようになります。

この表より、一方向絞り弁による流量制御では、負荷の大きさが変動すると絞りの前後の圧力差が変動するので絞りを固定したときに絞りを通過する流量Qは、$\sqrt{(P_1-P_2)}$に比例して変動していることがわかります。

一方、上昇速度$V=Q/A$ですから、このリフトで2階に行くのに1人で乗ると60秒で上に到着しますが、10人で乗ると1分30秒程度、15人で乗ると3分10秒程度かかることになり、人数が多くなると階段か梯子で昇った方がよさそうです。

このように負荷によって速度が変化してしまうことは、リフトに限らずさまざまなところで問題になります。

たとえば、切削加工機の切削送りシリンダをこの弁を使用して制御すると、ワークにカッターが当たった瞬間、切削力が増して送り速度が遅くなってしまいます。さらに、切削中においても切削抵抗が大きくなると送りが遅くなり、切削抵抗が小さくなると送りが速くなって、ワークの切削面の仕上がり具合や精度に影響することになります。

このように絞り弁（スロットルバルブ）による流量制御は負荷の大きさが変動すると制御流量も変化するので、シリンダのスピードを気にする場合には使用できません。このような場合、次の項で述べる流量調整弁を用いるのがよいでしょう。

7. リフト制御

定石 7-2 重負荷リフトの流量調整弁を使った速度制御の改善

定石 7-1 と同じリフトの速度制御で、流量制御弁を流量調整弁に変更したときの動作を例にとって、流量調整弁による速度制御の特徴を理解します。

先のリフト機構を**図1**のように逆止め弁付流量調整弁を使った回路に変更して制御してみます。条件などは前とまったく同じだとすると、リフトに乗る人数が1人、10人、15人と変化したとき**表1**のようになります。

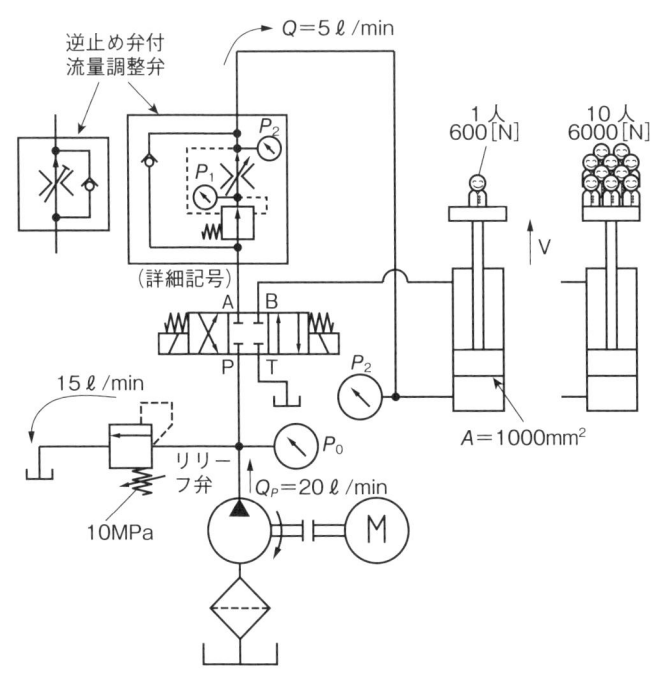

図1 逆止め弁付流量調整弁によるリフト制御回路

●応用編

表1 流量調整弁によるリフト回路の各値

人間	F[N]	$P_0=$[MPa]	P_1[MPa]	P_2[MPa]	Q[ℓ/min]
1人	600	10	$0.6+\dfrac{F}{A_1}$	0.6	$K\sqrt{\dfrac{F}{A_1}}=5\,\ell/\text{min}$
10人	6000	10	$6.0+\dfrac{F}{A_1}$	6.0	$K\sqrt{\dfrac{F}{A_1}}=5\,\ell/\text{min}$
15人	9000	10	$9.0+\dfrac{F}{A_1}$	9.0	$K\sqrt{\dfrac{F}{A_1}}=5\,\ell/\text{min}$

　これは、実用編5章3-2流量調整弁（フローコントロールバルブ）で述べたように、流量調整弁は、負荷が変動しても圧力補償スプールがはたらいて絞りの前後の差圧 P_1-P_2 を一定 (F/A_1) にするので通常流量 Q は常に一定になるためです。

　この表より逆止め弁付流量調整弁による流量制御では、負荷の大きさが変化しても、絞りを通過する流量 Q は一定で変化しないので、シリンダの上昇スピードも負荷の変動に関係なく一定になります。

　この流量調整弁を、先に述べた切削加工機の切削送りシリンダなどに適用すると、切削抵抗が変化してもシリンダの送りスピードは一定に保てるので、切削面の仕上がりや精度が向上し、カッターの寿命も延びることになります。

8. 増圧回路

定石 8-1 高出力機械で強い力を出すための増圧回路の作り方

油圧シリンダの出力に強大な出力が要求されるとき、特別に大型の油圧シリンダを用いるか、あるいは高圧用ポンプを用いなければならなくなって設置が大型になりコストが高くなります。しかし、ここで紹介する増圧回路であれば、高圧用ポンプを使用する必要がなく、装置も小型化できます。

油圧シリンダの出力を大きくするには、下記の式から、A（受圧面積）を大きくするために受圧面積が大きな太い油圧シリンダを用いるか、あるいは圧力を大きくするために高圧用ポンプを用いなければなりません。

$$F(出力) = P(圧力) \times A(受圧面積)$$

ここでは、増圧器（増圧シリンダ）を用いた増圧回路を使って、高圧用ポンプを使用することなく、主シリンダに高圧をかけられるようにします。

この回路は、高出力のプレス機械などによく用いられています。

図1に増圧器（増圧シリンダ）の原理を示します。

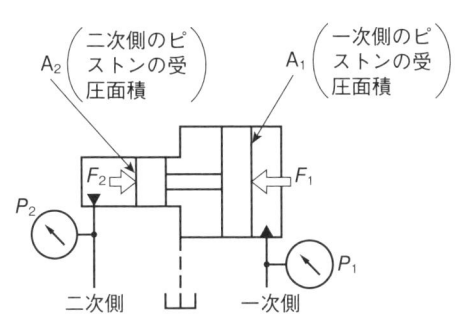

図1 増圧器（増圧シリンダ）の原理

● 応用編

　増圧シリンダは一次側が大きなピストンで、二次側が小さなピストンになっています。一次側のピストンの受圧面積を A_1、圧力を P_1、二次側のピストンの受圧面積を A_2、圧力を P_2 として、一次側からピストンを押す力 F_1 と二次側からピストンを押す力 F_2 がつり合っていると考えると、$P_2 = P_1 \times A_1/A_2$ となります。つまり、ピストン面積の比（A_1/A_2）が二次側に現われる増圧能力になります。

　次に図2に増圧回路を使ってシリンダのパワーを大きくする例を示します。

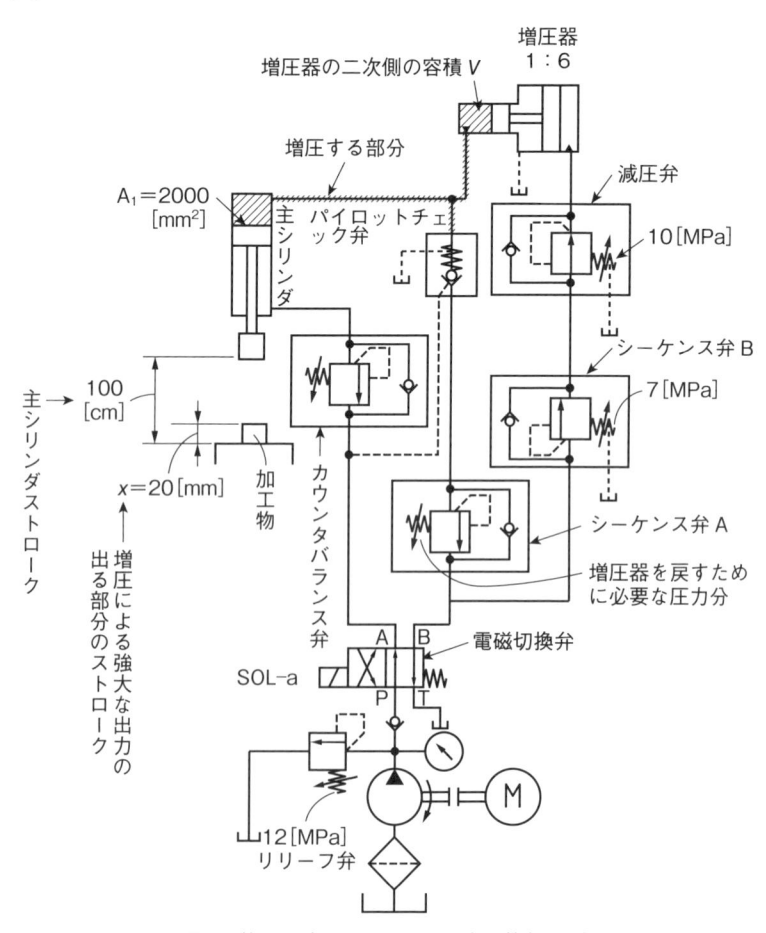

図2 増圧回路によるシリンダの増力の例

この回路の動作を説明します。電磁切換弁の SOL-a を ON すると、圧油はシーケンス弁 A のチェック弁を通り、パイロットチェック弁を通って主シリンダのキャップ側に入り、主シリンダが下降します。主シリンダのヘッド側にカウンタバランス弁が入っているので、主シリンダは自重落下することはありません。主シリンダが加工物に当たり回路圧力が上昇して 7[MPa] になると、シーケンス弁 B が開いて圧油は減圧弁経由で増圧器へ流れ込みます。

　減圧弁で減圧値を 10[MPa] に制限しているので増圧器に流れ込む圧油の圧力は最大 10[MPa] に制限されます。増圧器の受圧面積の比が 1:6 なので前に述べた増圧器の原理より、主シリンダ側に 6 倍の 60[MPa] の圧力が発生します。

　また、シーケンス弁 A 側に逆流しないようパイロットチェック弁がはたらいています。

　主シリンダのキャップ側の受圧面積を $A_1 = 2000 [mm^2]$ とすると、主シリンダの出力 F は $F = 60[MPa] \times 2000[mm^2] = 120000[N]$ となります。

　主シリンダの出力は減圧弁の減圧値を変えることにより、変えることができます。減圧値の調整範囲は、約 0〜12[MPa]（リリーフ弁設定値）なので、主シリンダの最大出力 F_{MAX} は $F_{MAX} = 72[MPa] \times 2000[mm^2] = 144000[N]$ となります。

　もし増圧器がないと主シリンダにかかる最高圧力は、リリーフ弁の設定圧力 12MPa なので主シリンダの出力 F' は、$F' = 12[MPa] \times 2000[mm^2] = 24000[N]$ となります。$F_{MAX}/F = 6/1$ となり、増圧器の受圧面積比と同じになります。

　次に電磁切換弁の SOL-a を OFF して、パイロットチェック弁にパイロット圧を加え、チェック弁を強制的に開き逆流できるようにして主シリンダを上昇させます。その際、シーケンス弁 A で戻りラインにある程度圧力を立てて増圧器を戻しきってからシーケンス弁 A が開きます。つまり、シーケンス弁 A は増圧器を戻す（後退させる）はたらきをしています。

●応用編

　この増圧回路の注意事項としては、まず図2の斜線部分が増圧するので、斜線部分の機器（主シリンダ、増圧器、パイロットチェック弁）、配管、継手などは、増圧する圧力以上の耐圧とすることにします（この場合、耐圧72[MPa]以上）。

　次に最も誤りやすいのが、増圧器の二次側の容積の決定です。

　図2で増圧器の二次側の容積Vは、主シリンダストロークの増圧による強大な出力の出る部分のストロークXになるので簡単に考えて、

　　　　増圧器の二次側の容積V
　　　　　　　　＝ストロークX×主シリンダ受圧面積A_1　………(1)

としてしまいがちです。しかし、これだけでは間違いで、これで決定すると所定の圧力まで増圧できないことになります。それは、油の圧縮分を考えなければならなかったからです。もともと油は液体で、低圧のときはほとんど圧縮しないと考えられ、油の圧縮のことは考慮に入れなくてもよかったのですが、増圧器を用いて高圧を使用する場合は、この油の圧縮分を必ず考慮に入れなければならないのです。

　図3のようなΔVを考えると、油の圧縮率βは(2)式で表わされます。

　　　$\beta = 1/\Delta P \cdot \Delta V/V$　　　　　　　　　　………(2)

　　　β：圧縮率[1/MPa]
　　　ΔP：加圧力[MPa]
　　　V：圧縮前の体積[cm^3]
　　　ΔV：ΔP加圧時に縮小した体積[cm^3]

(2)式より、油の圧縮による縮小分の体積ΔVは(3)式で表わされます。

　　　$\Delta V = \beta \cdot \Delta P \cdot V$　　　　　　　　　　………(3)

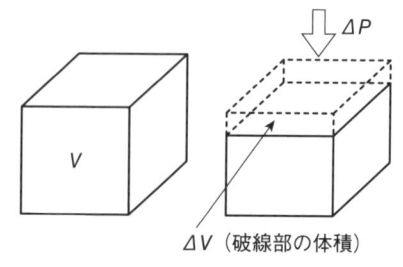

図3　圧縮前の体積VとΔPで加圧したときの体積の変化ΔV

圧縮率 β は、鉱油系作動油で約 6×10^{-4} [1/MPa] ですが、実際には配管などの施工時に少し空気が混入する場合があるので、その分を考慮して 1×10^{-3} [1/MPa] 程度と考えておくとよいでしょう。したがって、増圧器の二次側の容積 V は、(1) 式で求めた分にこの ΔV を加えなければなりません。

増圧する部分の体積は、できるだけ少なくした方が増圧による油の圧縮量も減り、増圧器の二次側の容積 V を減らすことができ、コスト的にも安全上からもよいのです。したがって、増圧器まわりの配管も極力短くして、その間の容積を少なくすることが重要です。また、バルブやシリンダは漏れの少ないものを選定することが必要です。

さて、実際に図2を使って (3) 式の ΔV を計算してみましょう。まず、増圧される部分全部の容積を求めます。主シリンダストロークを 100 [mm]、増圧による強大な出力の出る部分のストローク X を 20 [mm]、増圧する部分の配管容積を 1000 [cm³]、$\beta = 1 \times 10^{-3}$ [1/MPa] とすると、増圧による強大な出力の出る部分のストロークに要する体積 V' は、

$$V' = 2[\text{cm}] \times 20[\text{cm}^2] = 40[\text{cm}^3]$$

となりますが、これを増圧器の二次側の容積 V にしてしまうのは誤りです。増圧する部分全部の容積 V'' は、主シリンダと配管容積であるので、次のようになります。

$$V'' = 10[\text{cm}] \times 20[\text{cm}^2] + 1000[\text{cm}^3] = 1200[\text{cm}^3]$$

増圧する最大圧力は 72 [MPa] なので(2)式より、油の圧縮による縮小分の体積 ΔV は次のようになります。

$$\Delta V = 1 \times 10^{-3}[1/\text{MPa}] \times 72[\text{MPa}] \times 1200[\text{cm}^3] = 86.4[\text{cm}^3]$$

そこで、増圧器の二次側の容積 V は、次のようにするのが正しいわけです。

$$V = V' + \Delta V = 40[\text{cm}^3] + 86.4[\text{cm}^3] = 126.4[\text{cm}^3]$$

実際には、増圧による配管の伸びなどを考慮してこの値より多目にする必要があります。

●応用編

9. 増速回路
定石 9-1
差動回路（ディファレンシャル回路）を使った片ロッドシリンダの高速前進回路の作り方

油圧シリンダを高速で作動させるためには、通常は大流量吐出しのポンプを用意することになります。しかし、大流量吐出しのポンプは装置が大型になったり高コストになります。そこで、大流量吐出しのポンプを使用せずに、増速回路を作る方法と作動や注意事項を紹介します。

油圧シリンダ（油圧アクチュエータ）の速度は次の式で表わされます。

$$V(シリンダ速度) = Q(流量) / A(受圧面積)$$

これより高速で作動させるには、Q（流量）を増やすか、A（受圧面積）を小さくすればよいことがわかります。A を小さくするとシリンダが小型になり、シリンダの出力も小さくなるので適当でないとすると、コストがかかる大流量吐出しのポンプを用意することになってしまいます。

ここで紹介する差動回路は、大流量吐出しのポンプを使わずに、片ロッドの複動シリンダを利用してシリンダの増速回路を構成する一つの方法です。この増速回路は、プレス機械の主シリンダや工作機械の送りシリンダなどの早送りや早戻しによく利用されています。

図1に差動回路の動作原理を示します。

片ロッドの複動シリンダのキャップ側とヘッド側の配管をつないで、キャップ側ヘッド側両方に油圧源（ポンプ）から圧油を導いています。

シリンダのキャップ側ピストンの受圧面積 A_1、ヘッド側ピストンの受圧面積 A_2、ロッドの面積 a、ポンプの吐出し圧力 P_0、キャップ側圧力 P_1、ヘッド側圧力 P_2、ポンプの吐出し流量 Q_0、キャップ側流入量 Q_1、ヘッド側流出量 Q_2、ピストンロッドの前進速度 V、出力 F とします。キャップ側、ヘッド側両方にポンプから圧油が導かれるので、圧油

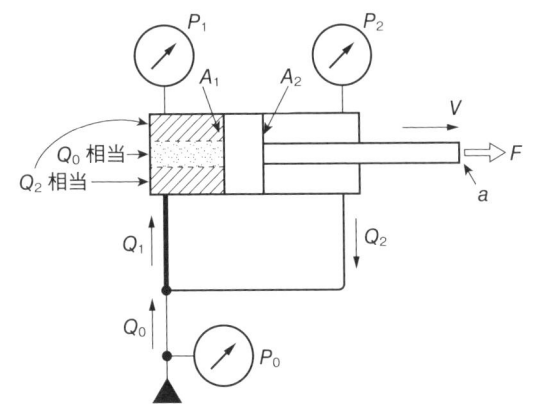

図1 差動回路の原理

がかかった瞬間は、$P_0=P_1=P_2$ となり、ピストンの両側にかかる力の大きさは、キャップ側が $P_0 \times A_1$、ヘッド側が $P_0 \times A_2$ となります。

つまり、ピストンの両側にかかる力は、受圧面積に比例するので $A_1 > A_2$ なので、力は $P_0 \times A_1 > P_0 \times A_2$ となり、キャップ側が大きくなり、この力の差によってピストンは前進します。

すると、シリンダのヘッド側から流出する圧油は、ポンプ側には戻れず、シリンダのキャップ側に流れるので、シリンダのキャップ側に流入する圧油はポンプから吐き出される圧油とヘッド側から流出する圧油が合流したものになるので、

$$Q_1 = Q_0 + Q_2 \qquad \cdots\cdots(1)$$

となります。基礎編の2.13 シリンダのピストン速度より $V=Q_1/A_1$ なので、次のようになります。

$$Q_1 = A_1 \times V \qquad \cdots\cdots(2)$$
$$Q_2 = A_2 \times V \qquad \cdots\cdots(3)$$

(1)、(2)、(3)式より、$A_1 \times V = Q_0 + A_2 \times V$、$Q_0 = V \times (A_1 - A_2)$、$V = Q_0/(A_1 - A_2)$、$A_1 - A_2 = a$ ですから、次のようになります。

$$V = Q_0/a \qquad \cdots\cdots(4)$$

もし差動回路にしない通常の回路のピストン速度を V' とすると、シリンダキャップ側への流入量はポンプ吐出し流量 Q_0 となるので、

●応用編

$$V' = Q_0/A_1 \qquad \cdots\cdots\cdots(5)$$

となります。

(4)、(5)式より、$a<A_1$ なので $V>V'$ となります。

つまり、ポンプの吐出し流量 Q_0 は、キャップ側の受圧面積 A_1 のロッド面積に相当する a に作用し、残りの部分（ヘッド側の受圧面積 A_2 に相当、$A_2=A_1-a$）はヘッド側からの流出量 Q_2 が作用することになります。よって差動回路のピストン速度 V は通常回路のピストン速度 V' より速くなります。ただし、この差動回路ではピストン出力は小さくなります。シリンダのキャップ側とヘッド側が配管でつながっているので $P_1=P_2$ になります。ピストンの両側にかかる力の差で前進しているのでシリンダ出力 F は、$F=P_1 \times A_1 - P_1 \times A_2$ で、$A_1-A_2=a$ ですから、次のようになります。

$$F = P_1 \times a \qquad \cdots\cdots\cdots(6)$$

このように差動回路は速いシリンダ速度が必要で、プレス機械や工作機械などの早送り、早戻しのような通常の出力を必要としない高速送りに使用されます。

図2に差動回路の一例を示します。この回路は電磁パイロット切換弁の中立位置にPAB接続を用いることにより差動回路を作っています。よって、SOL-a、bがOFFのとき増速前進（差動回路）、SOL-aがONのとき通常前進、SOL-bがONのとき後退となります。

ただし、この回路で切換弁が中立位置（SOL-a、bがOFF）のときにモータを回転してポンプを回転させるとシリンダが増速前進するので危険です。そこで電気制御でモータの電源を入れると同時に、切換弁のSOL-bがONしてシリンダが飛び出さないようにする必要があります。この差動回路の注意事項としては、回路を流れる圧油の流量がポンプの吐出し流量よりかなり多いので、その流量を流せる配管の太さにしなければならないことです。図中で、管路の太い（線の太い）ところほど流れる流量が多くなります。

図1で説明すると、差動回路なのでピストンロッドが通常回路より速い速度で前進するのでヘッド側の流出量 Q_2 は通常回路より多くな

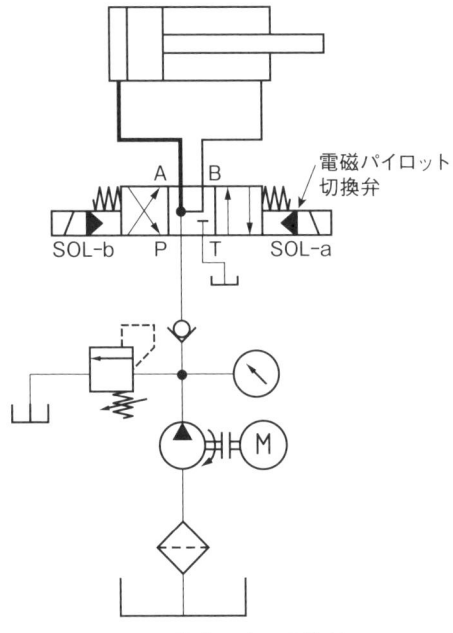

図2 差動回路の具体例

り、ロッドの太さにもよりますが、たいていポンプの吐出し流量 Q_0 より多くなります。また Q_1 は、Q_2 と Q_0 が合流して流れるのでかなりの大流量が流れることになります。

　線の太い部分は、それぞれのラインを流れる流量を流すことが可能な配管太さにしなければなりません。図2で切換弁を大流量流せる電磁パイロット切換弁にしているのもこのためです。

　もし各配管のどれか1つでも流れる流量を満足できない細い配管にすると絞りのはたらきをするため、ポンプ圧力がリリーフ弁の設定圧力になってしまいリリーフ弁が開いてポンプ吐出し流量の一部がタンクへ流れてしまいます。可変容量形ポンプの場合では、ポンプ圧力が最高使用圧力近くまで上がり、ポンプがカットオフ状態になりポンプ吐出し流量が減ってしまうことになります。よって差動回路本来の速度が出なくなってしまいます。これは失敗事例の中で非常に多いので特に注意が必要です。

●応用編

9. 増速回路　定石 9-2
補助シリンダとプレフィル弁による増速回路の作り方

大型プレスなどで大型シリンダを高速で動かす際によく使用される回路で、補助シリンダとプレフィル弁を利用したものを紹介します。

図1に補助シリンダとプレフィル弁を用いたプレス機械の増速回路の例を示します。

電磁パイロット切換弁のSOL-bをONすると、補助シリンダのキャップ側にポンプからの圧油が流れ込んで補助シリンダは下降します。すると、補助シリンダのロッドと主シリンダ（単動ラム形）のラムはプレスプレートで結合されているので、補助シリンダのロッドに主シリンダのラムが引っ張られて下降します。

主シリンダのラムが下降すると主シリンダ内が負圧になるので、その負圧でプレフィル弁が開き、上部タンクから主シリンダ内に油を供給します。

プレスプレートが加工物に当たり回路圧（ポンプ圧）が上昇し、シーケンス弁の設定圧（この図では5[MPa]）になると、シーケンス弁が開いて主シリンダにポンプ吐出し圧油が入ってきます。それと同時にプレフィル弁は閉じ、主シリンダはポンプ吐出し圧力（この図では最高リリーフ弁の設定圧10[MPa]まで）で加工物を加圧します。

次に加工（加圧）が終了して、電磁パイロット切換弁のSOL-bをOFFに、SOL-aをONにすると補助シリンダのヘッド側にポンプからの圧油が流れ込んで上昇します。同時にプレフィル弁のパイロット圧にもポンプ圧油が入ってくるので、プレフィル弁は開いて、主シリンダ内の油は上部タンクへ戻ることになります。

このように、プレスプレートの下降時に主シリンダへ流入し、上昇時に流出する大容量の油は、プレフィル弁を経由して上部タンクから直接

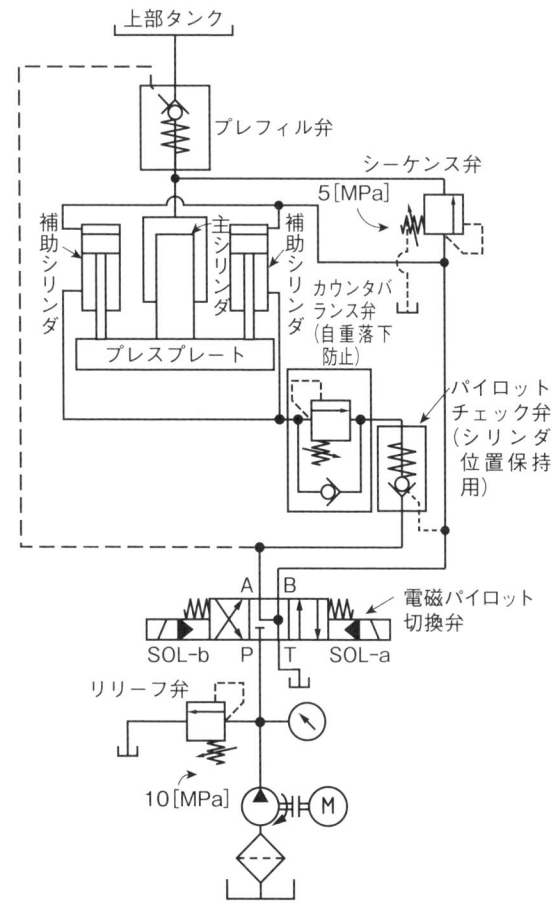

図1 プレス機械に補助シリンダとプレフィル弁を用いた増速回路

出し入れするので、ポンプの吐出し量は補助シリンダを下降、上昇させるためだけに使用されます。そして、加圧時のみポンプの吐出し圧油を主シリンダへ送って加圧しています。

常時主シリンダ分の油もポンプ吐出し量で供給する回路と比較すると、ここで紹介した回路の方がプレスプレートを高速作動することができることがわかります。あるいは、プレスプレートの速度を一定とすると、ポンプをより小型化（吐出し量を少なく）できるわけです。この増

●応用編

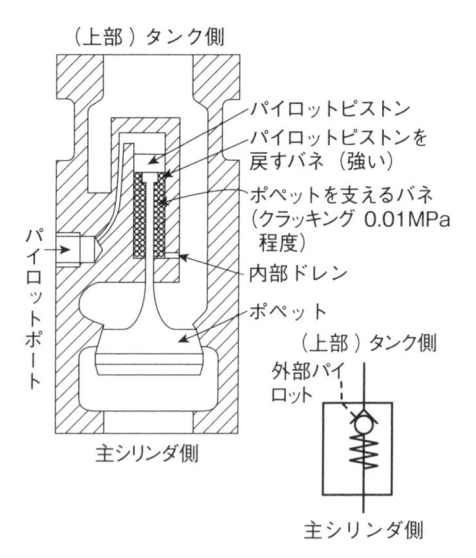

図2 プレフィル弁の構造

写真1 プレフィル弁（ダイキン工業製）

　速回路には、プレフィル弁というパイロットチェック弁と構造のよく似た弁を用いています。プレフィル弁の構造を**図2**に外観写真を**写真1**に示します。

　このプレフィル弁は（上部）タンクと主シリンダの間で油をやりとりする吸油弁、排出弁として用いられ、数百〜数千[ℓ/min]の大流量の油を流すことができます。

9. 増速回路

定石 9-3

アキュムレータによる油圧エネルギー蓄積を利用した増速回路の作り方

油圧エネルギーの蓄積などの働きをするアキュムレータの仕組みと、それを使った増速回路のつくり方を紹介します。

　油圧では、液体を用いるのでポンプで加圧したとき、ほとんど圧縮しません。このことは、ポンプを回していくら高圧に加圧しても、ポンプを止めてしまえば回路（タンクとつながっている部分）の圧力は、すぐに大気圧となって油圧エネルギーの蓄積ができないことを表わしています。

　一方、空気圧では気体を用いるのでコンプレッサーで加圧したとき圧縮するので密閉容器（エアタンク）に溜めておけばコンプレッサーを止めても空気圧が大気圧に戻るまでは空気を送ることができます。すなわち空気圧エネルギーの蓄積ができることになります。

　通常、油圧では油圧エネルギーの蓄積ができませんが、アキュムレータという機器を用いて油圧エネルギーを蓄積することがあります。

　アキュムレータは構造上、おもり式、バネ式、気体圧縮式に分類されます。油圧エネルギーの蓄積方法は、おもり式はおもりの重量（位置エネルギー）を油にかけて蓄圧します。バネ式はバネ力を油にかけて蓄圧します。気体圧縮式は気体の圧縮による、気体の圧力上昇による圧力エネルギーを油にかけて蓄圧します。

　通常、気体圧縮式がよく使用されています。中でも**図1**のブラダ形アキュムレータがよく用いられています。このブラダ形アキュムレータは、ブラダ（ゴム袋）に上部の給気弁から気体が封入されています。下部の圧油ポートとつないだ圧油回路の圧力が上昇すると中の気体が圧縮され、蓄圧し必要に応じて油を放出します。ブラダは慣性が低く、応答性がよいのが特徴です。封入する気体は安全性と経済性から窒素（N_2）

●応用編

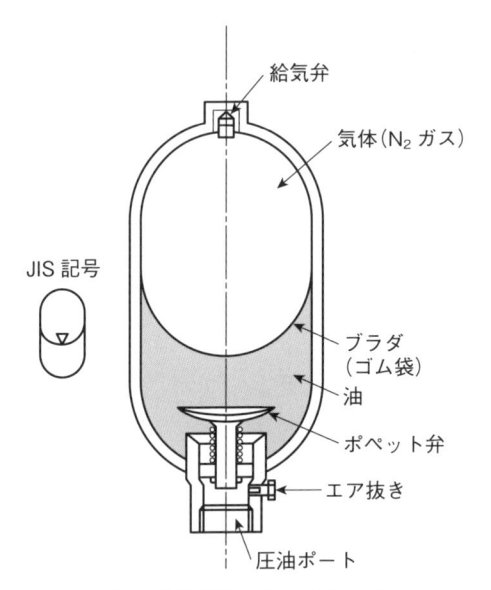

図1 ブラダ形アキュムレータ

ガスを使用します。ポペット弁は、ブラダが膨張して外部にはみ出すのを防ぎ、ブラダが油を放出してしまいアキュムレータ内に安全に膨張するとブラダに押されて圧油ポートを閉じるようになっています。

このように、アキュムレータに油圧エネルギーを蓄積して、停電や故障による油圧ポンプ停止時の緊急時の油圧源やポンプの補助、圧力保持、重量バランスなどに使用します。

また、アキュムレータは油圧エネルギーの蓄積以外にポンプなどにより発生する圧油の脈動を吸収したり、回路の衝撃（サージ圧など）を吸収する目的で使用されることもあります。

アキュムレータを使うと増速回路を構成することもできます。アキュムレータを油圧エネルギーの蓄積（ポンプの補助）として用いるもので、**図2**にその回路例を示します。

この回路は、高低圧2連ポンプを用いたプレス機械の例で、モータでポンプを回すとまず、低圧ポンプでアキュムレータに圧油を送り、油圧エネルギーを蓄積します。（この回路では低圧ポンプ用リリーフ弁の設

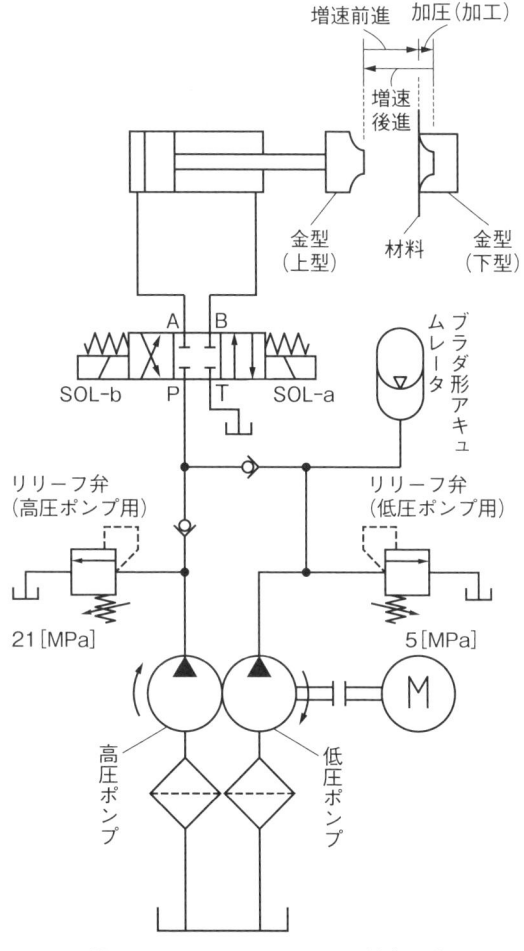

図2 アキュムレータによる増速回路

定圧力5[MPa]まで圧油は蓄圧されます)

そして、SOL-aをONすると高低圧ポンプの吐出しとアキュムレータに蓄圧されている圧油がシリンダのキャップ側に流入するのでピストンロッドは増速前進します。

金型(上型)が材料に当たると、回路圧力が上昇して高圧ポンプのみで加圧(加工)を行います。(この回路では最大高圧ポンプ用リリーフ弁設定圧力21[MPa]まで加圧可能)

●応用編

　その間、低圧ポンプはアキュムレータに圧油を送り、圧油エネルギーを蓄積しているので加圧（加工）が終了してSOL-aをOFFにし、SOL-bをONすると高低圧ポンプの吐出しとアキュムレータに蓄圧されている圧油がシリンダのヘッド側に流入するのでピストンロッド後退も増速後退します。

　このようにアキュムレータを使用することによって、ポンプの吐出し流量以上の流量をシリンダに送ることができるので増速することができるのです。

10. 複数シリンダの制御	別々の圧力による複数シリンダの制御（減圧弁を使った部分圧力制御）
定石 10-1	

逆止め弁が付いていない減圧弁を使って、シリンダに供給する圧力を変更する例を紹介します。

減圧弁には、逆止め弁が付いているものがあります。逆止め弁のことをチェック弁ともいいます。この逆止め弁が付いていない減圧弁は、逆流ができないので図1のようにポンプと方向切換弁の間の圧力供給ラインに入れて使います。

いま、リリーフ弁の設定圧力を7MPaに設定し、減圧弁の設定値を3MPaにしてみます。この場合、シリンダAは前進・後退とも一次側

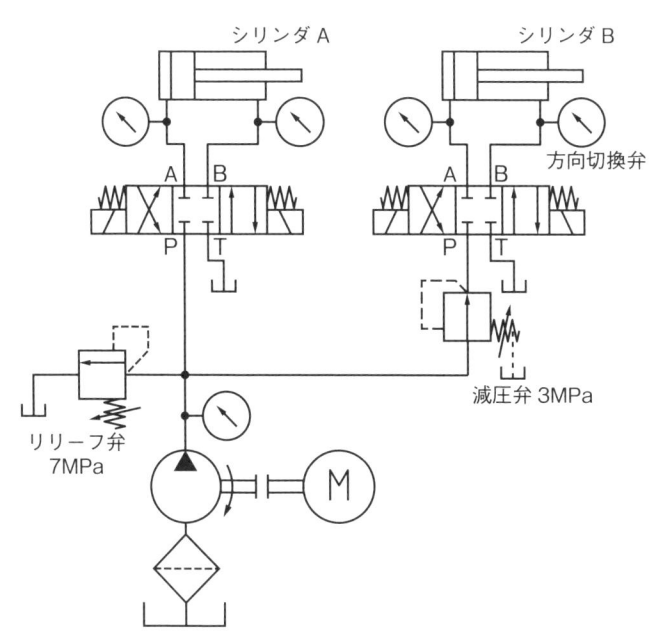

図1 逆止め弁のない減圧弁を使った減圧回路

●応用編

の最大圧力の7MPaまでの圧力を出すことができます。一方、減圧弁の入ったシリンダBは、一次側圧力が7MPaまで変動しても減圧弁に制御され、前進・後退ともに最大3MPaに制限されます。

10. 複数シリンダの制御	前進動作の圧力だけを変更する制御（逆止め弁付減圧弁を使った圧力制御）
定石 10-2	

逆止め弁が付いた減圧弁を使って、特定のシリンダの前進動作の圧力だけを変更する回路を紹介します。

逆止め弁が付いている減圧弁は、逆流できるので図1のようにシリンダと方向切換弁の間に入れて使用することができます。

この場合、シリンダAは前と同じで前進・後退とも最大7MPaの圧力が出せます。シリンダBは、前進については、最大3MPaの圧力に制限されますが、後退については一次側圧力がそのまま導かれるので、減圧弁の影響を受けずリリーフ弁の設定圧力である最大7MPaまで出すことができます。シリンダBのキャップ側から流出する油は逆止め弁を通ってタンクに戻されます。

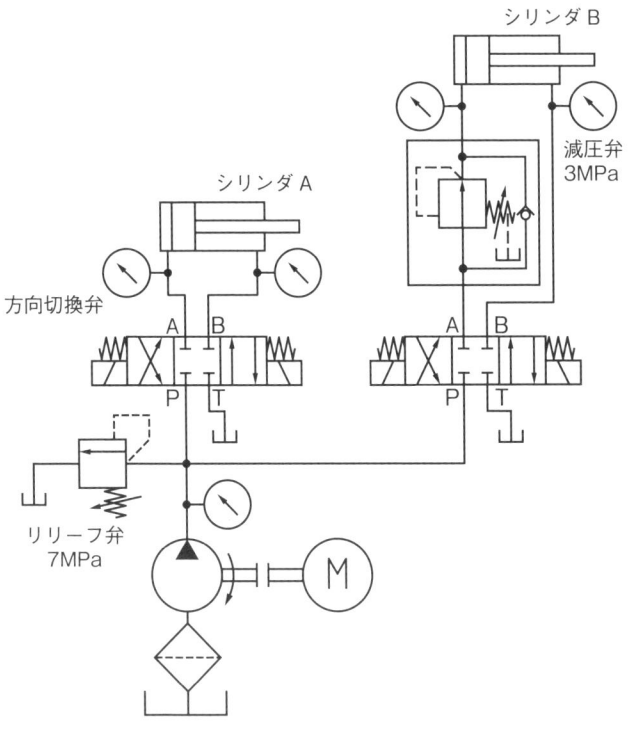

図1 逆止め弁付減圧弁を使った回路

●応用編

11. 複数シリンダの制御
定石 11-1　複数シリンダの押付け力を維持する圧力保持回路

圧力保持を行うときに、同時に複数のアクチュエータを使用していると、別系統のアクチュエータを動かしたときに圧力保持ができなくなることがあります。これは、1つの油圧ポンプの圧油を複数の系統に分岐しているときによく起こるものです。ここでは、圧力保持回路の不具合の原因とその対策を工作機械などでよく利用されるクランプ回路を使って解説します。

工作機械などでは、ワークのクランプなどによく油圧回路が使われます。一つの例としてワークにドリルで穴あけ加工するシステムを想定します。クランプシリンダのワーククランプ圧力は、リリーフ弁の設定圧力 5MPa とします。

作動順序は次のようにします。
① クランプシリンダ下降、ワーククランプ
② 加工送りシリンダ前進、ワークにドリルで穴あけ
③ 穴あけ加工終了後、加工送りシリンダ後退
④ クランプシリンダ上昇、ワークアンクランプ

このシステムを制御するのに、**図1**の回路を作ってみましたが、これで正しく作動するか順を追って見てみましょう。

まず SOL-b を ON するとクランプシリンダが下降①して、ワークをクランプします。クランプ圧力はリリーフ弁の設定圧力 5MPa まで上昇します。

次に SOL-c を ON したとき加工送りシリンダに圧油がポンプから送られ加工送りシリンダを前進②させます。するとクランプシリンダの圧力ラインと加工送りシリンダの圧力ラインはつながって、加工送りシリンダにポンプから圧油が供給された瞬間、それまでリリーフ弁の設定圧

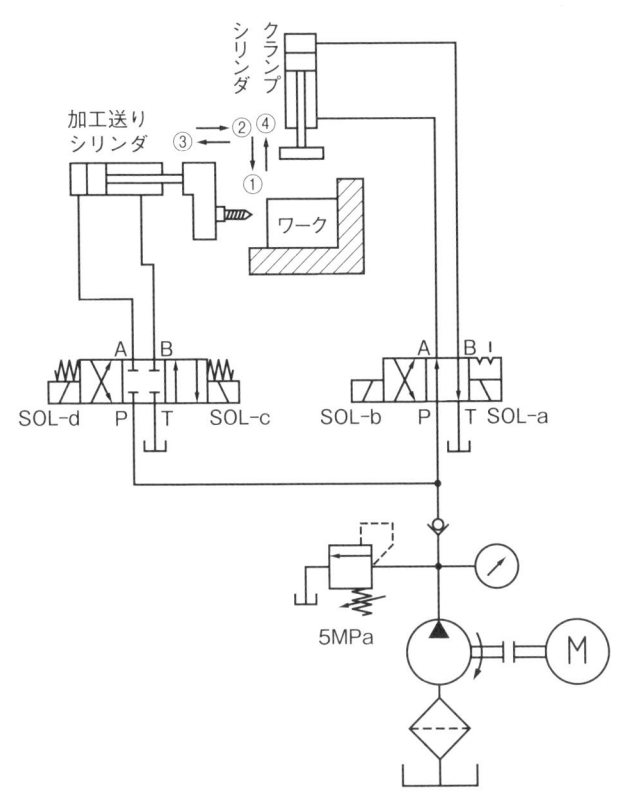

図1 誤りのある圧力保持回路の例

力5MPaの圧力を保っていたクランプシリンダのクランプ圧力は一気に下がってしまいます。

このときクランプにかかる力は、加工送りシリンダがシリンダ前端についているドリルヘッドを押し出す力に必要な圧力（かなり小さい）のみになります。

もしこのまま加工送りシリンダが前進してワークにドリルが当たったとすると、ドリルの切削抵抗がクランプ力よりも勝っていれば、ワークがクランプからはずれる事故になりかねず、このような回路は非常に危険で使用できません。

作業順序のうち、①のクランプするところまでは良いことはわかって

●応用編

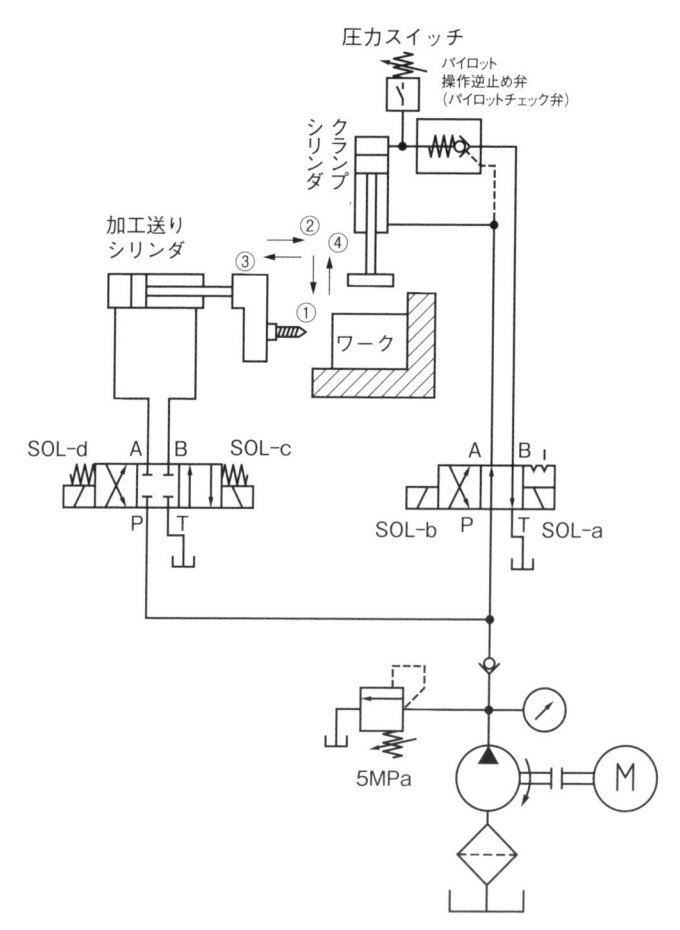

図2 圧力保持回路の改善例

　います。次の作業②の加工送りシリンダが前進する瞬間に、クランプシリンダのクランプ圧力が抜けないように回路を改善する必要があります。

　クランプ圧力が抜けないということは、クランプシリンダのキャップ側の圧油が抜けなければよいので、漏れのないシート形式の逆止め弁を使用することが考えられます。スプール形式の弁ですと漏れがあるので使用できません。

一方、クランプシリンダは下降・上昇を繰り返しますから、シリンダラインの油は双方向に流れなければならないので、パイロット操作逆止め弁（パイロットチェック弁）を使用することにすると**図2**の回路のようになります。

　この回路の場合、動作①のクランプシリンダが下降して、ワークをクランプしてクランプ圧力がリリーフ弁設定圧力5MPaまで上昇した後、動作②の加工送りシリンダが前進しても、クランプシリンダのキャップ側の圧油はパイロットチェック弁によって抜けないのでクランプ圧力5MPaは保持されます。

　そのため動作①・②・③・④がスムーズに行われ、ワークのドリル加工を安全に完了することができるようになります。

　クランプシリンダのキャップ側とパイロットチェック弁の間に接続している圧力スイッチは、ワーククランプ中のクランプ圧力の監視のためのもので、クランプ圧力が5MPaになると圧力スイッチがONになるように設定しておきます。そして、圧力スイッチがONしていないと加工送りシリンダの前進用SOL-cがONしないようにコントローラを設定しておくと、何らかの原因でクランプ圧力が下がったときの不具合を防ぐことができます。

●応用編

12. 電磁弁による順序制御
定石 12-1
PLCを使った油圧シリンダの順序制御

油圧シリンダを順序制御するのに電気制御を用いることはよく行われています。ここでは、PLCを使った電気制御を例にして、電気制御による油圧シリンダの順序制御について紹介します。

複数の油圧シリンダをある決められた順序に従って動かす仕組みを考えてみましょう。

図1は、電磁切換弁と2本の油圧シリンダを組み合わせたものです。シリンダの移動端にはリミットスイッチが付けられて、ストロークエンドに達したときに電気信号が発生するようになっています。制御コントローラにはPLC（Programmable Logic Controller、プログラマブルコ

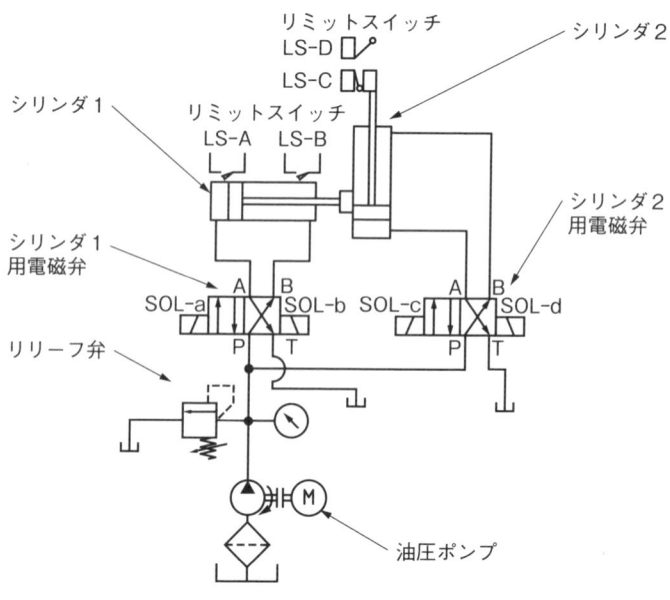

図1 電磁切換弁を使った装置

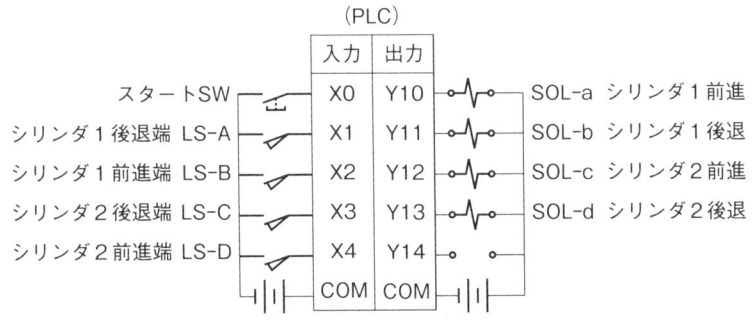

```
                    （PLC）
                    入力  出力
   スタートSW ─────── X0   Y10 ──── SOL-a  シリンダ1前進
シリンダ1後退端 LS-A ── X1   Y11 ──── SOL-b  シリンダ1後退
シリンダ1前進端 LS-B ── X2   Y12 ──── SOL-c  シリンダ2前進
シリンダ2後退端 LS-C ── X3   Y13 ──── SOL-d  シリンダ2後退
シリンダ2前進端 LS-D ── X4   Y14
                    COM  COM
```

図2 PLCの入出力ユニットとの配線図

ントローラ、シーケンサ）を利用して、PLCと電磁切換弁、リミットスイッチを図2のように接続しています。PLCは制御プログラムによって入力信号を取り込んだり、出力の信号を自由にオンオフしたりすることができるコントローラです。

シリンダの位置を検出しているリミットスイッチの入力信号の状態によって、コントローラ（PLC）から電磁切換弁の所定のソレノイドに電気を流してシリンダを制御するようにプログラムをつくります。

2本のシリンダの動作順序を次のようにします。

まず、スタートスイッチが押されるとSOL-aに通電してシリンダ1が前進します。すると、シリンダ1の前進端に付いているLS-BがONします。LS-BがONしたところでSOL-cに通電してシリンダ2を前進させます。シリンダ2の前進端リミットスイッチLS-DがONしたらSOL-cの電気を切ってSOL-dに通電してシリンダ2を後退させます。シリンダ2の後退端LS-CがONしたら、SOL-aの電気を切ってSOL-bに通電してシリンダ1を後退します。

以上の順序を図に示したものが図3です。

順序どおりに動作するように作成したPLCのプログラムを図4に示します。

この例のように、電気信号を使って2本のシリンダを制御しようとすると、電磁弁やリミットスイッチの電気回路、PLCの配線、PLCの制御プログラムなど数多くの手順を必要とするのがわかります。

●応用編

[動作順序例]

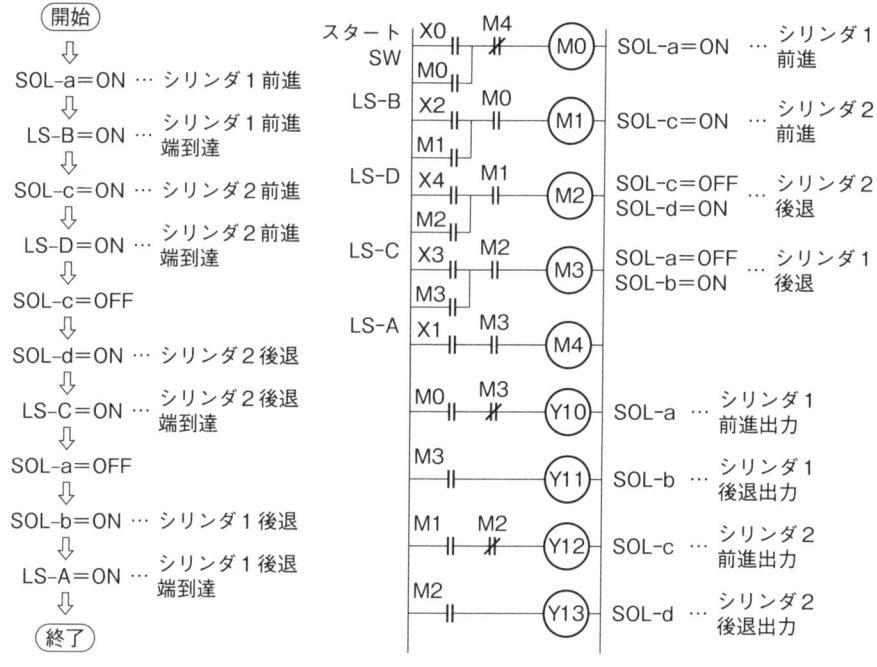

開始
⇩
SOL-a=ON … シリンダ1前進
⇩
LS-B=ON … シリンダ1前進端到達
⇩
SOL-c=ON … シリンダ2前進
⇩
LS-D=ON … シリンダ2前進端到達
⇩
SOL-c=OFF
⇩
SOL-d=ON … シリンダ2後退
⇩
LS-C=ON … シリンダ2後退端到達
⇩
SOL-a=OFF
⇩
SOL-b=ON … シリンダ1後退
⇩
LS-A=ON … シリンダ1後退端到達
⇩
終了

図3 動作順序

図4 PLCの制御プログラム例

　その代わりに一度制御システムを構築してしまえば、あとはプログラムの変更だけで動作順序を入れ替えたり、停止時間（タイマー）を追加したりすることは自由にできるようになるのがPLC制御の特徴です。
　電気の力を使わずに油圧だけで順序制御をすることもできます。このような制御にはこの後で述べるシーケンス弁などを利用します。

240

13. シーケンス弁の順序制御

定石 13-1　油圧シリンダで押し付けているときだけ油圧モータを回転する制御方法

シーケンス弁を利用して電気を使わずに順序制御を行う方法を紹介します。まず、逆止め弁のないシーケンス弁を使ってシリンダが前進端に達してから戻り動作を始めるまで油圧モータを回転するように制御してみます。

　逆止め弁のないシーケンス弁を使って2つのアクチュエータを順番に動作させるように油圧回路をつくります。逆止め弁のないシーケンス弁は、一次側から二次側へと圧油を流すことはできますが、二次側から一次側へと逆流させることはできないことを考慮して下さい。

　ここでは、**図1**のように油圧モータでビスを締め付ける装置を想定します。油圧シリンダで押し付けてから油圧モータを回転します。

　図2のように、逆止め弁無しシーケンス弁と油圧シリンダと油圧モータを配管した装置を使って、どのように順序制御の動作を実現するか見てみましょう。

　まず、手動切換弁を切り換えてスプールを図の右側に移動して、油圧シリンダのキャップ側の配管に圧油を送ると、油圧シリンダはすぐに前進①の動作を行います。シーケンス弁の一次側にも同時に圧油が送られることになり、パイロット圧として小ピストンを下から上に押し上げま

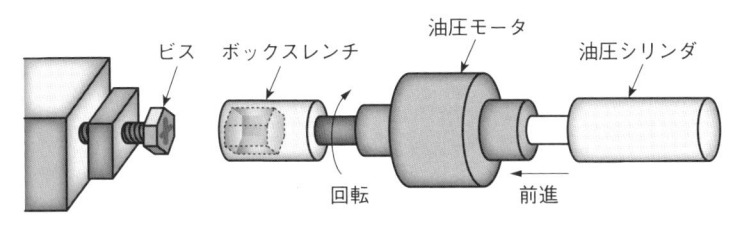

図1　油圧シリンダで押し付けてからモータを回転する

●応用編

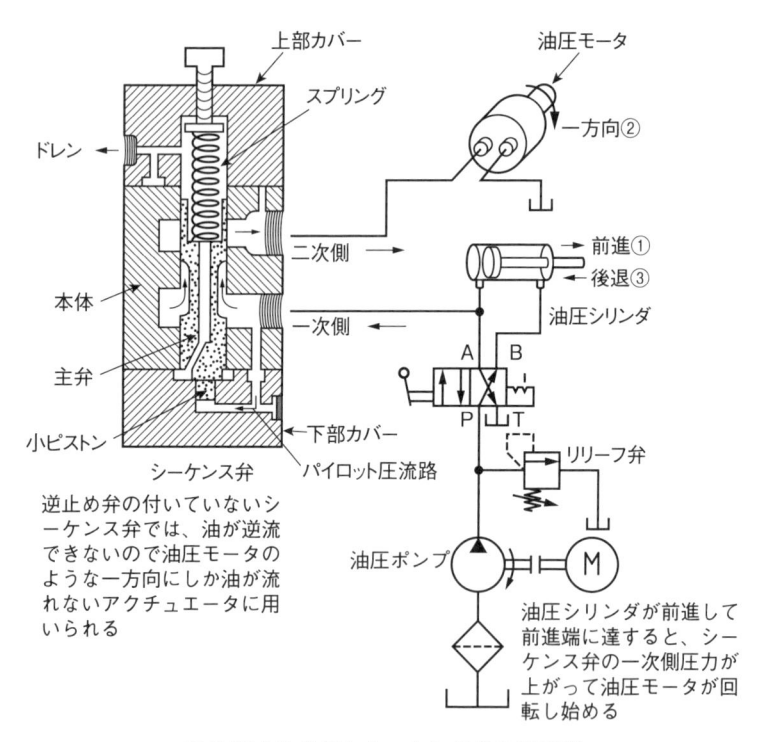

図2 逆止め弁無しシーケンス弁の利用例

図中ラベル：
上部カバー、スプリング、油圧モータ、一方向②、ドレン、二次側、前進①、後退③、本体、一次側、油圧シリンダ、主弁、A、B、P、T、小ピストン、下部カバー、リリーフ弁、シーケンス弁、パイロット圧流路、油圧ポンプ、M

逆止め弁の付いていないシーケンス弁では、油が逆流できないので油圧モータのような一方向にしか油が流れないアクチュエータに用いられる

油圧シリンダが前進して前進端に達すると、シーケンス弁の一次側圧力が上がって油圧モータが回転し始める

すが、スプリングが上から下に主弁を押しているので一次側圧力（パイロット圧）によって小ピストンを押し上げる力がスプリング力以上にならないと主弁は上昇しません（一次側と二次側がつながらない）。

　油圧シリンダが前進しているときはシリンダを押す圧力は、停止時に比べてかなり低い圧力で動作します。このためシーケンス弁の一次側圧力（パイロット圧）にかかる圧力は低くなっているので、主弁は上がらず、一次側と二次側は閉じたままになるので油圧モータに圧油が流れず、油圧モータは回転しません。

　油圧シリンダが前進端に達すると、圧油の流れが停止して、一次側圧力がリリーフ圧まで上昇しようとします。一次側圧力が上がり、小ピストンの力が、シーケンス弁のスプリング力以上になると主弁が上がって一次側と二次側がつながり、圧油が流れて油圧モータは回転します（②

の動作)。

　次に手動切換弁を切り換えてスプールを図の左側に移動すると、油圧シリンダのヘッド側に圧油が送られます。一方、油圧シリンダのキャップ側およびシーケンス弁の一次側はタンクとつながるので、油圧シリンダはすぐに後退③の動作を行います。

　このときシーケンス弁の一次側圧力（パイロット圧）は、大気圧近くまで下がり、シーケンス弁の主弁はスプリングに押されて下がるので、後退と同時に一次側と二次側が遮断されて油圧モータは停止します。

　もし、この動作を2つの手動切換弁を使って実現すると、作業者がシリンダの前進端に達したことを確認してからモータを運転に切り換えることになります。もし、操作を誤ると先にモータが回転したり、前進端に達する前に回転してしまい、対象物を破損するとかの不具合を起こす原因になりかねません。

　あるいは、シリンダの前進端をリミットスイッチなどを使って検出してモータを動かすという方法もあります。ところが、この検出スイッチはシリンダのピストンの位置だけを検出しているので、完全に前進端に到達する手前でスイッチが切り換わってしまい、この状態では、シリンダの押付け力が十分でない状態で油圧モータが回転してしまうことになってしまいます。

　この点、シーケンス弁を使うと、シリンダの押付け圧力が上がってからモータが回転することになるので、確実な動作が得られるのです。

●応用編

13. シーケンス弁の順序制御
定石13-2
2本の油圧シリンダが順番に前進して同時に戻る制御方法

逆止め弁付シーケンス弁を利用して、1つの切換弁だけで2本のシリンダを順番に制御する構成例を紹介します。逆止め弁付シーケンス弁は、逆止め弁を通して逆流ができるのでさらに複雑な順序制御動作もできるようになります。

　図1のように水平方向のシリンダAがワークを移動して、垂直方向のシリンダBが上からパーツを挿入するような装置を考えてみます。
　2本のシリンダの動作は、まずシリンダAが前進し終わってからシリンダBが前進し、戻りは両方同時に戻るようにします。
　この油圧制御回路は、逆止め弁付シーケンス弁を使うと、図2のようにつくることができます。
　まず、手動切換弁を切り換えて、スプールを図の右側に移動して、油圧シリンダのキャップ側の配管に圧油を送ります。
　油圧シリンダAは、直接キャップ側に圧油が流れ込むのですぐに前進①の動作を行います。
　油圧シリンダBは、キャップ側のポートの手前にシーケンス弁があ

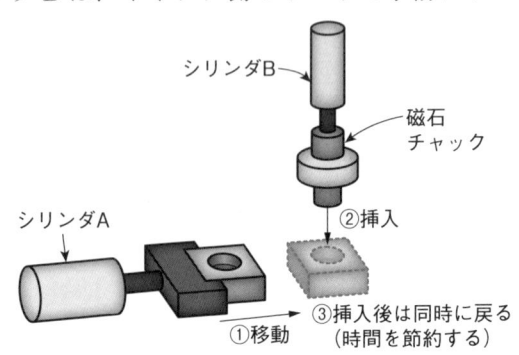

図1 2本のシリンダを順番に前進して同時に戻す制御

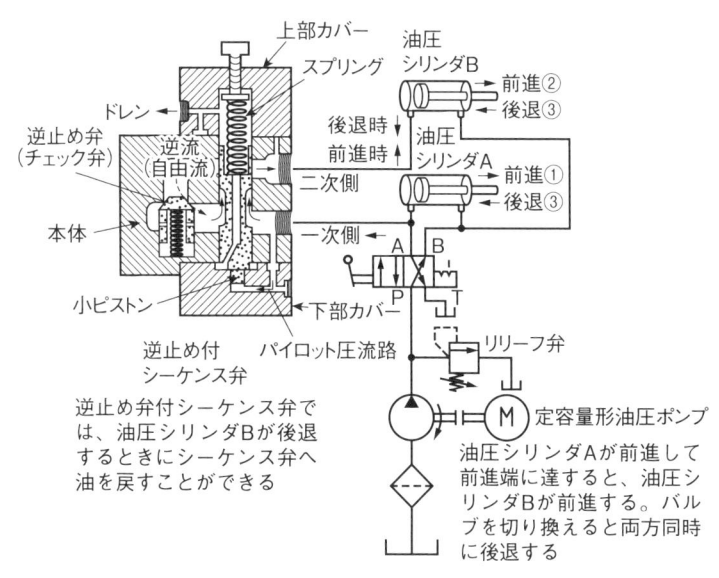

図2 逆止め弁付シーケンス弁の利用例

るので、すぐには前進しません。

　油圧シリンダAが前進端に達すると、シーケンス弁の一次側圧力が上昇して、一次側圧力による力がスプリング力以上になると主弁が上がって一次側と二次側がつながり、油圧シリンダBのキャップ側ポートに圧油が流れ込んで、油圧シリンダBは前進②の動作を行います。

　ここまでは前項の逆止め弁無しのシーケンス弁の動きと同じですが、手動切換弁を元の位置に戻してスプールを元の図どおりに左側に移動すると、圧油が油圧シリンダA、Bのヘッド側ポートに流れ込みます。

　油圧シリンダAのキャップ側とシーケンス弁の一次側はタンクとつながるので、大気圧近くになります。その結果、シーケンス弁のスプリング力が一次側圧力より大きくなるので、主弁は下げられ、一次側と二次側が遮断されますが、逆止め弁が付いているので、二次側から一次側への逆流（自由流）が可能になるのです。

　そこで、油圧シリンダAが後退③の動作を行うと同時に、油圧シリンダBも後退③の動作を行うことになります。

●応用編

| 13. シーケンス弁の順序制御 | 2本目のシリンダの往復を待って戻ってくる制御方法 |
| 定石 13-3 | |

逆止め弁付シーケンス弁を使って2本のシリンダが前進、後退ともに順序動作する例を紹介します。

　図1は、コンベア上のワークに油圧シリンダを使って刻印するシステムの例です。シリンダAが前進端にあるときにシリンダBが上下して刻印を行い、刻印が完了してからシリンダAは元に戻るしくみです。
　図2はワークを移動して圧縮する装置です。ワークを移動するのはシリンダAで、ワークを治具に押し付けている間にシリンダBが上下してワークを圧縮します。
　図1も図2も同じ順序で動作します。この動作を実現する例として、図3のように、形式2の内部パイロットタイプの逆止め弁付シーケンス弁を使った油圧回路をつくってみることにします。
　SOL-aをONにすると、シリンダAが前進端まで移動して停止し、続いてシリンダBが前進して前進端で停止します。この状態を保持しますが、SOL-aをOFFにしてSOL-bをONにすると、シリンダBが

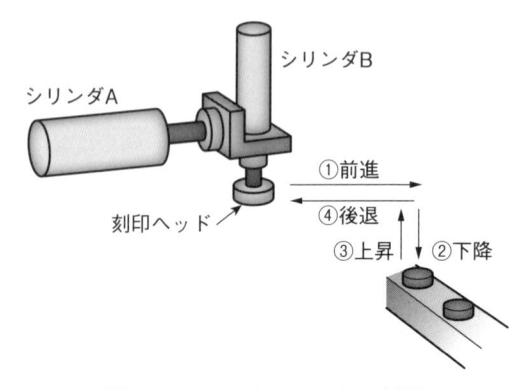

図1　コンベア上のワークの刻印

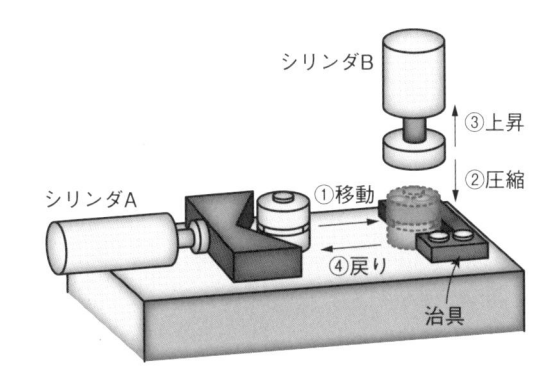

図2 ワークを移動してプレス作業を行う装置

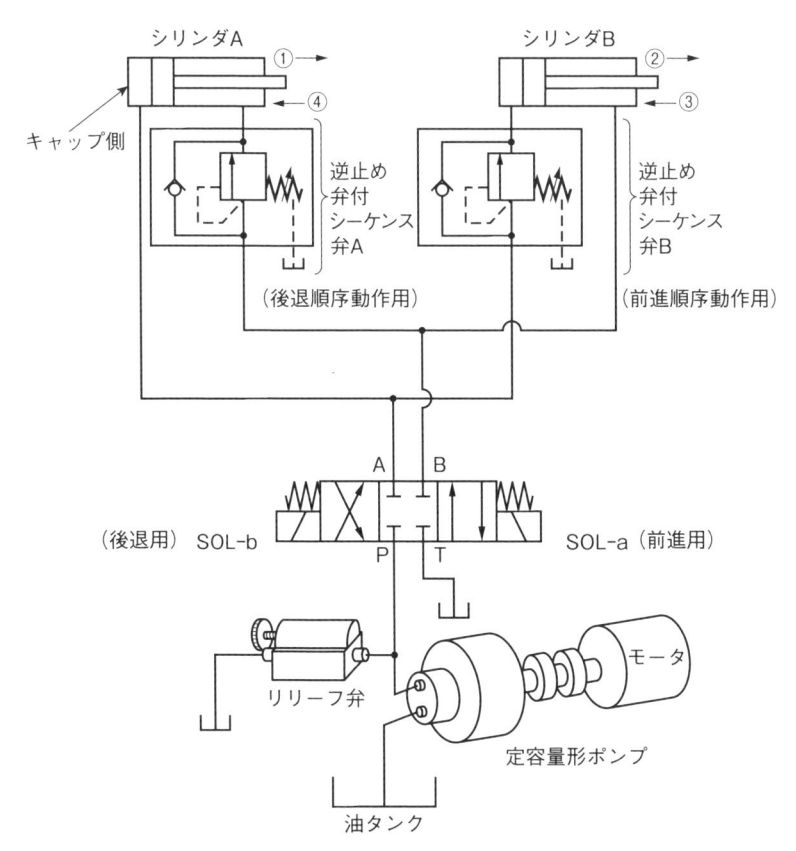

図3 逆止め弁付シーケンス弁(形式2)によるシリンダの順序制御

●応用編

後退して停止し、続いてシリンダAが後退して元に戻ります。

なぜ、このようになるのでしょうか、順番に見ていきましょう。

SOL-aがONに、方向切換弁が前進に切り換わると、圧油がシリンダAのキャップ側に流れ込み前進をし始めます。同時にシーケンス弁Bの一次側にも圧力がかかりますが、まだパイロット圧力はスプリング設定値より低いので、二次側へは圧油が流れずシリンダBは動きません。シリンダAが前進端に達すると、供給ラインの圧力が上がり、シーケンス弁が開いて、シリンダBが前進し始めます。シリンダBが前進端に達した後、方向切換弁を後退に切り換えるとシリンダBのヘッド側に圧油が流れ込んでシリンダが引っ込みます。シリンダBのタンクへ戻る油はシーケンス弁の逆止め弁を通ります。

シリンダBが後退端に達するとシリンダAが後退を始めます。

結果として、2本のシリンダは図の①→②→③→④の順番に動作することになります。

図4に逆止め弁付シーケンス弁（形式2）の構造とJIS記号を示します。

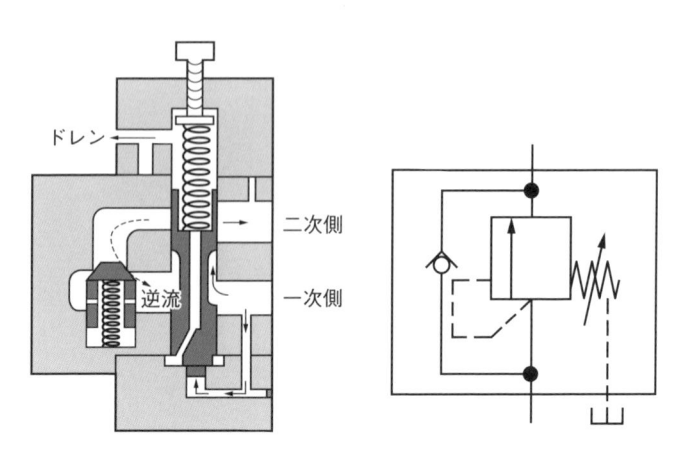

図4 内部パイロット外部ドレン形逆止め弁付シーケンス弁（形式2）の構造とJIS記号表現

13. シーケンス弁の順序制御
定石 13-4　絞り弁の影響による順序の誤動作とその改善

アクチュエータの順序制御に用いるシーケンス弁と絞り弁などの流量制御弁を同じ回路に組み込む際に起こしやすい誤りの例を紹介し、改善方法を解説します。

（1）絞り弁による順序動作の誤動作

定石13-3図3のシリンダAの前進スピードを制御するためにキャップ側に一方向絞り弁（流量制御弁）を入れたものが、図1の回路です。

この回路で定石13-3図3と同じように、シリンダの順序作動ができるのでしょうか。

方向切換弁が前進に切り換えると、シリンダAのキャップ側に流れ込む油は絞りによって制限されます。一方、ポンプの吐出し量は一定なので、制限された余分な圧油はリリーフ弁を開いてタンクへ戻るしかありません。したがって、シリンダAが前進しているときにはリリーフ弁が開くクラッキング圧力まで圧力が上がることになります。シリンダBにつながっているシーケンス弁Bは、その圧力の高い部分からパイロット圧力を取っているのでシリンダAが前進中にシーケンス弁が開いてシリンダBも同時に動いてしまうことになります。

流量制御弁を付けたこのような回路では、順序動作ができなくなることがわかります。

（2）外部パイロットによる誤動作の改善

そこで、外部パイロットタイプの逆止め弁付シーケンス弁（形式3）を使用して図2のようにシリンダAの絞りを通過した後の圧油を外部パイロットとして、シーケンス弁に導くように改善します。このようにしておけば、シリンダAが前進端に達すると、パイロット圧力が上昇

●応用編

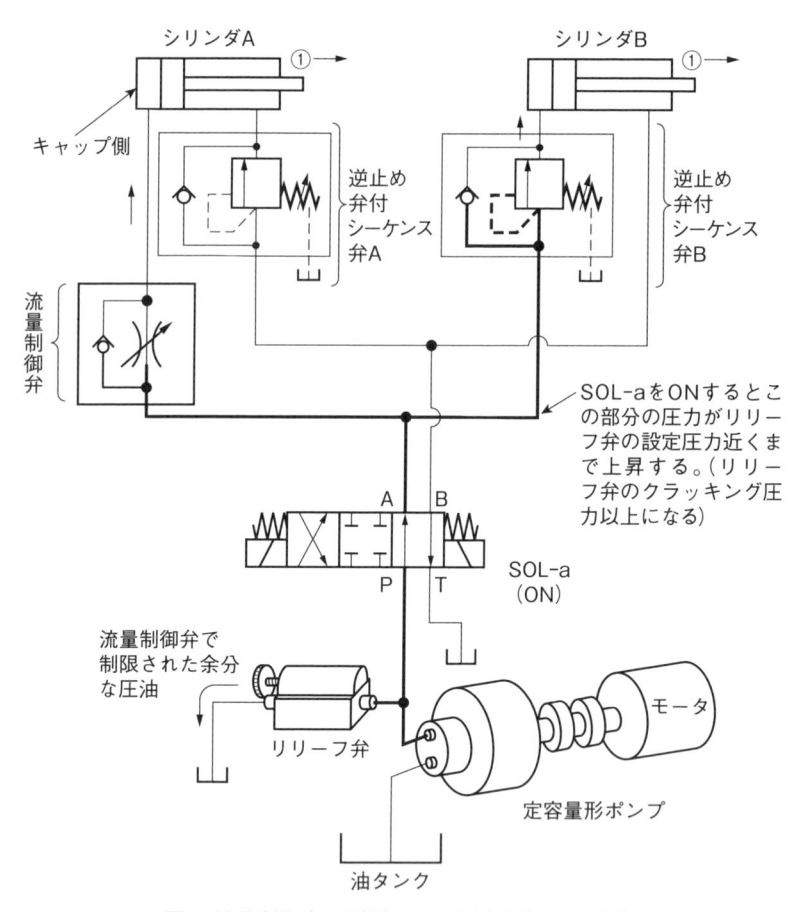

図1 流量制御弁の影響による順序制御の誤動作

してシリンダBが前進し始めるような順序動作が可能になります。

このシリンダの順序動作に用いられる逆止め弁付シーケンス弁(形式2・形式3)は、二次側にも圧力がかかるので、誤動作を防止するために必ず外部ドレンにして、主弁のしゅう動部より漏れた油を専用配管でタンクに抜かなければなりません。

図3に逆止め弁付シーケンス弁(形式3)の構造とJIS記号を記載しておきます。

図2 外部パイロットを使ったシーケンス弁よる順序制御の改善

図3 外部パイロット外部ドレン形逆止め弁付シーケンス弁（形式3）の構造とJIS記号

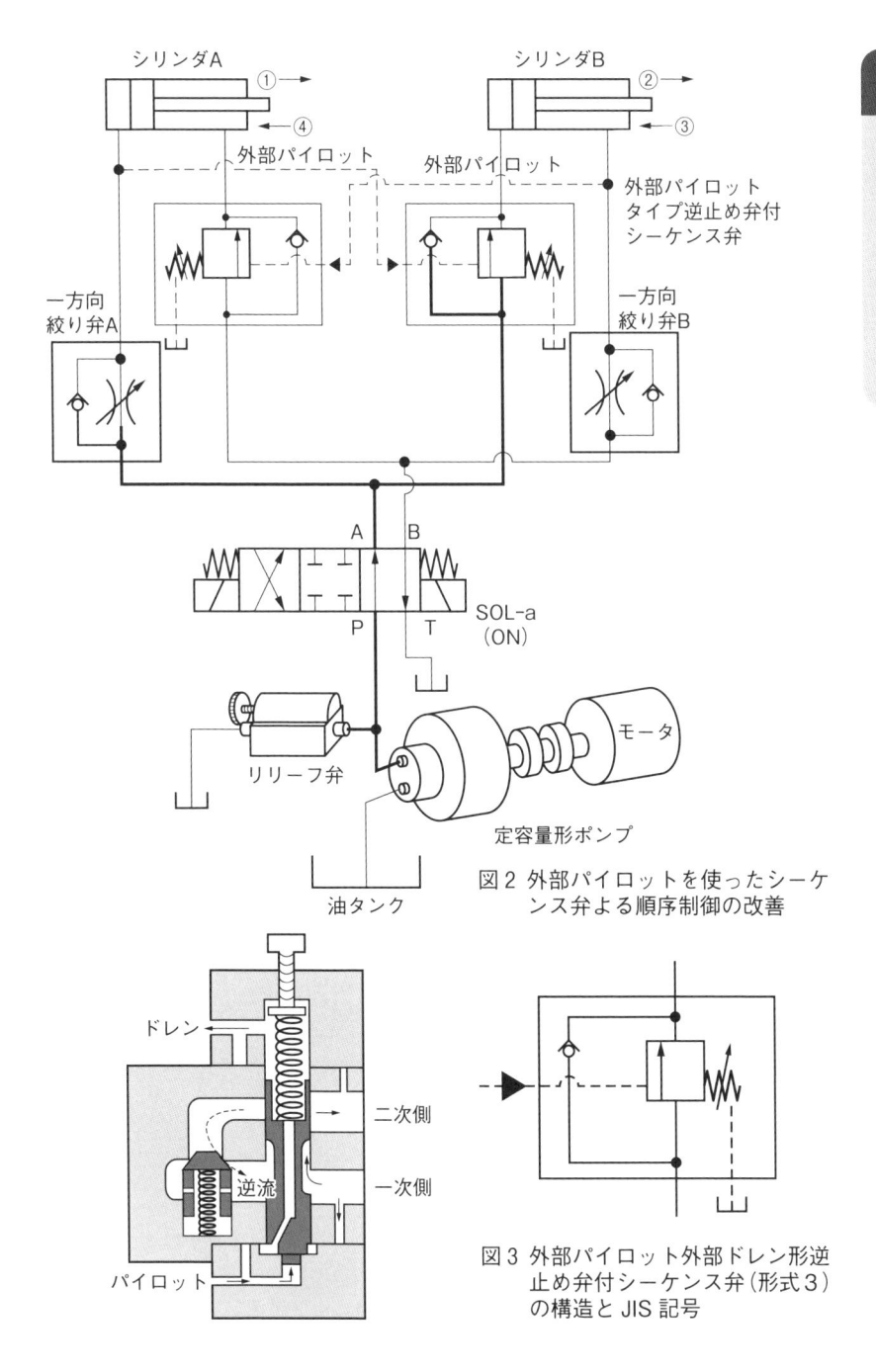

●応用編

14. カウンタバランス弁	背圧を立てて安定した重負荷の下降速度を得る方法
定石 14-1	

シーケンス弁を形式1のカウンタバランス弁として利用し、垂直負荷の下降速度制御を行う仕組みを紹介します。

シーケンス弁をカウンタバランス弁として使うときの動きを説明します。図1のように、シリンダを垂直にして負荷Wを上げ下ろしする装置を想定します。このような装置では、特に負荷Wが重いときに方向切換弁を下降に切り換えたときに負荷の自重によって思わぬ速度で落下することがあります。落下速度は、ポンプの吐出し量による速度以上になり、速度制御ができなくなります。また、シリンダのキャップ側は負圧になります。このような暴走の対策としては、シリンダの圧油が抜け

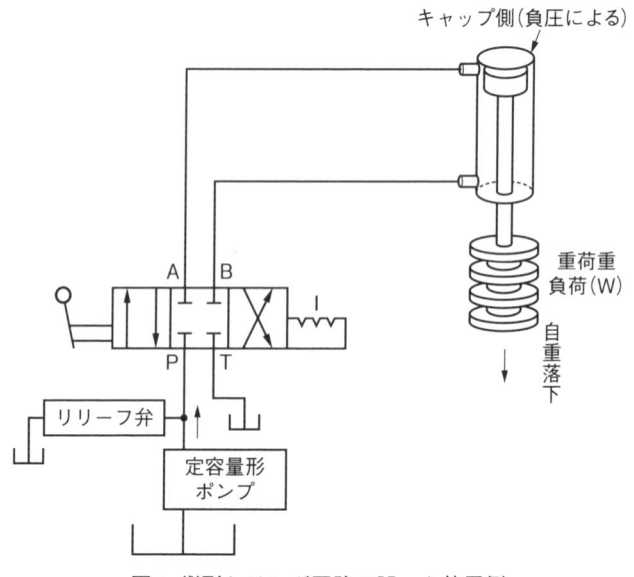

図1 縦形シリンダ回路の誤った使用例

ていくヘッド側に背圧をかけて、シリンダの自走を防ぐことが有効です。

ヘッド側に背圧をかけるということは、シリンダから油がタンクへ戻る流量を制限するということです。このような用途には、形式1の逆止め弁付シーケンス弁、すなわちカウンタバランス弁が利用できます。

図2には、内部パイロットタイプのカウンタバランス弁で負荷Wを下降する例を示します。下降するときにはシリンダのヘッド側に発生する圧力は、次のようになります。

　　　ヘッド側圧力＝ポンプの吐出し圧力＋負荷の自重による圧力

カウンタバランス弁の設定値をこのヘッド側に発生する圧力（背圧）につり合うように主弁のスプリングを締めて調整しておきます。

この状態で、方向切換弁をシリンダの下降側に切り換えたときの圧力変化を見ていくことにします。

切り換えた直後では、シリンダに対してポンプの吐出し圧力はまだ上がっていないので、内部パイロット圧力に、負荷Wの自重によってシリンダヘッド側に発生する圧力だけがかかり、この圧力はカウンタバランス弁の設定値より低いので、弁は閉じたままなのでシリンダは下降で

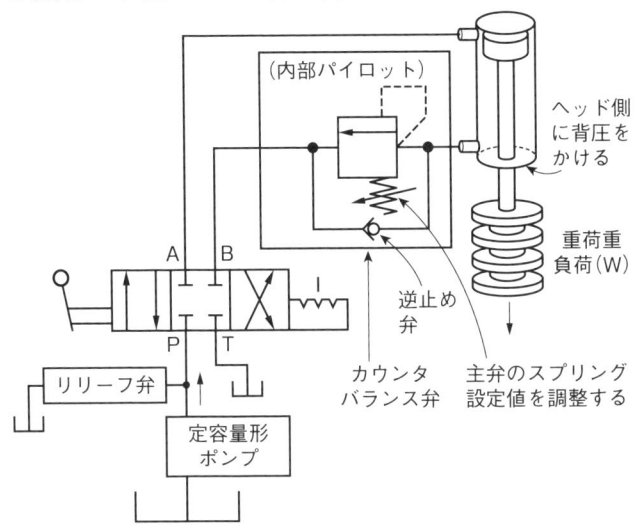

図2　内部パイロット形カウンタバランス弁による下降速度の改善

●応用編

きない状態です。

　その後、ポンプ吐出し圧力が徐々に上昇してパイロット圧力がカウンタバランス弁の設定値に達したとき、弁は開いて下降を始めます。重負荷のためどっと圧油がタンクへ流れ出ると、パイロット圧力が下がり、カウンタバランス弁が閉じる方向に作動するので落下を防止できるようになります。

　このようにして、カウンタバランス弁の設定値とパイロット圧力のつり合いにより安定した下降速度を得ることができるのです。シリンダが上昇するときには逆止め弁を通って圧油が逆流できるようになっています。

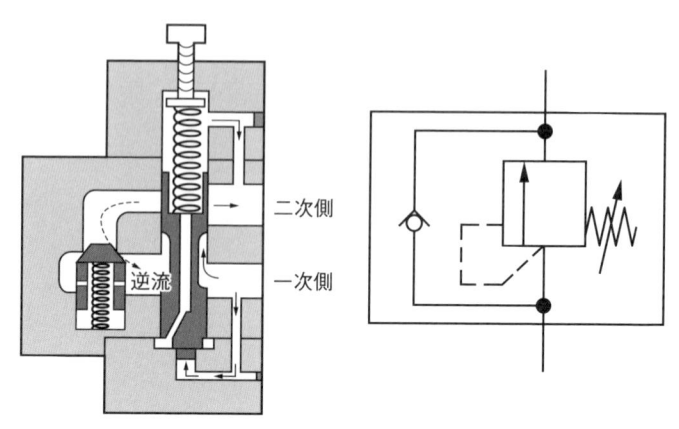

　図3に、カウンタバランス弁（形式1）の構造とJIS記号による表現を示します。カウンタバランス弁の代わりに、逆止め弁付の可変絞り弁（メータアウト制御）を入れることでも下降するときの流量を制限することができます。

　重負荷を付けたシリンダの上昇端での停止については、カウンタバランス弁もスプール形式の方向切換弁と同じように、主弁がしゅう動するので、わずかではありますが油漏れがあり、じわじわと下降してしまいます。シリンダの位置保持を行う場合は、前述した、シート形式のパイロット操作逆止め弁を必ず使用しなければなりません。

図3 カウンタバランス弁（形式1）の構造とJIS記号

14. カウンタバランス弁

定石 14-2

重負荷が変動しても安定した下降速度を得る方法

内部パイロット形カウンタバランス弁では重負荷の負荷変動に対して下降速度が安定しなくなってしまいます。ここでは、負荷の大きさが変動しても安定した速度が得られるような回路の構造について紹介します。

定石14-1 図2において、負荷が変動する場合を考えてみます。

負荷 W が変動して軽くなったときには、負荷の自重によってシリンダヘッド側に発生する圧力が小さくなるので、ポンプの吐出し圧力がその分高くならないと、カウンタバランス弁の設定値にまで達せずに、シリンダは動作しないことになります。もし、重い負荷のときの動作にあわせてリリーフ弁の設定を低くしていたりすると、軽い負荷ではポンプ吐出し圧力がカウンタバランス弁の設定圧に達する前に、リリーフ弁が開いてしまい、まったく下降しなくなることもあります。

また、逆に負荷 W の荷重が重くなると、負荷の自重によってシリンダヘッド側に発生する圧力が大きくなり、ポンプの吐出し圧力がわずかでもシリンダは下降してしまいます。

さらに負荷 W の荷重を重くすると、負荷の自重によってシリンダヘッド側に発生する圧力のみでカウンタバランス弁が開いてしまうので、ポンプの吐出し圧力にかかわらず方向切換弁を下降に切り換えた瞬間からシリンダの下降が始まるというように、シリンダの動作が不安定になります。

これは、内部パイロットの逆止め弁付シーケンス弁（形式1）をカウンタバランス弁として使用したときに起こる不具合で、シリンダの下降速度を安定させるために負荷を変更するごとにカウンタバランス弁の設定値を調整しなくてはなりません。

この、下降速度を安定させるためには、負荷 W の荷重が変わっても

●応用編

パイロット圧力が変化しないように外部パイロット式のものを利用するようにします。

図1は、外部パイロット形の逆止め弁付シーケンス弁（形式4）をカウンタバランス弁として使い、ポンプの吐出し圧力（供給側圧力）を外部パイロットとして使用した例です。

外部パイロットにしたことで、負荷がいくら変動して背圧が変化しても、この弁の開閉を行う圧力に影響しないことになります。すなわち、外部パイロットによる圧力が設定値（スプリング調整値）に達しない限りこの弁は開きません。

また、この構造にすると、効率や発熱の点で内部パイロットタイプより有利です。

図2に、カウンタバランス弁（形式4）の構造とJIS記号による表現を示します。

ただし、切換時に振動を起こすことがあるので、振動を防止するのに図1のように、パイロットラインに逆止め弁付可変絞り弁を入れる方法

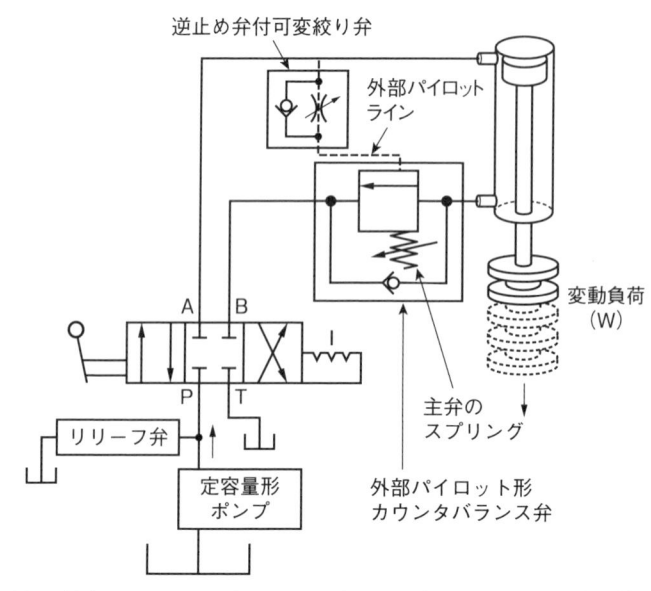

図1 外部パイロット形カウンタバランス弁による変動負荷の対策

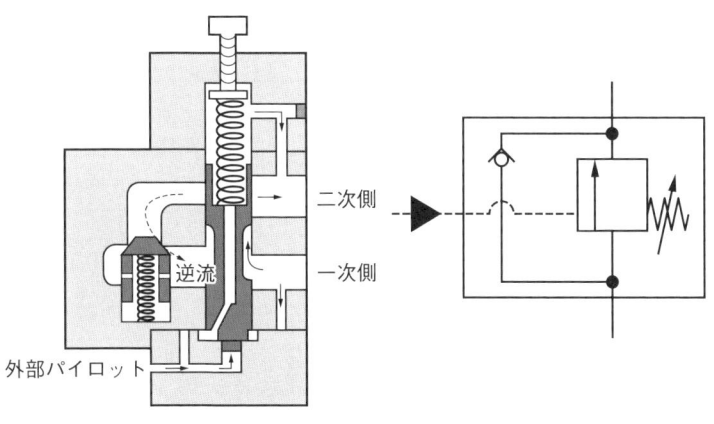

図2 カウンタバランス弁（形式4）の構造とJIS記号

が取られることが多いようです。

　カウンタバランス弁（形式1、形式4）のドレンは内部ドレンです。これは、シリンダが下降するときには、カウンタバランス弁の二次側は必ずタンクラインと接続して圧力が立たないことがわかっているので、そこへドレンを抜いてもかまわないということで、初めから内部ドレンになっているものです。

　写真1にカウンタバランス弁（形式1）（内部パイロット・内部ドレン）の外観の例を示します。

写真1 カウンタバランス弁（形式1）（内部パイロット・内部ドレン）の外観例

●応用編

15. アンロード弁
定石 15-1　アンロード弁を使った増速と省エネルギー回路の構成

シーケンス弁の中のアンロード弁を使った増速と省エネ回路の構成例を紹介します。

　省エネや発熱防止の目的から、圧油をタンクへ逃がしてポンプの無負荷運転をさせる弁をアンロード弁と呼んでいます。シーケンス弁の形式4（外部パイロット・内部ドレン）のものがこれにあたります。アンロード弁は、外部パイロット圧力によって主弁が作動するようになっています。

　図1に最も代表的な回路例としてプレス加工機にアンロード弁を応用した例を示します。

　この回路は低圧大容量ポンプと高圧小容量ポンプを使用し、低圧時は両方のポンプの合流した吐出し量を使ってシリンダを早送りするようになっています。

　シリンダが動作して材料に当たると、回路圧が上昇し、高圧ポンプラインからアンロード弁へ通じるパイロット圧力（3MPa）がはたらき、アンロード弁の主弁が開き、低圧ポンプから吐き出される油をタンクへ逃してしまい、低圧ポンプを無負荷にします。

　その結果、シリンダが材料をプレス加工する間は高圧ポンプが吐き出す圧油のみが作用するようになります。

　高圧ポンプラインの圧力がリリーフ弁で設定した10MPaまで上がり、リリーフ弁が開いてタンクに圧油が戻り始めたらプレス加工の工程が完了することとなります。

　このように、材料に当たっていない軽負荷のときにはシリンダを早送りして、加工のときには低速で高圧にするように切り換えることができるものです。

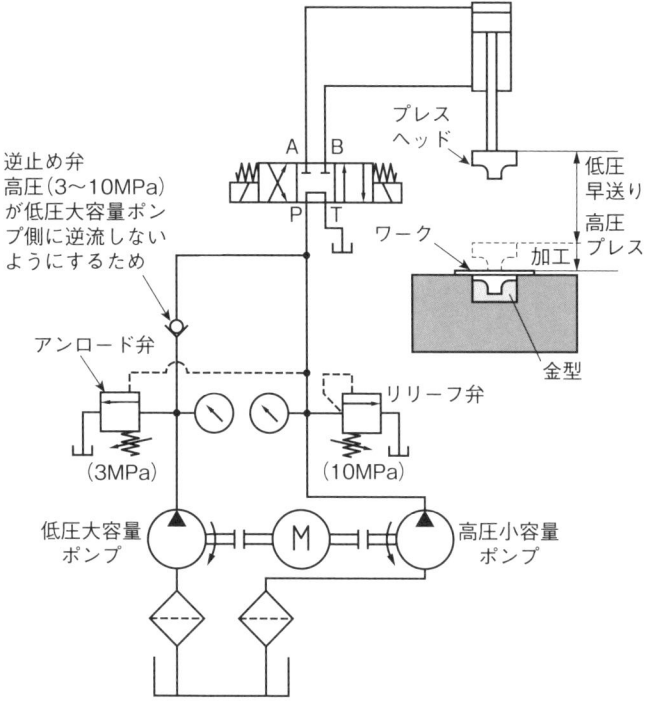

図1 アンロード弁をプレス加工機に応用した例

　この例のように、アンロード弁によって、早送りのような低圧で大流量が必要なときは、低圧大容量ポンプと高圧小容量ポンプの両方を使用して大流量を供給し、加工時のような、大流量はあまり必要なく高圧力が必要なときは、高圧小流量ポンプのみを使用して高圧力を与えることができるようになります。

　このことにより、高圧大容量ポンプ1台を使用するときに比べ、コスト的にも効率的にも無駄のない回路を作ることができるわけです。

　この方法はプレス機械だけでなく、工作機械の早送りや切削送り機構などにも広く使われています。

【参考文献】

1) JIS ハンドブック 2008,　⑮油圧・空気圧、日本規格協会
2) 実用油圧ポケットブック（2008年版）、(社)日本フルードパワー工業会
3) ダイキン工業油機技術グループ：疑問にこたえる機械の油圧（上・下）、技術評論社
4) 不二越ハイドロニクスチーム：新・知りたい油圧（基礎編・活用編）、ジャパンマシニスト社
5) 不二越・営業技術グループ：メインテナンス・フリーをめざす信頼される油圧の保全、技術評論社
6) 油圧技術研究フォーラム：これならわかる油圧の基礎技術、オーム社
7) 正木克典、熊谷英樹：入門講座　間違いやすい油圧回路設計とその対策、機械設計、2005年1月号、日刊工業新聞社
8) 関西職業能力開発促進センター在職者訓練テキスト（油圧システム回路、油圧回路の最適設計、油圧システムにおけるトラブルの原因究明と改善）（ダイキン工業）
9) 油圧機器カタログ、ダイキン工業、不二越、トキメック、油研工業（順不同）

索 引

欧
ABT 接続 ………………………… 133
JIS 記号 ……………………………… 7
PT 接続 …………………………… 135
SI 単位 ……………………………… 24

ア
アキシャル形ピストンモータ ……… 91
アキシャルピストンポンプ（斜板式）
………………………………… 63
アキュムレータ ………………… 227
圧縮率 …………………………… 218
圧抜き …………………………… 208
圧抜き回路 ……………………… 208
圧油 ………………………………… 5
圧力 ……………………………… 24
圧力制御弁 ………………………… 6
圧力損失 ………………………… 165
圧力多段制御 …………………… 178
圧力非平衡形ベーンポンプ ……… 62
圧力平衡形 ……………………… 61
圧力平衡形ベーンポンプ ………… 59
圧力補償形流量制御弁 ………… 141
圧力補償スプール ……………… 141
圧力補償制御 …………………… 64
圧力ライン ……………………… 40
油タンク …………………………… 5
アングルタイプチェック弁 …… 119
アンロード弁 …………………… 258
一方向絞り弁 …………………… 136
一般作動油 ……………………… 45
インナーキット ………………… 61
インラインタイプチェック弁 … 119
ウェットアマチュア形 ………… 132
薄刃オリフィス ………………… 34
エアレーション ………………… 40
遠隔制御 ………………………… 173
オーバーライド圧力 …………… 101
オールポートオープン ………… 133
オールポートブロック ………… 133
押しのけ容量 …………………… 74

オリフィス ……………………… 33
温度補償 ………………………… 144

カ
外接形歯車ポンプ ………………… 56
外接形歯車モータ ………………… 89
外部ドレン ……………………… 153
外部パイロット ………………… 151
開放形 …………………………… 132
回路抵抗 ………………………… 165
カウンタバランス弁 …………… 252
荷重圧力係数（推力効率）……… 83
カットオフ ………………………… 54
過渡位置 ………………………… 207
可変絞り弁 ……………………… 137
可変容量形ポンプ ………… 51, 53
カムリング ……………………… 59
逆止め弁 ………………………… 118
逆止め弁付シーケンス弁 ……… 147
逆止め弁無しシーケンス弁 …… 147
キャップ側 ……………………… 83
キャビテーション ……………… 39
切換位置 ………………………… 129
クッション機構 ………………… 82
クラッキング圧力 ……………… 101
ゲージ圧力 ……………………… 26
減圧弁 …………………………… 109
工学単位 ………………………… 24
固定側板 ………………………… 59
固定側板形 ……………………… 59
コントロールシリンダ ………… 64

サ
サージ圧力 ……………………… 120
差圧補償機構 …………………… 139
サイドクリアランス …………… 61
差動回路 ………………………… 220
作動油 …………………………… 44
シーケンス弁 …………………… 145
シート形式方向制御弁 ………… 115
自吸弁 …………………………… 120
軸推力（ベルヌーイの力）……… 31

261

仕事の3要素 …………………… 6	電磁方向切換弁（電磁操作弁）…… 129
脂肪酸エステル系作動油 ……… 46	閉じ込み現象 ………………… 66
絞り ……………………………… 32	ドライアマチュア形 …………… 132
絞り弁 ………………………… 136	トルク効率 ……………………… 88
斜板（スワッシュプレート）	ドレン ………………………… 153
…………………………… 63, 66	**ナ**
ジャンピング防止 …………… 143	内部ドレン ……………… 58, 153
受圧面積 ………………………… 12	内部パイロット ……………… 151
重力単位 ………………………… 24	二速制御回路 ………………… 206
縮流 ……………………………… 33	ニュートン ……………………… 24
シリンダ作動圧 ……………… 85	粘度指数 ………………………… 44
シリンダブロック ……………… 65	**ハ**
シリンダブロックキット ……… 66	背圧 …………………… 85, 167
スプール形式方向制御弁 …… 116	ハイドロクッション形バルブ
スプール形状 ………………… 132	………………………………… 146
スプリングセンタ …………… 132	ハイドロロック ……………… 118
スプリングリターン方式 …… 129	パイロット圧力 ……………… 151
スリッパ（シュー）…………… 66	パイロット作動形リリーフ弁 … 102
スロットル＆チェックバルブ	パイロット操作逆止め弁（パイロットチ
………………………………… 136	ェック弁）…………………… 121
絶対圧力 ………………………… 26	歯車ポンプ ……………………… 57
絶対単位 ………………………… 24	歯車モータ ……………………… 87
全効率 …………………………… 75	パスカル ………………………… 24
センターバイパス …………… 135	パスカルの原理 ………………… 20
増圧回路 ……………………… 215	バランスピストン …………… 103
増圧器（増圧シリンダ）…… 215	バランスピストン形リリーフ弁
層流 ……………………………… 37	………………………………… 103
ソレノイド …………………… 129	ピストン ………………………… 65
タ	ピストン形揺動形アクチュエータ
耐磨耗性作動油 ………………… 45	………………………………… 97
単動シリンダ …………………… 80	ピストン抵抗 ………………… 165
チェック弁 …………………… 118	ピストンポンプ ………………… 57
チョーク ………………………… 32	ピストンモータ ………………… 87
直動形リリーフ弁 …………… 100	負荷抵抗 ……………………… 165
抵抗弁 ………………………… 120	複動シリンダ …………………… 81
定常流 …………………………… 29	付属機器 ………………………… 6
ディファレンシャル回路 …… 220	ブラダ（ゴム袋）…………… 227
定容量形ポンプ …………… 51, 52	ブラダ形アキュムレータ …… 227
デコンプレッション ………… 208	プレッシャプレート …………… 61
テレスコープ形 ………………… 80	プレッシャプレート …………… 61
電気・油圧サーボ弁 ………… 207	ブリードオフ制御 …………… 187
電磁パイロット切換弁 ……… 203	フルカットオフ ………………… 54
電磁比例弁 …………………… 207	プレッシャポートブロック … 133

プレフィル弁	224
フローコントロールバルブ	138
ベーン	59
ベーン形揺動形アクチュエータ	95
ベーンポンプ	57
ベーンモータ	87, 90
ヘッド側	83
ベルヌーイの定理	30
ベントアンロード制御	176
ベントポート	173
弁板（バルブプレート）	66
方向切換弁	125
方向制御弁	6, 115
ポート	129
補助シリンダ	224
ポンプの効率	74

マ

水・グライコール系作動油	45
メータアウト制御	183
メータイン制御	180
戻りライン	40

ヤ

油圧アクチュエータ	6, 79
油圧シリンダ	80
油圧制御弁	6, 99
油圧の5要素	4
油圧ポンプ	4, 50
油圧モータ	86
油浸形	132
容積形ポンプ	50
容積効率	74, 88
容積効率	88
揺動形アクチュエータ	94

ラ

ラジアル形ピストンモータ	92
ラム形	80
乱流	37
リーク	52
リモートコントロール弁	173
流体固着現象	118
流体動力	34, 69
流量	23

流量係数	34
流量制御弁	6
流量調整弁	138
両ロッド形	80
リリーフ弁	100
理論吐出し量	74
リン酸エステル系作動油	46
レイノルズ数	38
レシート圧力	101
連続の式	29
ロータ	59
ロッド側	83

■著者紹介
熊谷英樹（くまがいひでき）
慶應義塾大学電気工学科卒業、同修士課程修了。東京大学大学院博士後期課程単位取得退学。現在、株式会社新興技術研究所専務取締役、日本教育企画株式会社代表取締役、自動化推進協会理事、神奈川大学非常勤講師、メカトロニクス技術認定試験委員などを勤める。主な著書に『MATLAB と実験でわかるはじめての自動制御』（2008 日刊工業新聞社）、『使いこなすシーケンス制御』（2009 年技術評論社）、『基礎からの自動制御と実装テクニック』（2011 年技術評論社）、『事故を未然に防ぐ安全設計とリスク評価』（2011 年技術評論社）ほか多数。

正木克典（まさきかつのり）
職業訓練大学校 塑性加工科卒業。現在、独立行政法人 高齢・障害・求職者雇用支援機構 兵庫職業能力開発促進センター 機械系 上席職業訓練指導員。主な著書に「入門講座 間違いやすい油圧回路設計とその対策」（『機械設計』2005 年 1 月号、日刊工業新聞社）がある。

現場の即戦力
はじめての油圧システム

2009 年 5 月25日 初版 第 1 刷発行
2023 年12月23日 初版 第 5 刷発行

●装丁　　田中望
●組版　　美研プリンティング㈱

著　者　　熊谷英樹　正木克典
発行者　　片岡　巌
発行所　　株式会社 技術評論社
　　　　　東京都新宿区市谷左内町21-13
　　　　　電話　03-3513-6150　販売促進部
　　　　　　　　03-3267-2270　第三編集部
印刷／製本　株式会社加藤文明社

定価はカバーに表示してあります。

本書の一部または全部を著作権法の定める範囲を超え、無断で複写、複製、転載、テープ化、ファイル化することを禁じます。

©2009　熊谷英樹　正木克典

造本には細心の注意を払っておりますが、万一、乱丁（ページの乱れ）や落丁（ページの抜け）がございましたら、小社販売促進部までお送りください。送料小社負担にてお取り替えいたします。

ISBN978-4-7741-3781-0　C3053
Printed in Japan

■お願い
　本書に関するご質問については、本書に記載されている内容に関するもののみとさせていただきます。本書の内容と関係のないご質問につきましては、一切お答えできませんので、あらかじめご了承ください。また、電話でのご質問は受け付けておりませんので、FAX か書面にて下記までお送りください。
　なお、ご質問の際には、書名と該当ページ、返信先を明記してくださいますよう、お願いいたします。

　宛先：〒162-0846
　　　　株式会社技術評論社　書籍編集部
　　　　「はじめての油圧システム」質問係
　　　　FAX：03-3267-2269

　ご質問の際に記載いただいた個人情報は質問の返答以外の目的には使用いたしません。また、質問の返答後は速やかに削除させていただきます。